I0046035

R . 2553 .

II .

LEÇONS

DE PHYSIQUE

EXPERIMENTALE.

TOME SECOND.

R

14133

Moreau inv. et Sculp.

LEÇONS
DE PHYSIQUE
EXPERIMENTALE.

Par M. l'Abbé NOLLET, *de l'Académie Royale des Sciences, & de la Société Royale de Londres.*

TOME SECOND.

A PARIS,

Chez les Fréres GUERIN, rue S. Jâques, vis-à-vis les Mathurins, à S. Thomas d'Aquin.

M. DCC. XLIII.

Avec Approbation & Privilége du Roy.

LEÇONS
DE PHYSIQUE
EXPÉRIMENTALE.

✳✳✳✳✳✳✳✳✳✳✳✳✳✳✳✳✳✳✳✳✳✳✳✳✳

V· LEÇON·

Sur le Mouvement composé, & sur les Forces centrales.

PREMIERE SECTION.

Du Mouvement composé.

ON appelle *mouvement composé*, celui d'un corps déterminé à se mouvoir par plusieurs causes ou puissances qui agissent selon des directions différentes ; tel est, par exemple, le

Tome II. A

mouvement d'un bateau qui s'entretient dans la direction du canal *AB*,
en obéissant en même tems aux deux
puissances *C, D , Figure* 1.

Comme le mouvement simple a
ses loix, le mouvement composé a
aussi les siennes ; elles peuvent toutes
se rapporter à une seule qui est énon-
cée dans la proposition suivante , &
dont elles ne font que des conséquences.

Loi du Mouvement composé.

QUAND un corps est mis en mouvement par plusieurs puissances qui agissent
en même tems , & selon différentes directions , ou il demeure en équilibre , ou bien
il prend un mouvement qui suit le rapport
des puissances entr'elles pour la vîtesse , &
il reçoit une direction moyenne entre celles
des puissances ausquelles il obéit.

Car lorsque deux puissances agissent en même tems sur un mobile ,
ou elles font directement opposées
comme *A , E , Fig.* 2. ou bien leurs
directions font angle ensemble, comme *B M* & *F M, C M* & *G M*, &c.
puisque si elles se réunissoient , com-

me on le voit en *N*, il est évident qu'elles concourroient dans la même direction, & qu'il n'en résulteroit qu'un mouvement simple dont la vîtesse seroit le produit des deux forces : de sorte que si l'une des deux étoit capable de tirer ou de pousser le corps *M* en *N*, les deux ensemble qu'on suppose égales, le feroient aller jusqu'en *K*.

Les deux puissances étant opposées dans la même ligne, le mobile sur lequel elles agissent, demeure en équilibre entr'elles, en cas d'égalité; car il n'est pas possible qu'il aille en même tems à droite & à gauche ; & pourquoi se porteroit-il d'un côté plutôt que de l'autre, s'il éprouve d'une part autant de résistance qu'il souffre d'impulsion de l'autre part ?

Mais si les puissances sont inégales, le mobile obéit à la plus forte des deux, selon leur différence ; c'est-à-dire, que si *E* est à *a* comme 3 est à 2, le corps *M* obéit à la première, comme si sa valeur étoit 1, différence de 3 à 2. Ainsi les puissances étant directement contraires, il en résulte ou le repos, ou le mouvement simple, mais retardé.

A ij

Quand les puissances sont dirigées de manière qu'elles fassent angle, ou (ce qui est la même chose) que leurs directions se croisent au mobile, comme B b, F f, alors le mouvement se compose en vîtesse & en direction, & l'une & l'autre se mesure par la diagonale du parallélogramme, par les côtés duquel les puissances sont exprimées. Expliquons ceci en considérant séparément dans la *Fig.* 3. les deux puissances C, G, & le mobile M de la *Fig.* 2.

Supposons donc que le corps M soit tiré en même tems par deux forces C, G, que nous faisons égales en les exprimant par deux lignes de même longueur ; que chacune de ces lignes soit divisée en 6 espaces égaux & distingués par des chifres & par des lettres. Imaginons que C M est une régle sur laquelle se fait le mouvement de haut en-bas, pendant que cette régle se meut parallélement à elle-même sur la ligne M G. Il est certain que la régle mobile étant parvenue au chifre 1 de la ligne MG, le corps M sera descendu d'une pareille quantité, & qu'il ne sera ni au

point 1, ni au point *a*, mais en *h*;
de même pendant que la régle parviendra au chifre 2, le corps *M* def-
cendra encore d'un efpace, & fe trouvera au point *k*. Ce qui continuant
toujours de même pendant le mouvement paralléle de la régle fur *MG*,
on voit que le mobile *M* aura paffé
fucceffivement par tous les points de
la ligne *Mn*, diagonale du parallélogramme *MGnC*, dont les deux
côtés *GM*, *CM*, expriment le rapport des puiffances.

La longueur de cette diagonale
Mn donne la vîteffe du mouvement
compofé, qui, comme l'on voit,
n'eft jamais auffi grande que la fomme des deux vîteffes qui la font naître; car *Mn* n'égale pas *MG* & *MC*
prifes enfemble. Et fi ces deux forces concouroient à pouffer le mobile dans une même direction, elles
lui feroient faire plus de chemin qu'il
n'en fait lorfqu'elles le follicitent d'aller vers deux points différens. Mais
en obéiffant ainfi à l'une & à l'autre
en même tems, il arrive par un chemin plus court au terme des deux
tendances.

A iij

Cette même ligne devient plus courte, à mesure que les directions des puissances font entr'elles un angle moins aigu ; car dans le cas où ces puissances agiroient suivant les lignes HM, DM, *Fig*. 2. la diagonale seroit MI, plus longue que ne seroit LM, ou OM, si leurs actions étoient exprimées par GM, CM, ou bien par BM, FM.

De toutes les positions que peuvent prendre entr'elles deux forces qui agissent en même tems sur un mobile, il n'y en a qu'une qui rende leurs actions réciproquement indifférentes, c'est lorsque leurs directions font entr'elles un angle droit, comme CM, GM, *Fig* 3. Car celle qui agit horizontalement tend à mener le mobile à la distance G, & il lui est indifférent que ce soit en G, ou en n, ou à tout autre point pris dans cette ligne. De même celle qui agit verticalement, demande que le mobile arrive à une distance égale à MC, & cette distance de haut en bas se trouve par-tout dans la ligne Cn. Ainsi quand l'une & l'autre force agit en même tems, chacune d'elles s'exerce fur le mobile, comme s'il étoit libre de la part de l'autre ; elles ne s'aident ni ne fe nuifent.

Mais il n'en eft pas de même fi l'angle que ces deux puiffances font entr'elles, eft obtus ou aigu ; dans le premier cas elles fe détruifent en partie , & dans l'autre elles s'entr'aident. Si, par exemple, les deux forces font entr'elles l'angle RPQ, *Fig. 5.* le mobile vient en S, & la puiffance PQ eft diminuée de la quantité TQ, ou St ; & au contraire fi les puiffances font dirigées de maniére qu'elles faffent entr'elles un angle femblable à VXY, *Fig. 6.* le mobile vient en u, & la puiffance XY eft augmentée d'une quantité égale à Zu, ou Yy.

La diagonale dont nous parlons, donne encore la direction du mouvement compofé ; car fi l'on applique à tout autre parallélogramme le raifonnement que nous avons fait, lorfque nous avons fuppofé les puiffances égales entr'elles, comme les deux côtés d'un quarré parfait, on verra que cette ligne ne demeure également diftante de l'une & de l'autre puiffance, que dans le cas d'égalité ;

& que quand les forces font inégales entr'elles, la diagonale eft plus inclinée à celle des deux qui eft la plus grande, comme on peut le voir en jettant les yeux fur la *Fig.* 4.

Il fuit de ces principes que fi l'on fçait l'angle de direction des puiffances & leur degré de force, on connoît auffi l'effet qu'elles doivent produire fur le mobile, c'eft-à-dire, fon degré de vîteffe, & le chemin qu'il doit tenir. Car on voit par les *Fig.* 3, 4, 5 & 6. que fi l'on exprime la valeur des puiffances, & leur direction, par des lignes qui fe joignent par un bout, en établiffant un parallélogramme fur ces deux premiers côtés, la diagonale donnera ce que l'on cherche.

Il fuit encore, que fi l'on connoît l'effet commun de deux puiffances fur un même mobile, & l'état de l'une des deux, je veux dire, fa direction, & fon degré de force, on peut juger de la valeur & de la pofition de l'autre. Si je fçais, par exemple, qu'un mobile a été porté de *P* en *S,* *Fig.* 5. par l'action de deux forces dont une eft exprimée par *P R*, je tire la ligne *S Q* paralléle & égale à PR; & en achevant le parallélogramme, je vois que PQ est l'autre puissance plus grande que la premiére, & faisant avec elle l'angle de direction RPQ.

Nous allons joindre les preuves d'expériences aux explications & aux raisons que nous venons d'exposer; & pour procéder avec ordre, nous considérerons d'abord les effets de deux puissances directement contraires, & nous verrons ensuite comment se compose le mouvement produit par deux forces dont les directions se croisent au centre du mobile.

Nous supposons encore que le rapport des forces demeure constant; c'est-à-dire, que pendant tout le tems qu'elles agissent sur le mobile, il n'arrive à l'une des deux aucun changement qui la fasse plus ou moins différer de l'autre, en sorte que si elles font égales en commençant, cette égalité persévére jusqu'à la fin: ce qui peut fort bien subsister avec des affoiblissemens causés par la résistance des milieux, ou par des frottemens, pourvû que ces changemens soient égaux de part & d'autre.

PREMIERE EXPERIENCE.

PREPARATION.

La *Fig.* 7. repréſente une table ronde, ou un guéridon, qui porte en ſa circonférence des poulies de renvoi, comme *A*, *B* ; on fait paſſer ſur ces poulies deux cordes *C A E*, *C B D*, qui tiennent d'une part au mobile *C*, & qui ſoutiennent de l'autre part un poids de plomb *D*, *E*.

EFFETS.

Si les deux poids ſont égaux, le corps *C* demeure en équilibre, par tout où il ſe trouve dans la ligne *A B* ; ſi le poids *E* péſe 2 onces, & que *D* n'en péſe qu'une, le corps *C* eſt emporté vers *A*, comme ſi *E* péſoit 1 once, & qu'il n'y eût aucune réſiſtance en *D* : ce qui ſe reconnoît en expoſant ſous ſa chûte une cuvette remplie de terre molle, dans laquelle il fait un enfoncement qu'on peut meſurer & comparer.

EXPLICATIONS.

On appelle *équilibre* en général, l'é-

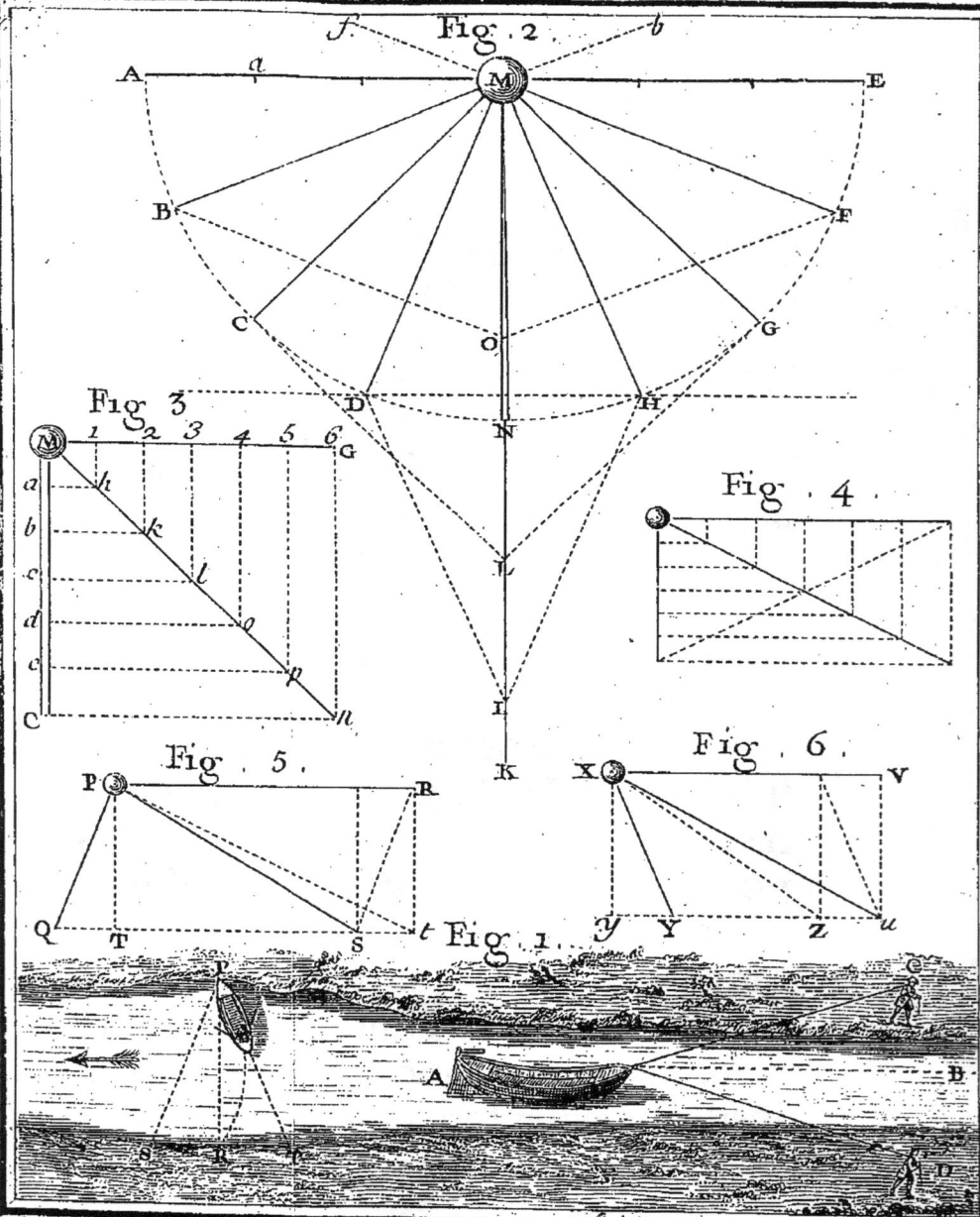

Fig. 2

Fig. 3

Fig. 4

Fig. 5

Fig. 6

Fig. 1

Dheulland del. et Sculp.

tat d'un corps qui eſt ſollicité de ſe
mouvoir en deux ſens oppoſés avec
des forces égales ; cette double tendance ne peut avoir ſon effet, à cauſe
que les forces qui la produiſent de
part & d'autre ſont égales ; c'eſt pourquoi autant que dure cette égalité,
le mobile demeure en repos. C'eſt
auſſi la raiſon pour laquelle le corps
C de notre expérience demeure par-
tout où il ſe trouve, dans la ligne
qui joint les deux puiſſances, lorſque
les poids *E* & *D* ſont égaux.

Mais ſi l'un des deux vient à augmenter, l'équilibre eſt rompu auſſi-
tôt, & le mobile obéit au plus fort.
Il ne lui obéit cependant qu'autant
qu'il excéde le plus foible ; car la réſiſtance de celui-ci n'eſt point anéan-
tie, elle ſubſiſte toujours, & ſon effet
eſt de conſumer une force contraire
& égale à la ſienne ; ainſi quand le
mobile *C* eſt emporté par le poids
E, ce ne peut être que par la quantité dont ce dernier ſurpaſſe l'autre.

APPLICATIONS.

Tous les corps qui ſont preſſés ou
retenus entre une puiſſance & un

point d'appui , font autant d'exemples qui repréfentent ce que nous venons de prouver par l'expérience précédente : car nous fçavons par la
troifiéme loi du mouvement fimple,
que la réaction eft égale à l'action ou
à la compreffion ; ainfi quand un me-
nuifier ferre un morceau de bois entre fon établi & le valet, c'eft le fixer
entre deux puiffances égales : on doit
dire la même chofe d'un morceau
de fer retenu dans l'étau d'un ferru-
rier ; d'une corde tendue entre deux
points fixes ; d'un bateau attaché à
un pieu pour réfifter à la violence
du courant, &c.

Deux poids égaux font en équilibre , & par conféquent demeurent
en repos aux deux bouts d'une corde qui embraffe une poulie , tant que
cette corde eft égale de part & d'autre; car alors chaque poids eft autant
tiré en en-haut par fon antagonifte ,
qu'il l'eft en en-bas par fa propre maffe. Mais fi la corde devient plus longue d'un côté que de l'autre , l'équilibre ne fubfifte plus ; la péfanteur
de la quantité excédente eft une nouvelle puiffance qui aide à defcendre

celui des deux poids qui eft le plus bas. Et c'eft une chofe à laquelle on doit faire attention, quand on conftruit des machines pour tirer de l'eau, des pierres, des mines, &c. de fouterrains très-profonds, ou pour élever des fardeaux à des hauteurs confidérables ; fi l'on oublioit de faire entrer en compte le poids des cordes, on tomberoit fouvent dans des erreurs ; car ces cordes font ordinairement très-pefantes, & quand elles font étendues de toute leur longueur, elles ajoutent beaucoup à la réfiftance qu'on s'eft propofé de vaincre : on s'en apperçoit fenfiblement quand on tire d'une grande profondeur un fceau plein d'eau ; on a plus d'effort à faire quand il commence à monter que lorfqu'il arrive en-haut.

II. EXPERIENCE.

PREPARATION.

La machine qui eft repréfentée par la *Fig.* 8. eft un plan vertical d'un pied en quarré, élevé fur une bafe : en *H* eft un point fixe, auquel eft attaché un fil qui paffe fur une poulie *G*,

& qui porte à fon extrémité un plomb
F. La poulie G eft mobile fur deux fils
de laton tendus parallélement d'H
en I, & on la tire avec un fil qui paffe
fur une autre poulie fixée en I.

EFFETS.

Lorfqu'on tire la poulie de G en I,
le poids monte par la diagonale FI.

EXPLICATIONS.

Le corps F eft mis en mouvement
par deux puiffances, dont une exige
qu'il s'éléve d'une hauteur égale à
FG ; & l'autre, qu'il s'avance d'une
longueur égale à GI. Car le point
fixe qui arrête le bout du fil en H,
& qui caufe l'élévation du mobile F,
doit être regardé comme une puiffance égale à celle qui tire la poulie
mobile vers le point I. Si ces deux
forces avoient leurs effets féparément,
le plomb parcourroit fucceffivement
les deux lignes FG & GI ; mais parce qu'elles agiffent en même tems.
& qu'elles font égales entr'elles, le
mobile s'avance autant & à mefure
qu'il monte ; ce qui fait qu'il fe meut
dans la diagonale FI.

Cette expérience fait affez bien voir ce que nous avons donné comme une fuppofition dans la *Fig.* 3. Car le fil *FG* qui tient le plomb fufpendu, repréfente la régle mobile qu'on peut regarder comme divifée en 6 parties égales., & qui diminue de longueur à mefure qu'elle s'avance fur chacune de fes paralléles marquées fur le plan : c'eft la même chofe que le corps *F* monte en s'avançant fur le fil, ou que ce fil, au bout duquel il eft fixé, diminue de longueur ; s'il diminue donc d'une partie, lorfqu'il fera parvenu à la premiére paralléle, le plomb fera en *a* : s'il diminue encore d'une partie en s'avançant à la feconde paralléle, le plomb fe trouvera en *b*, & ainfi de fuite, jufqu'à ce qu'enfin le mobile ait parcouru toute la ligne *FI*.

APPLICATIONS.

Les vols qu'on imite à l'Opera & aux autres fpectacles, s'exécutent par une méchanique affez femblable à celle que nous avons employée dans l'expérience que nous venons d'expliquer ; on a foin feulement de pro-

portionner les piéces aux efforts qu'elles doivent soutenir , & pour cacher
le plus qu'il est possible les cordes
aux yeux du Spectateur , on les fait
avec des fils de laton assez menus , &
en assez grand nombre , pour concilier en même-tems la force & la fléxibilité.

L'usage apprend à un Batelier, que
ce n'est point par la ligne la plus
courte qu'il faut diriger son bateau
sur la riviére pour arriver au point le
moins éloigné du rivage opposé ; il
sçait que s'il tendoit de *P* en *R* , *Fig.*
1. il arriveroit en quelque endroit au-
dessous, comme en *S*; il se dirige vers
T , & la force du courant le raméne
peu à peu , en lui faisant décrire une
ligne courbe.

La raison de cet effet se présente
d'elle-même quand on fait attention
que le bateau poussé dans une direction qui n'est point celle du courant,
compose son mouvement des deux
forces dont il éprouve l'action : aussi
voit-on que quand l'une des deux
augmente , il faut que l'autre croisse
par proportion , si l'on veut conserver le même effet. Si la crue des
eaux

eaux rend le courant plus rapide, il faut travailler davantage pour arriver au même but ; ou bien il faut diriger le bateau plus haut , & ce dernier parti eſt celui que nous voyons prendre aux Bateliers établis ſur les ports pour le paſſage public.

Les poiſſons nous fourniſſent un exemple de mouvement compoſé, aſſez remarquable ; lorſqu'ils veulent aller de côté ou d'autre , ils frappent l'eau d'un coup de queue ; le fluide ne cédant point auſſi vîte qu'il eſt frappé, fert de point d'appui au corps du poiſſon pour ſe tourner à droite ou à gauche. Mais quand l'animal veut aller en avant , ce mouvement eſt toujours précédé de deux coups de queue ſubitement frappés , & en fens contraires ; le corps alors prend un mouvement compoſé de ces deux impulſions , il ne va ni à droite , ni à gauche , mais dans une direction qui tient le milieu entre l'une & l'autre.

Cette maniére d'aller en avant par des mouvemens obliques , & oppoſés les uns aux autres , ſe peut obſerver encore dans la plûpart des reptiles , comme les ſerpens , couleuvres,

vipéres , &c. l'habitude qu'ont ces
animaux d'employer ces deux mouvemens , & de les combiner enſemble , leur donne la facilité non-ſeulement de fuir avec une grande vîteſſe ,
mais même de tromper ceux qui les
pourſuivent par des détours fort
adroits.

Les oiſeaux , & la plûpart des in-
ſectes aîlés , compoſent auſſi leurs
vols quand il s'agit de tourner ; c'eſt
en battant d'une aîle ou plus fortement , ou plus fréquemment que de
l'autre : c'eſt une obſervation qu'on
peut faire aiſément en regardant vo-
ler un papillon ; l'irrégularité de ſes
mouvemens eſt un effet & une preuve très-ſenſible de l'action inégale de
ſes aîles.

L'art imite en quelque ſorte ce mé-
chaniſme naturel avec lequel les animaux compoſent leurs mouvemens.
Nous voyons tous les jours arriver
ſur la Seine des bateaux de foin &
autres , qui n'ont d'autres moteurs
que le courant de la riviére , & un
petit aviron court & un peu large ,
qu'un homme fait mouvoir continuellement de droite à gauche , à-

peu-près comme la queue d'une carpe qui nage en avant.

Mais une imitation bien parfaite & bien curieuse de ces mouvemens composés, c'est l'appareil & la manœuvre admirable d'une galére, où l'on voit le bon ordre & l'habitude employer avec une adresse inexprimable, plusieurs rangs de rames pour varier les vîtesses & les directions du vaisseau selon leur besoin.

III. EXPERIENCE.

PREPARATION.

A B C D, *Fig.* 9. est un petit billard, au bout duquel s'éléve perpendiculairement un chassis qui porte deux aîles tournantes *E*, *F*; à chacune de ces aîles, est suspendu un marteau d'yvoire qui se meut librement autour du point *G*. On dirige les marteaux comme l'on veut, en tournant plus ou moins les aîles qui les portent, & l'on régle leurs vîtesses dans tel rapport que l'on souhaite, en les faisant tomber par des arcs plus ou moins grands, mais toujours en même-tems sur une bille d'yvoire placée en *H*.

EFFETS.

Quand les marteaux ont des vîteſſes égales , & que les aîles ſont
également inclinées à la ligne *H I* ;
la bille après le choc , ſuit cette derniére direction. Si les deux coups ſont
inégaux , ou les directions différemment inclinées , la bille décrit une
ligne qui s'écarte plus ou moins de
H I, comme *H B*, ou *H K*, ſelon
le rapport des forces qui l'ont déterminée à ſe mouvoir.

EXPLICATIONS.

Cette expérience doit s'expliquer
de même que la précédente : un des
marteaux qui agiroit ſeul, chaſſeroit
la bille dans ſa direction ; elle iroit
donc vers *M* ou vers *N*; mais quand
ils agiſſent tous deux en même-tems,
comme il n'eſt pas poſſible qu'un même mobile ſe porte à la fois vers deux
points oppoſés, la bille ainſi frappée
prend un mouvement qui participe
des deux vîteſſes & des deux directions. Ce qu'on voit de plus par
cet exemple , c'eſt que deux forces
une fois imprimées par des cauſes qui

ceffent d'agir enfuite, ont le même effet, & compofent le mouvement du mobile, comme fi leurs actions étoient continues; car on a dû remarquer que deux coups de marteaux opérent fur la bille, ce que les deux fils tirés en même-tems ont fait fur le plomb de la feconde expérience.

APPLICATIONS.

Ce que l'on jette par la portiére d'un carroffe qui roule, ou fur le rivage quand on eft dans un bateau emporté par le courant, ou bien de côté en courant à cheval, n'arrive jamais au but qu'on s'eft propofé, fi l'on n'a égard qu'à la feule impulfion du bras. Car outre celle-ci, on doit encore compter fur le mouvement de la voiture, du bateau, ou du cheval, qui eft commun au mobile & à la main; c'eft pourquoi quand on faute hors d'un carroffe ou d'un bateau en mouvement, on doit s'attendre de tomber au-deffous de l'endroit qu'on a vis-à-vis de foi à l'inftant qu'on s'élance. Mais on ne doit pas croire que les accidens qui arrivent en pareil cas, viennent de ce que le mouve-

ment compofé devenant plus oblique , ne porte pas le corps affez loin
pour toucher terre , ou pour échapper à la roue ; car on peut voir par la
Fig. 3. que fi la ligne *M C*, repréfente le corps de la voiture, l'extrémité *n* de la diagonale en eft auffi loin
que le point *G* ; mais le mal vient de
ce qu'on ne prend point toute la vîteffe qu'on croit prendre , parce
qu'on a pour point d'appui un plan
qui n'eft point fixe, & dont le mouvement occafionne fouvent une chûte inopinée.

Un noyau preffé obliquement, & qui
s'échappe des doigts , eft encore un
exemple bien familier du mouvement
compofé de deux impulfions dont les
effets fubfiftent , & confervent leurs
rapports , quoique les caufes ayent
ceffé d'agir. Ce fait en rappelle un
autre qui eft moins commun , mais
qui n'eft guéres ignoré des joueurs de
billard. Si du tranchant de la main ,
on frappe une bille hors du plan de
fon équateur , qui eft perpendiculaire
au tapis fur lequel elle eft pofée ; elle
s'échappe d'abord en avant, comme
le noyau preffé obliquement de deux

côtés ; mais ce qui paroît singulier , c'est qu'après avoir ainsi avancé de 8 ou 10 pouces , elle revient en roulant vers le lieu de son départ.

Ce fait s'explique aisément , quand on fait attention qu'en frappant la bille de la maniére qu'on l'a dit , on lui a fait prendre deux sortes de mouvemens ; sçavoir un en ligne droite , qu'elle a suivi d'abord , & un autre de rotation sur elle-même , & dans un sens contraire à son mouvement direct ; comme il arrive à une poulie suspendue dans une chape , si l'on en frappe le bord obliquement. Ce dernier mouvement ne s'apperçoit pas tant que la bille ne touche point le tapis , ou qu'elle glisse dessus avec trop de vîtesse : mais quand le mouvement direct est assez rallenti par les frottemens , & qu'elle vient à poser sur le tapis , le mouvement de rotation qui se fait en sens contraire , la raméne vers le lieu d'où elle est partie ; car il n'est pas possible qu'une boule tourne sur un plan sans changer de place , si elle touche ce plan par l'équateur de sa rotation , à moins qu'on ne supposât des surfaces sans frottement, ce qui ne se trouve pas dans l'état naturel.

Jusqu'ici nous avons considéré le mouvement composé de plusieurs forces, qui gardent entre elles un rapport constant ; nous allons maintenant examiner de quelle maniére le mouvement se compose quand ces rapports changent. Quand, par exemple, de deux puissances qui agissent en même-tems, l'une devient plus forte ou plus foible, ou bien (ce qui revient au même) quand un mobile ayant reçu deux impulsions qui composent son mouvement, il se trouve des causes étrangéres ou accidentelles, qui diminuent ou qui augmentent l'une des deux ; comme si, * Fig. 8. par exemple, le fil FH, * de la seconde expérience, au lieu de se raccourcir toujours d'une partie, à mesure qu'il arrive à chacune des paralléles, diminuoit d'abord d'une, ensuite d'une & demie, &c. ou au contraire.

On a pu remarquer par les preuves & par les exemples que nous avons rapportés, que le mouvement composé se fait toujours en ligne droite, toutes les fois que le mobile obéit

a

Fig. 7.

Fig. 8.

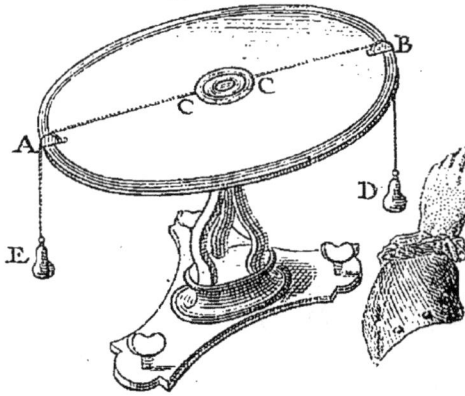

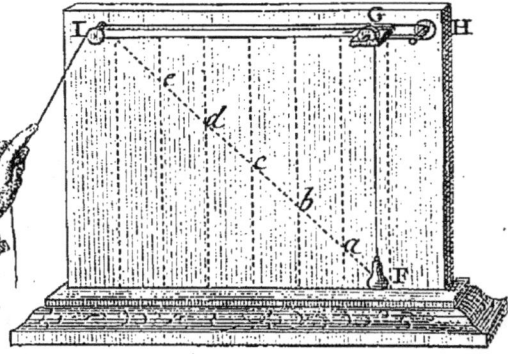

Fig. 9.

D'heulland del. et Sculp.

à deux puiſſances qui perſévérent dans le même rapport entre elles ; ſoit qu'elles ne reçoivent aucun changement , ſoit que les changemens ſoient égaux ou proportionnels de part & d'autre; parce que les effets de chaque inſtant *m h, h k, k l* , &c. *Fig.* 3. & 4. ſe rencontrent dans la même direction , & que leur ſomme produit la diagonale *M n.* Mais il n'en eſt pas de même , ſi le rapport des puiſſances change : le produit de chaque tems infiniment petit , eſt une ligne droite que le mobile décrit toujours en conſéquence de la loi établie ci-deſſus ; mais chacune de ces lignes a ſa direction particuliére , ſelon l'état actuel des puiſſances , comme on peut le voir par la *Figure* 10. Car ſi le mobile *M* eſt pouſſé horizontalement par une force dont l'action ſoit égale dans tous les inſtans , & qu'en même-tems il obéiſſe à une impulſion de haut en-bas qui augmente de plus en plus, comme les eſpaces *M a, a b, b c,* &c. pendant le premier tems , le corps *M* parviendra en 1 , à la fin du ſecond au point 2 , enſuite au point 3 , &c. Chacune de ces lignes , com-

me on voit, eft une petite diagonale ; mais de leur fuite , il fe forme
une courbe qui varie comme le rapport des puiffances : deux expériences rendront cette théorie fenfible.

IV. EXPERIENCE.

PREPARATION.

La Machine repréfentée par la
Fig. 11. eft formée de deux plans
élevés verticalement , dont l'un
A B C , plus avancé que l'autre , eft
chantourné en portion de cercle par
le haut , & laiffe en cette partie une
efpéce de goutiére *A B* entre lui &
l'autre plan qui eft plus reculé. Ce
dernier eft divifé de *B* en *D* en trois
parties égales , & de *B* en *C* en trois
parties inégales qui vont en augmentant comme 1 , 3 , 5. Aux angles que forment entre elles les lignes de divifion , on a fixé des anneaux perpendiculairement au plan ,
& le tout eft porté fur une bafe que
l'on met de niveau par le moyen de
trois vis.

EFFETS.

On laiſſe tomber une balle de métal par la goutiére *A* B, & elle décrit
la courbe *B E F*, en paſſant par les
anneaux.

EXPLICATIONS.

Lorſque la balle eſt parvenue du
point *A* au point *B*, par l'arc de cercle qu'elle a décrit, elle a acquis une
certaine vîteſſe avec laquelle elle s'é-
chappe dans la direction *B D*; & en
conſéquence de la premiere loi du
mouvement ſimple, elle ſuivroit cette ligne, ſi rien ne s'y oppoſoit.
Mais cette balle eſt peſante, & la
peſanteur, comme nous le verrons
bien-tôt, eſt une force dont la direction eſt de haut en bas, & qui donne au mobile une vîteſſe accélérée ;
c'eſt pourquoi lorſque la balle eſt
parvenue au point *B*, & qu'elle ceſſe
d'être ſoutenue par la goutiére, elle
ſe trouve ſoumiſe à deux puiſſances,
l'une qui eſt ſa vîteſſe acquiſe en deſ-
cendant du point *A*, l'autre qui eſt ſa
propre peſanteur. La premiére qui a
ſa direction vers *D*, eſt uniforme ; la

feconde qui eſt dirïgée vers *C*, eſt ac-
célérée:ainſi les eſpaces que cette balle parcourt en deſcendant , n'étant ni
égaux entre eux , ni dans un rapport
conſtant avec ceux qu'elle parcourt
en avant ; le changement de direction qu'elle éprouve à chaque inſtant,
lui fait décrire la courbe *B E F*.

APPLICATIONS.

Des exemples ſans nombre , font
voir que la peſanteur des corps change leur mouvement, quand ils ne ſont
pas dirigés comme elle ; c'eſt une
force qui a ſon effet , comme toute
autre l'auroit en pareil cas ; & quand
on ne l'apperçoit pas , c'eſt que l'autre puiſſance qui agit en même-tems
ſur le mobile , eſt beaucoup plus
grande.

Une balle de calibre tirée à 70 pas,
ne paroît pas avoir baiſſé ; ſi l'on en
juge par les apparences , on diroit
qu'elle n'a ſuivi que la ſeule impulſion de la poudre, & que ſa peſanteur
n'eſt entrée pour rien dans ſon mouvement , puiſqu'elle ſemble s'être en-
tretenue dans la vraie direction du
canon.

Mais il faut faire attention à deux choſes; la premiere, c'eſt que la vîteſſe de la balle dans une telle diſtance eſt ſi grande, que ſa peſanteur ne la feroit deſcendre que d'une très-petite quantité, ſi on la laiſſoit librement tomber pendant un pareil tems : ainſi cette chûte ne doit pas être plus conſidérable, quand un autre mouvement tranſporte le mobile. La ſeconde, (& cette raiſon eſt la plus forte,) c'eſt que les canons des armes à feu ſont plus épais, vers leur culaſſe qu'à leur embouchure, de façon que la ligne de mire *G H*, & la vraie direction de la balle, ſe croiſent en chemin, comme on le peut voir par la *Fig.* 12. Ainſi quand on croit diriger la balle en *H*, on la dirige véritablement en *I* ; & ſi l'on tire à une diſtance convenable, que l'impulſion de la poudre ſoit proportionnée au poids de la balle, & que l'angle formé par la ligne de mire & la direction du canon intérieur, ſoit dans une bonne proportion; l'effet de la peſanteur fera baiſſer le coup de la quantité *I H*, & l'on touchera par un mouvement vraiment compoſé le but qu'on s'eſt proposé, n'ayant égard qu'au mouvement simple imprimé par la poudre enflammée.

Tous les fusils relévent donc le coup, & quand on s'en plaint, on ne doit l'entendre que de ceux qui le font trop; car si le canon étoit partout d'une même épaisseur, le rayon visuel seroit parallele à la direction de la balle; le poids du plomb feroit de nécessité baisser le coup, & ce défaut de construction obligeroit le tireur d'avoir égard à l'effet de la pesanteur.

Tous les écoulemens d'eau qui ne se font point perpendiculairement à l'horizon, font encore voir des mouvemens composés en lignes courbes, par des forces dont les actions ne demeurent pas constamment en même rapport dans tous les instans. L'eau qui tombe d'une goutiére, par exemple, part horizontalement avec une vîtesse qu'elle acquiert en descendant du toît, & cette vîtesse d'elle-même est uniforme; mais en même-tems elle tend à se mouvoir de haut en bas, avec une force qui croît dans tous les instans; de cette double tendance il naît une courbe, qu'un écoulement succeſſif repréſente aux yeux, & ſon extrémité où ſe termine la chûte, ſe porte d'autant plus loin en avant, que la vîteſſe horizontale eſt plus grande, comme on peut le remarquer, lorſque l'écoulement eſt plus abondant ; car alors la maſſe de l'eau étant plus conſidérable, elle eſt auſſi moins retardée par les frottemens, ou par la réſiſtance de l'air.

V. EXPERIENCE.

PREPARATION.

Sur deux cordes de boyaux fortement & parallelement tendues d'un bout à l'autre d'une chambre, on fait gliſſer la planche *L M*, *Fig.* 13. que l'on tire par le moyen d'une ficelle qui paſſe ſur la poulie de renvoi *N*; au milieu de cette planche mobile eſt un bout de tuyau ou de canon, dans lequel eſt un petit cylindre de bois dur, & qui peut ſe mouvoir de bas en haut ſans ſortir ; deſſous eſt un marteau pouſſé par un reſſort qui ſe tend, quand on fait paſſer le manche du marteau par la mortoise *L* , où il est retenu par une petite clavette *O*. Cette dernière pièce tient à une ficelle de 2 ou 3 pieds de longueur qui est fixée, comme les deux cordes, à la muraille ; on met une balle d'yvoire & de calibre dans le petit canon , & l'on tire la planche le plus uniformément que l'on peut, & avec une vîtesse capable de lui faire parcourir environ 8 ou 10 pieds dans une seconde.

EFFETS.

Lorsque la planche a parcouru environ le tiers de son chemin , la clavette retenue par la ficelle à laquelle elle est attachée , détend le ressort qui pousse le marteau , alors le coup porté en dessous sur le petit cylindre se communique à la balle d'yvoire ; elle est chassée du petit canon d'où elle s'élève , & va retomber par une ligne courbe, sur la planche qui a continué de s'avancer , pendant que la balle étoit en l'air.

EXPLICATIONS.

Si la planche *M L* demeuroit en

repos, pendant que le marteau imprime son impulsion, il est évident que la balle s'éleveroit perpendiculairement par la ligne $P p$; il est incontestable aussi, que si la balle n'avoit qu'un mouvement commun avec la planche, elle ne sortiroit pas plus qu'elle de la direction horizontale ; mais si elle part avec les deux mouvemens ensemble, la loi du mouvement composé exige qu'elle prenne une direction moyenne, & qu'elle s'éléve par une ligne oblique à l'horizon, comme $P Q$ ou $P R$. Lorsqu'elle est une fois déterminée à se mouvoir dans une de ces lignes, elle continueroit toujours en conséquence de la premiere loi du mouvement simple, si sa pesanteur n'y mettoit obstacle. Cette puissance, qui est comme résidente en elle, & qui la sollicite sans cesse à descendre, l'éloigne de plus en plus de la direction qu'elle a ; & comme les espaces qu'elle lui fait parcourir de haut en bas vont toujours en augmentant (ce que nous expliquerons d'une maniére plus précise en parlant des loix de la pesanteur,) il arrive que dans le tems qu'elle auroit mis à parcourir la ligne PR, elle parvient au point S, par la ligne PTS, & la planche qui n'a pas interrompu son mouvement, se retrouve sous la balle à la fin de la chûte.

Applications.

L'expérience qu'on vient d'expliquer, fournit des réponses aux questions suivantes.

1°. A quel sorte de danger seroit exposé un mousse qui se laisseroit tomber du haut en bas de la hune, pendant que le vaisseau est à la voile ? courroit-il le risque de se perdre dans la mer, ou bien sa chûte se feroit-elle sur le pont ?

2°. Que deviendroit une orange qu'un Cavalier courant à toute bride, prendroit soin de jetter perpendiculairement à l'horizon ? la vîtesse du cheval la laisseroit-elle en arriére ?

3°. En supposant que la terre tourne sur son axe en 24 heures, & qu'un canon ou un mortier placé sous l'équateur, eût un mouvement d'Occident en Orient qui égalât à-peu-près 250 toises par secondes, le boulet qui seroit tiré perpendiculairement, suivroit-il cette direction , tant en montant qu'en descendant ?

Il suit des explications précédentes que le mousse tomberoit au pied du mât , par une ligne qui paroîtroit verticale à ceux qui seroient sur le vaisseau ; mais dont on appercevroit bien la courbure , si l'on étoit sur le rivage : car il est bien vrai que cette chûte seroit parallele au mât qui est droit ; mais les différens points du mât ausquels répondroit le mousse en tombant , seroient plus avancés les uns que les autres dans la direction horizontale , & leur suite se trouveroit dans une ligne courbe , parce que la chûte se fait avec une vîtesse accélérée ; ce qui s'entendra aisément si l'on prend pour le mât la ligne Mf de la *Fig.* 10. les espaces interceptés entre les lettres M, a, b, c, d, e, f, pour le chemin que parcourt le mousse en tems égaux pendant sa chûte , & la ligne Mc ou $f6$, pour l'espace parcouru horizontalement par le vaisseau.

L'orange du Cavalier & le boulet de canon , seroient précisément dans le cas de la balle d'yvoire de notre derniere expérience , & feroient comme elle ; ni l'un ni l'autre de ces deux mobiles ne tomberoit en arriére ; & fi des caufes accidentelles n'y mettoient empêchement , l'une arriveroit dans la main du cavalier , & l'autre dans l'embouchure du canon d'où il feroit parti ; ce qu'il eft aifé d'appercevoir , en appliquant à ces deux fuppofitions les raifons dont nous nous fommes fervis, pour expliquer le mouvement de la balle d'yvoire.

Quoique ces effets puiffent fe conclure en toute fûreté de la théorie , on ne doit guéres les attendre dans la pratique ; parce qu'à l'inftant que le mobile part , fon mouvement eft reglé en conféquence des deux impulfions , telles qu'elles font à l'inftant du départ ; mais il arrive très-ordinairement qu'avant fa chûte le plan mobile qui doit le recevoir , reçoit quelque changement , ou dans fa vîteffe , ou dans fa direction ; ou bien le mobile rencontre des obftacles qui dérangent les rapports des impulfions dont fon mouvement eft compofé : en pareils cas les à-peu-près suffisent, & on les a presque toujours, ou s'ils manquent, les causes se présentent d'elles-mêmes.

II. SECTION.

Des Forces centrales.

TOUT ce que nous avons enseigné touchant le mouvement simple dans les leçons précédentes, & ce que nous venons d'exposer dans celle-ci sur le mouvement composé, fait voir qu'il n'y a aucun mouvement qui soit naturellement dirigé en ligne courbe ; un corps une fois déterminé à se mouvoir, soit par une seule cause, soit par plusieurs ensemble, tend toujours à persévérer dans l'état où il est, & cet état consiste à passer avec une certaine vîtesse d'un terme à un autre, par la voie la plus courte qui est une ligne droite. Si l'on voit donc un mobile décrire une ligne courbe par son mouvement, il faut considérer le chemin qu'il fait comme une suite de mouvemens non interrompus, mais dont les directions

particuliéres changent à tout inftant,
& forment entr'elles des angles fort
obtus, de même qu'on a coutume
de confidérer un cercle, ou une ligne courbe, comme un affemblage
de lignes droites infiniment courtes
& infenfiblement inclinées entr'elles;
telle feroit la ligne 1, 2, 3, 4, 5, 6 de
la *Fig.* 10. fi les parties interceptées
entre ces chifres n'avoient point une
longueur fenfible.

Cette fuite de mouvemens en lignes droites dont l'affemblage forme
une courbe, ne peut donc point être
l'effet d'une feule détermination, plufieurs même ne fuffiroient pas, à
moins qu'elles ne changeaffent continuellement de rapport entr'elles,
comme nous l'avons expliqué &
prouvé dans la feétion précédente.

Mais ces rapports peuvent changer, non-feulement quant à l'*intenfi-*
té, c'eft-à-dire, quant au degré de
force; mais ils peuvent varier auffi
quant à la direétion des puiffances,
& c'eft une autre vûe fous laquelle
il nous refte à confidérer le mouvement compofé.

Suppofons donc que le mobile A,

Fig. 14. soit sollicité de se mouvoir par deux puissances qui soient entr'elles comme les deux lignes *AC* & *AB*, tant pour l'intensité que pour les directions, c'est-à-dire que leurs forces soient comme 1 à 3, & que leurs directions fassent entr'elles un angle droit au point *A*. Il est certain que le mouvement composé commencera par *A d*, & qu'il continueroit jusqu'en *D*, si rien ne changeoit ; mais si les deux puissances à la fin de ce premier tems se retrouvent disposées entr'elles comme au commencement; si, par exemple, la tendance vers *D* restant telle qu'elle résulte du mouvement composé, l'autre puissance se dirige vers *H*, le mouvement se composera de nouveau, & le mobile parviendra en *e* : & s'il arrive encore pareille chose, que l'une des deux puissances se dirige en *I*, on verra le mobile arriver en *f*, & de-là en *g*, & ensuite en *h*, si le point *K* & le point *L* deviennent successivement les termes de la puissance qui étoit d'abord *A C.*

Ce que nous venons de supposer, se trouve réellement dans le mouvement d'une fronde, ou de tout au-

tre corps que l'on fait tourner au bout
d'une corde ; car la main paffant fucceffivement par les points $C, H, I, K, L,$
fait paffer la corde par les lignes $A c,$
$d H$, $e I$, &c. & comme on fuppofe
que cette corde eft toujours de même longueur, elle repréfente une puiffance qui ne varie que par fa pofition.
Si l'on confidére comme infiniment
petites les lignes $A d, d e, e f, f g$, &c.
que le mobile parcourt, leur fuite
fera une courbe telle qu'on voit décrire à tous les corps qui fe trouvent
en pareil cas.

Tous les corps qui circulent comme la pierre d'une fronde, font donc
un effort continuel pour ne plus circuler, puifque s'ils étoient libres, ils
s'échapperoient par quelqu'une des
petites lignes droites qu'ils commencent à chaque inftant, comme $d D,$
ou $e E$, que l'on nomme *tangentes.*
C'eft une conféquence de la premiére loi du mouvement, que l'expérience confirme; car fi la corde fe caffe
ou fe lâche tout-à-fait, quand la fronde eft en d, la pierre qu'elle porte
ne continue pas fon mouvement par
les points e, f, g, &c. mais elle fuit la
ligne

ligne *d D*; & toute l'habileté du frondeur consiste à bien estimer la tangente qui tend au but.

Mais tendre à s'échapper par la tangente, & faire effort pour s'éloigner du centre du mouvement circulaire, ce sont deux expressions qu'on peut regarder comme synonimes; car il est évident que si le mobile *A*, au lieu d'aller de *d* en *e*, & d'*e* en *f*, continuoit de *d* en *l*, & d'*l* en *m*; il s'écarteroit de plus en plus des points *I*, *K*; on peut donc dire en général que tous les corps qu'on fait mouvoir en ligne courbe, tendent à s'éloigner du centre de leur mouvement; & que quand cette tendance n'a pas son effet, c'est qu'ils sont retenus ou poussés vers ce centre, par une force contraire.

Ces deux forces qui produisent le mouvement circulaire ou en ligne courbe, & qui sollicitent continuellement le mobile, l'une à s'approcher, l'autre à s'éloigner du centre, se nomment *forces centrales*; & pour les distinguer l'une de l'autre, on appelle la première *force centripéte*, & la dernière *force centrifuge.*

Les forces centrales font directement oppofées l'une à l'autre ; car quoique la force centrifuge ait fa direction par la tangente, il faut faire attention que le rayon qui repréfente la force centripéte, s'il étoit prolongé, feroit coupé par cette tangente dans une fuite de points qui vont toujours en s'écartant du centre ; rendons ceci plus intelligible par une *Figure*.

Suppofons, par exemple, que le mobile *M*, *Fig.* 15. foit porté par le rayon *B C*, fur la longueur duquel il puiffe gliffer, il eft certain que fi l'on fait tourner ce rayon autour du centre *C*, tous les points compris entre *M* & *B*, pafferont fucceffivement avec le mobile fur tous ceux de la tangente *M D* ; & par conféquent le corps *M* en obéiffant à la force centrifuge, gliffera directement d'*M* en *B*. C'eft par cette raifon, que la corde d'une fronde demeure tendue pendant qu'on la fait tourner ; & que quand on fait circuler de même un gobelet plein d'eau, le fluide bien loin de fe répandre, fait effort contre le fond du vafe. Paffons aux expérien-

Fig. 12.

Fig. 15.

Fig. 14.

Fig. 13.

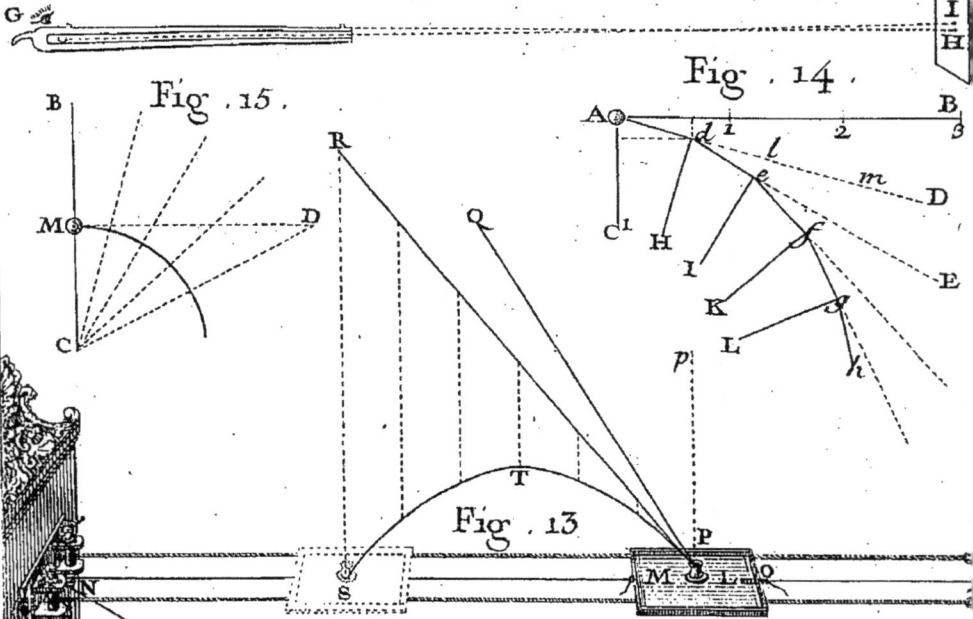

Fig. 11.

Fig. 10.

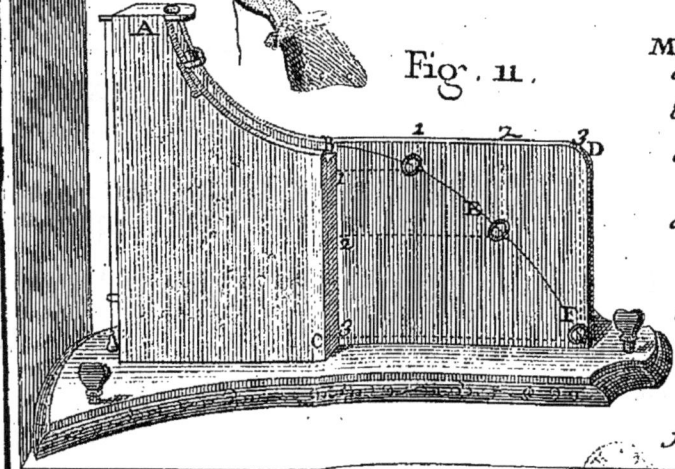

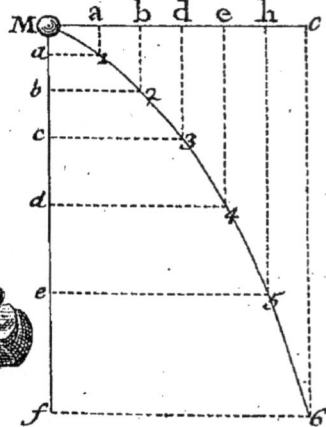

Dheulland del. et Sculp.

ces , & faisons voir d'abord , que les forces centrales ont lieu dans toutes fortes de matiéres , fluide ou solide , pourvû que leur mouvement se fasse en ligne courbe.

PREMIERE EXPERIENCE.

PREPARATION.

La machine qui est représentée par la *Fig.* 16. est une table triangulaire établie solidement sur trois pieds que l'on peut caller avec des vis. Vers le sommet du triangle on a élevé perpendiculairement un montant qui porte une roue verticale , que l'on fait tourner avec une manivelle ou autrement : cette roue par le moyen d'une corde & de deux petites poulies de renvoi , méne deux grandes poulies horizontales *A B* , enarbrées de fer , & placées aux deux autres angles de la table : ces poulies ont plusieurs gorges dont les diamétres différent entr'eux , & c'est sur le plan supérieur de ces poulies qu'on établit les différentes piéces qui servent aux expériences de cette espéce.

Pour celle dont il s'agit maintenant,

D ij

on attache fur une des deux poulies *A* ou *B*, un fupport ou portant *C D*, comme il eft repréfenté : un fil de fer tendu d'un bout à l'autre, enfile deux boules d'yvoire d'égale groffeur qui tiennent l'une à l'autre par une foie de 5 pouces de longueur, & qui peuvent gliffer avec une grande facilité fur le fil de métal qui les porte. On place l'une des deux boules au mi-lieu, & l'autre à la diftance que la foie peut permettre.

Effets.

1°. Quand on fait tourner la grande roue, & qu'on imprime un mouvement circulaire au portant, la boule *E* décrit un cercle, & entraîne avec elle celle qui eft au centre du mouvement.

2°. Si l'on coupe la foie qui lie les deux boules, & qu'on recommence l'expérience, la boule *F* demeure au centre, & l'autre s'échappe feule.

3°. Si dans une troifiéme épreuve, les boules étant liées comme dans la premiére, on les place à égale diftance du centre de part & d'autre, elles ne partent ni l'une ni l'autre, avec quelque vîtesse qu'on les fasse tourner.

EXPLICATIONS.

Lorsque le portant tourne horizontalement, le fil de fer qui est tendu d'un bout à l'autre, forme par sa
révolution un plan circulaire dont il
est le diamétre, & tous les points
compris dans sa longueur, depuis le
milieu jusqu'aux extrémités *C* & *D*,
décrivent autant de cercles concentriques. La boule *E* par conséquent
se trouve dans un de ces cercles qu'elle décrit aussi ; ce mouvement lui
donne une tendance à s'éloigner du
centre de sa rotation, par la tangente ; & comme elle est portée par un
rayon qui se meut lui-même avec elle, elle glisse sur sa longueur, comme
nous l'avons expliqué par là *Fig. 15.*
Ce qui la fait mouvoir ainsi, est une
force réelle, puisqu'elle l'emporte sur
la résistance, non-seulement de sa
propre masse, qui, par son inertie, demeure autant qu'elle peut à la distance où on l'a posée, mais encore sur
celle d'une autre masse qui ne circule
pas, & qu'une pareille tendance ne
sollicite point à sortir de sa place :

comme il paroît lorsqu'on coupe la
foie ; car alors le centre de la boule
F étant au centre même de la rotation , il ne peut y avoir de force centrifuge que dans ses parties, qui tournent effectivement ; mais dans un
corps sphérique & homogéne , tel
que la boule de notre expérience, les
parties correspondantes ont des forces centrifuges égales, & directement
contraires , en équilibre par conséquent : elles sont les unes aux autres
comme les deux boules *E* & *F* liées
ensemble par une soie , & posées à
égales distances du centre de leur
mouvement ; mais nous serons plus
en état de faire entendre cet équilibre , quand nous aurons fait connoître comment on doit mesurer la force centrifuge.

II. EXPERIENCE.

PREPARATION.

Au lieu du portant & des deux
boules d'yvoire dont nous nous sommes servis dans l'expérience précédente , on en place un autre qui porte au milieu de sa longueur un petit

réfervoir plein d'eau, auquel communiquent deux tuyaux de verre inclinés *G*, *H*, & enflés en forme de boule par les deux autres extrémités, comme on le peut voir par la *Fig.* 16.

EFFETS.

En faifant tourner ce portant & ce qu'il contient, l'eau s'éléve du réfervoir par les tuyaux, & remplit les deux boules qui font à leurs extrémités.

EXPLICATIONS.

Avant qu'on imprime le mouvement de rotation, l'eau fe tient à niveau du réfervoir, dans la partie inférieure des tuyaux ; parce que ces petites colomnes du fluide font équilibre par leur poids á celles qui répondent, dans le réfervoir, à l'orifice de ces tuyaux. Mais quand ces petites portions d'eau viennent à tourner avec une certaine vîteffe, la force centrifuge, plus grande que leur péfanteur qui leur tient lieu de force centripéte, les porte vers la boule creufe. A mefure qu'une partie monte, une autre lui fuccéde pour faire

équilibre à l'eau du réservoir ; & succeffivement il s'en éléve une affez
grande quantité pour remplir & le
tube & la boule.

Applications.

Ces deux premiéres expériences
prouvent bien clairement ce que
nous avons avancé d'abord, que tous
les corps indiſtinctement, en quelque
état qu'ils puiſſent être , acquiérent
une force centrifuge en tournant ; la
liaiſon des parties , ou leur fluidité ,
ne change rien à cet effet ; cette eſpéce de force eſt comme la vîteſſe
répartie à toutes les particules de matiére qui circulent, ou plutôt elle n'eſt
autre choſe que leur vîteſſe même
confidérée dans cette circonſtance.

Les toupies & les pirouettes dont
les enfans s'amuſent, peuvent être
citées ici comme des objets d'inſtruc-
tion ; en effet, ces exemples fami-
liers nous font voir que la force centrifuge ſe met en équilibre avec elle-même , dans les corps dont l'axe
ou le centre de gravité ne circulent
point ; comme nous l'avons enſeigné
ci-deſſus , en mettant la boule d'y-
voire

voire au centre de la rotation ; en pareil cas si le mobile n'a que le mouvement circulaire sans aucun balancement, quoiqu'il paroisse très-souvent en repos, on reconnoît aisément que ses parties tendent à s'écarter du centre, & qu'elles ne sont retenues que par leur adhérence naturelle ; car si l'on y fait tomber quelque fluide, bientôt il se dissipe, & abandonne la surface solide avec laquelle il tourne. Les roues des carrosses & des chaises de poste jettent la boue au loin ; & la meule du gagne-petit vuideroit l'auge dans lequel elle plonge en partie, & feroit une aspersion continuelle & incommode, si l'on n'avoit soin d'arrêter l'eau qu'elle emporte de trop, par un morceau de cuir ou de chapeau, qu'on fait traîner sur sa surface.

Les soleils qu'on fait paroître dans les feux d'artifice, deviennent plus grands & plus beaux par leur mouvement de rotation ; car le salpêtre enflammé se répand par une infinité de tangentes & forme un plan plus étendu qu'il ne pourroit être s'il brûloit sans tourner.

Tome II. E

On peut mettre notre seconde expérience à profit en appliquant à l'é-
lévation des eaux, ou à leur évacuation, le principe dont elle est la preuve ; c'est un moyen que l'on a déja
tenté avec succès, & je ne doute pas
qu'en bien des occasions on n'en pût
tirer de grands avantages. La fameu-
se pompe de Hesse qui fut annoncée
aux Sçavans sous le nom de *Rotatilis*
suctor *, que Papin devina, & qu'il
employa depuis avec divers changemens, n'étoit autre chose au fond
qu'un tambour ou cylindre creux
plongé dans l'eau, & dans lequel on
faisoit tourner des volans fixés à un
axe ; ce mouvement faisant circuler
l'eau, lui donnoit une force centrifuge qui la faisoit s'élever par un canal
ou tuyau pratiqué à la circonférence
du tambour. Plusieurs personnes ont
encore construit des pompes, où la
force centrifuge est appliquée d'une
maniére ingénieuse. On en trouve
quelques-unes dans Ramelli, & dans
le recueil des machines approuvées
par l'Académie des Sciences *. On
a fait aussi sur ce principe des souf-
flets de forges *, & des espéces de
cribles, ou vans, pour nettoyer le

* *Actes de*
Leipsick.
Juin. 1689.

* *Tom. 6. p.*
11. & s.

* *Ibid. tom.*
5. p. 41.

bled ; la partie principale de ces machines eſt toujours un axe garni de volans qu'on fait tourner dans un tambour ; on imagine bien que s'il y a un trou, ou un tuyau ouvert, à la circonférence du tambour, & un autre à l'un des côtés, près du centre du mouvement, il doit ſe faire un écoulement d'air continuel par le premier : car tandis que la force centrifuge cauſe une évacuation par la circonférence, le poids de l'air auquel rien ne s'oppoſe plus alors, doit remplir le tambour par le centre.

M. Deſaguilliers profitant de ces deux déterminations qu'on peut faire prendre à des fluides par de ſemblables machines, en a fait conſtruire une *, avec laquelle il s'eſt propoſé de changer l'air de la chambre d'un malade, de renouveller auſſi celui des ſouterrains, ou des lieux qui deviennent infects par le grand nombre ou par le mauvais état des perſonnes qui les rempliſſent : comme les ſalles de ſpectacles, les réfectoires de communautés, les infirmeries, &c. Les expériences qui en ont été faites à Londres à la chambre des

* Tranſ. Philoſoph. num. 437.

Communes, ont fait voir que l'auteur ne s'étoit point trompé dans ses vûes, & que cette invention offre des avantages réels.

Si l'on vouloit se servir de tuyaux inclinés, comme dans notre expérience, il est vrai qu'on y trouveroit le même inconvénient que dans la vis d'Archiméde. On ne pourroit guéres les appliquer qu'à des élévations d'eau médiocres, parce qu'ils exigeroient une trop grande longueur ; mais il y aura bien des cas où cet inconvénient n'en sera point un. On sçait que le succès des machines est redevable aux circonstances, & que celle qui n'est pas la meilleure à certains égards, doit être souvent préférée pour d'autres raisons qui l'emportent.

La force centrifuge est un moyen dont je me sers souvent pour rassembler la liqueur dans mes thermométres, quand des secousses ou quelqu'autre cause l'a séparée en plusieurs parties. Comme ce petit accident interrompt l'usage de l'instrument, & qu'il peut arriver à tous ceux qui en ont, je crois devoir dire ici le remé-

de que j'y apporte. Il est facile &
fort simple. Il faut tenir le thermo-
métre par le haut de sa planche, &
le tourner un peu vîte cinq ou six
fois, de maniére que la boule se trouve dans la circonférence du cercle
qu'on lui fait décrire, & son tube dans
le rayon. La liqueur séparée acquiert
une force centrifuge qui la réunit
bien-tôt au reste.

On sçait une partie des effets que
produit un pareil mouvement sur les
animaux. Les jeunes gens se diver-
tissent quelquefois à faire tourner des
poules après leur avoir mis la tête
sous l'aîle, pour les endormir, di-
sent-ils ; & en effet on voit souvent
ces animaux rester immobiles à l'endroit où on les pose après cet exer-
cice ; mais il y a toute apparence que
c'est moins l'effet d'un sommeil, que
celui d'un étourdissement causé par
le trouble qui s'est mis dans leurs
sens, & qui les empêche, tant qu'il
dure, de recevoir les impressions qui
les déterminent dans leurs mouvemens ordinaires.

Je sçais, à n'en point douter, qu'un
animal peut mourir quand on l'ap-

plique à cette épreuve. J'ai attaché
par les pattes de derriére un fort la-
pereau, à une corde que j'ai fait tourner rapidement par deux hommes,
environ 100 tours de suite, & lorfque l'on ceffa il n'étoit pas mort,
mais il ne put fe foutenir fur fes pattes, & il expira quelque tems après.
Un chat que l'on fit tourner de même, ne mourut point, mais il vo-
mit beaucoup ; & quoiqu'il n'eût reçu aucun coup, on apperçut à fa
gueule quelques goutes de fang. L'œ-
conomie animale fe dérange fans doute en pareil cas, parce que la force
centrifuge détermine les fluides à fe
porter vers la tête, leur cours naturel eft interrompu par ce mouvement
étranger, & leurs fonctions ceffent.

Le jeu de bague, celui de l'efcar-
polete feroit dangereux par la même
raifon, fi la pofition du corps ne pré-
venoit les accidens ; fi au lieu d'y
être affis, ou dans une fituation qui
met les vaiffeaux à peu près paralléles à l'axe de la rotation, l'on y
étoit couché de maniére que la longueur du corps fût perpendiculaire
à ce même axe, je ne doute nulle-

ment qu'on n'en fût bien-tôt incommodé : peut-être aussi pourroit-on tenter ce moyen, pour rétablir le cours des humeurs dans des membres qui sont attaqués de paralysie. Un Sçavant m'a prévenu sur cette pensée, mais comme il ne fait pas son étude ordinaire d'anatomie, ni de médecine, non plus que moi, je crois que c'est aux gens de l'art à juger de ce qu'elle vaut, & de l'usage qu'on en peut faire.

La force centrifuge n'étant autre chose que l'effort d'un corps qui tâche de continuer son mouvement, par la tangente de la courbe qu'on lui fait décrire ; elle doit se mesurer comme le mouvement même, par la masse & par la vîtesse ; ainsi de deux mobiles qui circulent avec des vîtesses égales, celui-là a plus de force centrifuge qui a le plus de matiére ; de même aussi, quand les masses sont égales, cette même force ne peut différer que par le degré de vîtesse.

Pour connoître le degré de vîtesse d'un corps qui circule, il faut avoir égard à deux choses ; 1°. à la gran-

E iiij

deur de fa révolution ; 2°. au tems
qu'il employe pour la faire.

On appelle *révolution*, la courbe
que décrit le mobile, à compter du
point d'où il part, jufqu'à ce qu'il fe
rencontre fur ce même point, ou vis-à-
vis, fur une ligne qui paffe au centre.
Tel eft le cercle qui commence en *A*,
Fig. 17. & qui finit au même point,
ou la fpirale *A E D*, qui commence
& finit fur la même ligne *D C. Fig.* 18.

Le tems qui s'écoule pendant que
le mobile fait une révolution entiére, s'appelle *tems périodique*. La vîteffe eft d'autant plus grande, que le
tems périodique eft plus court, & la
révolution plus ample : ainfi le mobile *A* iroit avec plus de vîteffe que
le mobile *D*, fi l'un & l'autre par-
couroit en même-tems le cercle dans
la circonférence duquel il eft ; ou
bien, fi tous deux ayant la même révolution à faire, comme *A*, *F*, le dernier faifoit fon tour plutôt que l'autre. De même que l'on mefure un
cercle par fon rayon, la révolution
circulaire s'eftime par la diftance du
mobile au centre ; par conféquent fi
la diftance de *C* en *D* eft une fois plus

petite, que de *C* en *A*, on doit conclure que la révolution du mobile *A* est une fois plus grande que celle de *D*.

En comparant les forces centrifuges de deux corps, nous avons donc trois choses à considérer, la masse, la distance au centre, & le tems périodique.

III. EXPERIENCE.

PREPARATION.

Sur l'une des deux poulies horizontales *A* ou *B*, de la machine qui est représentée par la *Fig.* 16. on établit un support *Fig.* 19. sur lequel sont arrêtés quatre tubes de verre inclinés au plan, & qui se joignent au milieu. Dans chaque tuyau de la premiere paire, sont renfermés deux liqueurs dont les pésanteurs sont différentes ; sçavoir dans le premier, de l'eau commune & de l'huile de térébenthine colorée ; & dans le second, de l'huile de tartre avec de l'esprit de vin. Ceux de la seconde paire sont pleins d'eau avec une petite boule de cuivre dans l'un, & une de liége dans l'autre.

Quand tout est en repos, les deux liqueurs les plus légéres se tiennent dans la partie la plus élevée des tubes qui les renferment, & chacune des petites boules occupe aussi la place qui convient à son poids : celle de métal demeure en bas, & celle de liége en haut de son tube. Mais lorsque l'on met la machine en mouvement :

EFFETS.

L'esprit de vin & l'huile de térébenthine cédent leurs places à l'eau, & descendent dans la partie inférieure de leurs tubes ; la boule de cuivre gagne le haut du sien, & celle de liége, tout au contraire, se porte de haut en-bas.

EXPLICATIONS.

Par le mouvement de rotation imprimé au support, chaque portion des tubes, & ce qu'elle contient, décrit un cercle, & acquiert une force centrifuge ; la premiere couche d'eau qui touche l'huile de térébenthine exerce donc contre cette liqueur, toute la tendance qu'elle a pour s'éloigner du centre de son mouvement : cet effort seroit impuissant, si la force centrifuge de l'huile étoit égale à celle de l'eau ; parce qu'étant soutenue par une colonne de même liqueur appuyée contre l'extrémité du tube, rien ne l'obligeroit à céder sa place : mais elle est moins pesante, & l'eau, en conséquence de son excès de masse, prévaut contre l'huile , & la précipite peu à peu; car ce qui se passe entre les deux premieres couches arrive de même pour toutes les autres : ainsi l'huile & l'esprit de vin se déplacent, non par un effort positif de leur part, (car le mouvement circulaire donne aussi de la force centrifuge à ces deux liquides ;) mais parce que cette force en eux n'égale point celle de l'eau; & comme la matiére est impénétrable , & que la place nécessaire pour contenir la colonne d'eau ne suffit pas pour comprendre avec elle celle de l'huile , le lieu le plus éloigné du centre est occupé par celle des deux liqueurs qui a le plus de force pour s'en emparer.

On doit expliquer de même le dé-

placement des deux boules ; par-tout
où elles se trouvent dans leurs tubes ,
chacune répond à un volume d'eau
dont la masse est différente de la sien-
ne, en plus ou en moins. Cette inégalité fait naître un excès de force centrifuge dans l'un des deux volumes
qui se touchent ; & de cette maniére la boule de liége plus foible que
l'eau, est obligée de descendre; le cuivre au contraire prévaut , & s'éléve
au-dessus de tous les petits volumes
d'eau correspondans.

APPLICATIONS.

On voit donc par ces effets , que
la force centrifuge augmente comme
la masse des corps , quand les vîtesses
font égales , & que la force centripéte d'une matiére , peut être l'effet de
la force centrifuge d'une autre , qui
circule avec elle ou autour d'elle.
Le Paysan qui vanne son bled , nous
en offre un exemple qui a mérité
l'attention des Philosophes : lorsqu'il veut rassembler la paille qui est
mêlée avec le grain pour l'en pur-
ger , il imprime à toute la masse un
mouvement circulaire , & aussi-tôt

on voit les parties les plus légéres se porter au centre du mouvement, parce que les plus pesantes ont plus de force pour aller à la circonférence.

On remarque aussi que tous les corps qui flottent sur une eau qui tourne, se rassemblent vers le centre de son mouvement ; c'est pourquoi l'on évite avec tant de soin tous les endroits de la mer & des grandes riviéres, où l'eau laisse appercevoir un semblable mouvement ; car une triste expérience a fait connoître qu'on y périt le plus souvent.

Mais ce qui arrive par un excès de masse, se feroit de même par une plus grande vîtesse : un corps environné d'une matiére en circulation, quoiqu'il fût plus pesant que cette matiére, céderoit pourtant à sa force centrifuge, si elle tournoit beaucoup plus vîte que lui ; de maniére, par exemple, que le degré de vîtesse dans l'une, l'emportât sur le plus de masse dans l'autre. Les tourbillons de vent qui enlévent la poussiére & le sable, nous en fournissent un exemple & une preuve ; car on peut observer que ces corps beaucoup plus

pefans que l'air dans lequel ils tournent, font en plus grande quantité
au centre du tourbillon, quand il
commence, & qu'ils n'ont point encore acquis toute la vîteffe du fluide.

Defcartes en partant de ce principe, avoit ingénieufement imaginé
qu'on pourroit expliquer méchaniquement cette force centripéte des
corps, qu'on nomme *pefanteur*, en
fuppofant autour de notre globe un
tourbillon de matiére très – fubtile
dont la vîteffe feroit fort grande : car
(difoit-il) cette matiére, à caufe de
la rapidité de fon mouvement, auroit
beaucoup de force centrifuge ; &
tous les autres corps qu'elle rencontreroit comme flottans en ayant beaucoup moins qu'elle, feroient obligés
de lui céder dans tous les inftans,
jufqu'à ce qu'ils fuffent arrivés à l'endroit le plus bas, c'eft-à-dire, au
centre du mouvement, ou qu'ils
euffent rencontré quelque obftacle
invincible qui les empêchât d'y aller.

Ce Philofophe cherchant à appuyer fon raifonnement fur quelques
faits, pour donner plus de vraifemblance à fon hypothéfe, indiqua une

expérience fort curieufe , qu'on n'a pas lieu de croire qu'il ait jamais exécutée de fon tems , mais qui l'a été depuis, & que nous allons rap-porter.

VI. EXPERIENCE.

PREPARATION.

A, *Fig.* 22. eft un globe de cryftal plein d'eau , avec laquelle on a fait entrer un peu d'efprit de térébenthi-ne coloré. Cette boule eft foutenue aux poles par deux piliers ou pou-pées à pointes , entre lefquels elle peut tourner très-librement , lorf-qu'on met en mouvement la grande roue verticale *B* , qui communique par une corde croifée avec la poulie *C* , fixée à l'un des poles ; le plan qui porte les deux piliers ou fup-ports du globe, peut s'élever & s'in-cliner plus ou moins par le moyen de deux charniéres *D*, *D*, & d'une vis *F*, qui fert à le fixer à la hauteur que l'on veut ; le tout eft porté fur une table à trois pieds, que l'on met de niveau par des vis.

Effets.

1°. Quand on fait tourner le globe fur fon axe placé horizontalement, l'efprit ou l'huile de térébenthine qui n'occupoit qu'un petit fegment du globe en fa partie fupérieure, fe divife en un grand nombre de petits globules qui flottent dans la maffe d'eau renfermée avec eux, & qui peu-à-peu reçoivent comme elle un mouvement de rotation : on les voit enfuite fe refferrer de plus en plus, & former autour de l'axe de la rotation commune une enveloppe, ou plutôt un folide, dont la figure eft ordinairement cylindrique.

2°. Dès que l'on ceffe de faire tourner le globe de verre, le cylindre formé par les parties d'huile colorée, fe dilate d'abord par les extrémités, & enfuite dans le refte de fa longueur, jufqu'à ce que le mouvement venant à ceffer dans l'eau, toute l'huile fe raffemble par fa légéreté, à la partie fupérieure du globe où elle étoit avant l'expérience.

3°. Si l'on recommence le mouvement de rotation, & qu'on incline l'axe

l'axe du globe lorsque les particules
d'huile y font raffemblées ; elles fe
portent peu à peu au pole le plus
élevé , & s'y tiennent tant que dure
cette inclinaifon.

4°. Quand , au lieu d'huile colorée , on met dans l'eau une petite
boule de cire ; elle eft portée dans
l'axe par le mouvement de rotation ,
& s'y comporte comme chacun des
globules d'huile ; c'eft-à-dire , que fi
cet axe eft bien horizontal , elle fe
tient par-tout où elle fe trouve dans
fa longueur , & que s'il eft incliné ,
elle gagne le pole le plus élevé.

5°. Un globule d'air que l'on fubftitue à la boule de cire , fait voir la
même chofe ; mais fi lorfqu'il eft à
l'un des poles on arrête , ou qu'on rallentiffe le mouvement du globe de
verre, il arrive quelquefois que cette
particule d'air fe porte vers le centre
de la fphére.

6°. Si l'on met dans le globe une
petite-boule de cire , que l'on aura
rendue un peu plus pefante que l'eau,
en introduifant au centre un petit
grain de plomb , & qu'on la faffe circuler lentement à quelques pouces de

diſtance de l'axe ; en redoublant alors
de vîteſſe, on voit cette petite maſſe,
quoique plus peſante qu'un pareil
volume d'eau , deſcendre dans l'axe,
& y demeurer conſtamment , en tournant ſur elle-même ; & lorſqu'on incline l'axe de la rotation , au lieu de
ſe porter au pole le plus élevé , comme la précédente , elle prend une
route toute contraire. Cette expérience eſt délicate , elle demande un
peu d'habitude dans celui qui la traite ; mais quand de dix fois qu'on la
tente , elle ne réuſſiroit qu'une , ç'en
eſt aſſez pour prouver le principe ſur
lequel ce fait eſt fondé.

Explications.

Pour bien entendre tous ces faits,
il faut concevoir d'abord la maſſe
d'eau renfermée dans le globe de
verre , comme compoſée d'une infinité de couches fluides fort minces
les unes ſur les autres , & qui vont
toujours en décroiſſant de diamétre
juſqu'au centre.

Quand on met le globe de verre
en mouvement , la ſurface ſolide entraîne par ſon frottement celle du

fluide qui la touche immédiatement;
& comme l'huile colorée en fait partie, elle eft déplacée au premier tour.
Son déplacement occafionne fa divifion ; car étant portée plus bas
qu'elle n'étoit , fa légéreté exige
qu'elle remonte ; elle rencontre l'eau
en mouvement qui la fépare , & chacune de ces parties preffée également de toutes parts par le fluide qui
l'environne , prend une figure globu-
leufe. Le globe continuant de tourner , le mouvement fe communique
de couche en couche à toute la
maffe de l'eau , de maniére qu'elle fe
meut enfuite comme un folide ; je
veux dire , que toutes les parties en
tournant gardent entre elles des fi-
tuations conftantes. Ainfi comme
tous les points de la furface du verre
C, D, E, F, G, *Figure* 23. à compter
d'un pole à l'autre, défignent des cir-
conférences de cercles paralleles, de
même on peut fe repréfenter toutes
les tranches d'eau qui leur répondent,
comme autant de plans circulaires
qui tournent parallelement fur le même axe *A B.*

Maintenant fi nous confidérons

nos petits globules d'huile difperfés dans l'eau, nous verrons que chacun d'eux eft follicité à s'approcher du centre, non de la fphére commune, mais du cercle particulier dans lequel il fe trouve. Celui qui eft en *a*, par exemple, & qui tourne dans ce parallele, a bien, en conféquence de fon mouvement circulaire, une force centrifuge, par laquelle il tend vers *F*, & avec laquelle il s'échapperoit certainement avec l'eau, fi le globe étoit ouvert en cet endroit ; mais il eft renfermé, & il répond continuellement à un volume d'eau qui a plus de maffe que lui, & qui tournant avec une vîteffe prefque égale à la fienne, lui difpute la place la plus élevée, avec une force centrifuge prévalente ; ce qui l'oblige de céder jufqu'au centre du mouvement où cette force eft nulle. Chaque particule d'huile éprouve le même fort dans la tranche d'eau où elle fe rencontre ; ainfi elles viennent toutes fe ranger au centre de leur révolution particuliére, comme les chifres 1, 2, 3, 4, 5, 6, &c. & cet effet ceffe dès que la caufe ne fubfifte plus ;

c'eſt-à-dire, que l'huile remonte par ſa légéreté reſpective, quand l'eau perd ſa force centrifuge en ceſſant de tourner.

Tant que l'axe de la rotation eſt horizontal, & que le mouvement eſt uniforme dans toute la maſſe du fluide, les particules d'huile rangées dans l'axe conſervent conſtamment la forme d'un cylindre; & par quelle raiſon en affecteroient-elles une autre? La figure du verre l'exige-t-elle, comme l'a penſé un Phyſicien de ces derniers tems? c'eſt un ſentiment qui eſt inſoutenable, non-ſeulement parce qu'il eſt pleinement démenti par l'expérience; mais encore parce qu'on ne trouve rien dans la théorie des forces centrales, ni dans les autres loix du mouvement, qui le favoriſe.

En effet, quand un corps plus léger que l'eau eſt pouſſé vers l'axe de la rotation commune à toute la maſſe; eſt-ce la partie du fluide qui eſt au-deſſus de lui qui le ſollicite à tomber? n'eſt-ce pas plutôt celle qui eſt au-deſſous, qui tend à le déplacer? quelle part a donc à cet effet la surface du vaisseau & sa figure ? quelle qu'elle puisse être, quand le vaisseau est plein, je n'y vois qu'un point d'appui qui retient le fluide, mais qui ne change rien à la direction des parties inférieures.

Mais si le raisonnement laissoit quelque apparence de doute sur cette question, n'est-elle pas clairement décidée par l'expérience? Si la sphéricité du verre étoit capable de convertir par sa réaction les forces centrifuges particuliéres de chaque cercle, en une force centripéte commune, comme on l'a prétendu ; je demande pourquoi l'on ne voit aucun signe de cette conversion, lorsqu'on fait tourner avec l'eau des parcelles d'huile, ou toute autre matiére légéres : pourquoi ces corps en venant à l'axe n'affectent-ils jamais une figure qui puisse faire croire qu'ils tendent à un même centre ? par quelle raison une boule de cire, une bule d'air, &c. demeurent-elles indifféremment dans tous les points de l'axe où ils se rencontrent ?

Enfin pour achever de convaincre ceux qui auroient encore quelque

doute, changeons de vaisseaux, met-
tons notre fluide dans un hémisphé-
re, dans un cône, dans un cylindre : si
l'inclinaison des parois entre pour
quelque chose dans les effets, nous
verrons sans doute les corps légers se
porter vers la base des deux premiers,
& demeurer dans l'autre indifféremment où ils se trouveront : cette différence donneroit à la vérité quelque
crédit à l'opinion que nous combat-
tons ; mais elle ne s'apperçoit nullement, & les personnes mêmes les
plus intéressées à l'y trouver, sont
convenues qu'on ne la voyoit pas,
quand je leur ai repété ces expériences, avec tout le soin & toute l'attention possible.

Après un tel aveu, n'avois-je pas
lieu de croire que mes preuves étoient
victorieuses ? non, voici encore une
objection à laquelle il faut répondre.
On oppose expérience à expérience ;
une bulle d'air, dit-on, revient du
pole vers le centre de la sphére ; elle
y est donc poussée par une force qui
ne peut être que la force axifuge,
convertie en centripéte par réaction.
Quand le mouvement est unifor-

me dans le fluide, une boule de cire,
une parcelle d'huile, &c. demeure
dans tous les points de l'axe indifféremment & aussi long-tems que dure
le mouvement uniforme ; si la bulle
d'air quitte le pole pour aller vers le
centre de la sphére, c'est un tour de
main qui n'en peut imposer qu'à ceux
qui ne l'apperçoivent pas, ou qui sont
trop prévenus pour leur opinion : en
effet, cela n'arrive que quand on ral-
lentit le mouvement du globe de
verre, & en voici la raison.

Comme le mouvement se communique de la surface du verre à la masse
de l'eau par le frottement, il se ral-
lentit de même ; mais ces frottemens
ont d'autant plus d'effet, que les surfaces répondent à un plus petit volume d'eau : ainsi la partie du liquide
qui est contenue sous la surface solide CH, perd son mouvement bien
plutôt que celle qui est sous G ou
sous F; la vîtesse commence donc à
diminuer par les poles ; & les paralleles qui approchent le plus de l'é-
quateur, conservent la leur plus long-
tems que les autres.

Quand la bulle d'air est dans l'axe,
en

en quelque endroit que ce soit, elle
y est retenue par la force centrifuge
de l'eau ; mais cette force diminue
comme le mouvement circulaire,
plutôt au pole qu'ailleurs ; la bulle
d'air qui s'y trouve, sort bien-tôt du
lieu qu'elle occupe à cause de sa grande légereté ; l'inclinaison des parois
du verre la conduit obliquement ;
mais comme en s'avançant ainsi, elle
se rencontre dans des paralleles plus
voisins de l'équateur, & dans lesquels
le mouvement, & par conséquent la
force centrifuge s'est conservée, elle
est aussi-tôt repoussée vers l'axe, &
plus près du centre qu'elle n'étoit
avant son déplacement.

Sur quels fondemens pourroit-on
penser que cette bulle d'air en pareil
cas, ait une détermination fixée précisément au centre ? Il arrive à la vérité qu'elle y va quelquefois ; mais
c'est l'effet de quelque accident, balancement ou secousses dans le fluide, défaut de position dans l'axe, &c.
car le plus souvent elle ne va pas
jusqu'à ce terme, ou bien elle passe
outre.

Le mouvement du fluide plutôt

rallenti aux poles qu'ailleurs, eft auffi la véritable caufe par laquelle l'huile rangée en cylindre autour de l'axe, fe dilate par les extrémités dès qu'on arrête le mouvement du verre.

Enfin quand on incline l'axe de la rotation, les corps qui s'y trouvent fe portent au pole le plus élevé, ou à celui qui l'eft le moins, felon qu'ils font plus légers ou plus pefans que le fluide. Ce qui prouve bien encore qu'ils n'éprouvent du centre aux poles aucune force qui les follicite à refter au centre, & qu'ils font retenus dans l'axe par la force centrifuge, à-peu-près comme ils feroient dans un tuyau, felon la longueur duquel il leur feroit libre de fe mouvoir.

Il refte à dire comment une boule de cire que l'on a rendue plus pefante que l'eau, peut être chaffée au centre, & y être retenue par la même action qui y conduit un autre corps plus léger que le même fluide : la même caufe produit-elle deux effets contraires ?

Si l'on voit aller au centre du mouvement commun un corps qui circule avec un fluide, c'eft infailli-

blement qu'il a moins de force centrifuge que ce fluide ; mais cet excès
de force dans celui-ci , peut venir
ou de sa masse , ou de sa vîtesse. Dans
le cas présent , c'est par la vîtesse que
l'eau a cet avantage sur la boule de cire : lorsqu'on la tient à quelques pouces de distance de l'axe, on augmente
tout-à-coup le mouvement de l'eau
qui ne communique pas d'abord toute cette augmentation de vîtesse au
petit corps solide ; l'excès de vîtesse
qu'elle a sur lui pendant quelques instans, surpasse son excès de masse qui est
très-peu considérable ; ainsi la force
centrifuge du fluide devenuë plus
grande que celle de la petite boule
flottante , par cet accroissement de
vîtesse, chasse cette derniére jusques
dans l'axe. Dès qu'elle y est , elle
tourne sur elle-même , & ses parties
prenant des forces centrifuges directement opposées entre elles , sa pésanteur ne peut agir que selon la direction d'un pole à l'autre.

APPLICATIONS.

On voit par ces résultats , que la
pensée de Descartes sur la cause phy-

sique de la pésanteur, est moins juste
qu'ingénieuse ; car s'il étoit vrai que
les corps tombassent vers la terre, par la force centrifuge d'un tourbillon fluide, comme l'huile ou la
boule de cire de notre expérience ;
leur tendance ne seroit pas toujours
dirigée au centre du globe , comme
les phénoménes les plus connus de la
pésanteur nous l'apprennent ; mais à
différens points de l'axe, ce qui est évident par les expériences précédentes.

M. Hughens éclairé par la seule
théorie, avoit apperçu cette difficulté
bien avant que l'expérience l'eût rendue sensible. En trouvant l'hypothése
d'un seul tourbillon insoutenable , il
imagina que le fluide, à la force centrifuge duquel on devoit attribuer la
descente des corps graves, formoit un
grand nombre de tourbillons , dont
les révolutions se faisoient en toutes
sortes de sens. Ce nouveau système
n'a pas été beaucoup plus heureux
que le premier : l'un est simple ; mais
son insuffisance est prouvée : l'autre
pourroit peut-être satisfaire à l'explication des phénoménes ; mais quel
moyen d'admettre une matiére dont

le mouvement se fait dans toutes sortes de directions, sans se détruire ? aura-t-elle prise sur les autres corps, sans l'avoir sur elle-même ? & si elle se heurte en sens contraire, comment son mouvement subsistera-t-il ?

Cette dernière opinion sur la cause de la pésanteur, essuya beaucoup de contradictions, & donna lieu à des discussions fort curieuses ; mais quelque ingénieuses qu'aient été les raisons qu'on a apportées en sa faveur, il faut convenir, qu'elles n'ont point été assez fortes, pour faire regarder cette question comme décidée, puisque l'Académie des Sciences la proposa pour sujet du prix de l'année 1728.

Celui des Mémoires envoyés qui fut couronné, ne suppose dans le tourbillon que deux mouvemens dont les directions se croisent à angles droits ; c'est-à-dire, que l'un a pour axe un des diamétres de l'équateur, & que l'autre se fait sur les poles de ce même cercle, comme l'eau de notre globe de verre.

M. Bulfinger qui est l'Auteur de cette nouvelle hypothése, voulant comme Defcartes rendre fon idée fenfible par quelque fait, a eu à-peu-près le même fort; il a imaginé & indiqué un moyen * pour faire tourner en même-tems le globe de verre fur deux axes qui fe coupent à angles droits; mais ce n'étoit point là l'effentiel : il falloit que la maffe d'eau contenue dans ce globe, prît les deux mouvemens qu'on fuppofe dans le tourbillon; mais c'eft ce qui n'arrive pas, & ce qui ne peut arriver; je fuis fûr du fait pour avoir fait l'expérience avec foin, & pour l'avoir répétée plufieurs fois devant des témoins bien clair-voyans. En appliquant une marque à la furface extérieure du globe de verre, on voit que ces deux rotations n'ont lieu que par rapport au globe feulement; mais que relativement à quelque point fixe pris au dehors ou au dedans de la fphére, l'une des deux fe réduit à une efpéce de mouvement qui décrit un 8 de chifre, & dont la révolution entiére par conféquent fe fait en deux fens contraires, par rapport aux objets qui font dehors ou dedans le globe de verre :

* Fig. 24.

d'où l'on voit que l'eau contenue
dans ce vaisseau ne reçoit pas en même tems deux mouvemens de rotation, comme on le pourroit croire,
& comme on l'a prétendu ; car le
mouvement se communique du globe au fluide qu'il renferme, par le
frottement de sa surface intérieure ;
mais quoique ce globe tourne sur
deux sens, les differens points de sa
surface ne décrivent point des cercles qui se coupent à angles droits.
On ne doit donc pas être surpris de
ce que, lorsqu'on en vient au fait,
les corps légers ne font voir qu'une
tendance à l'axe, comme dans les
expériences d'une seule rotation, &
non pas une direction au centre de
la sphére, comme on l'avoit imaginé. Voyez les Mémoires de l'Acad.
des Sciences, pour l'an. 1741. p. 184.

Quoique les hypothéses & les expériences que nous venons de rapporter, n'ayent point l'avantage d'expliquer d'une maniére bien satisfai-
sante, pourquoi les corps sublunaires
tendent à se porter vers le centre de
la terre ; nous sçavons pourtant, à
n'en pas douter, qu'une matiére flui-

G iiij

de qui circule peut précipiter, non-
seulement des corps plus legers qu'elle, mais même ceux qui ont plus
de maſſe. Si ce principe, qui eſt inconteſtable, n'a pas été juſqu'ici appliqué aſſez heureuſement, pour réſoudre pleinement la queſtion, nous
ne devons pas déſeſpérer qu'il ne le
puiſſe être un jour. Il me paroît plus
raiſonnable de croire que d'autres
pourront faire ce que nous n'avons
pas fait, que de regarder comme ab-
ſolument impoſſible ce que nous
avons tenté inutilement.

V. EXPERIENCE.

PREPARATION.

Sur les deux poulies horizontales
de la machine repréſentée par la *Fig.*
16. il faut fixer les deux ſupports *A*, *B*,
Fig. 20. & 21. les deux lettres précédentes déſignent deux boëtes qui
gliſſent fort librement ſur deux fils
de métal tendus parallélement d'un
bout à l'autre du ſupport, & dont on
peut varier les poids, en mettant
dedans des rondéles de plomb. *C*, *D*,
ſont encore deux boëtes qui gliſſent

verticalement entre deux fils paralléles de métal foutenus & tendus par
deux potences d'acier : l'on peut auffi
varier leurs poids. Ces boëtes font
jointes entr'elles par des cordons &
par des poulies de renvoi ; de maniére que *B* ne peut s'avancer vers
le bout du fupport, fans enlever d'autant la boëte *D*. Sous chacune des
deux premiéres boëtes il y a un petit reffort très-foible , qui traîne fur
une crémaillére dont les dents font
prefque à fleur du plan , & qui empêche la boëte de revenir en arriére,
quand elle s'eft avancée. Le fupport
depuis le milieu de fa longueur jufqu'à fon extrémité , de part & d'autre, eft divifé en pouces & en lignes , pour régler la grandeur de la
révolution de chaque boëte *A*, ou *B*,
par la longueur du rayon au bout
duquel on l'a pofée.

EFFETS.

1°. Les deux boëtes *A* , *B* , étant
également pefantes , comme auffi les
deux autres *C*, *D* : fi l'on place les
deux premiéres à 4 pouces de diftance du milieu de leurs fupports ,

& qu'on faffe tourner l'une & l'autre
avec des vîteffes égales, en mettant
la corde dans les gorges des deux
poulies horizontales, qui font égales
entr'elles ; chacune des deux boëtes
A & *B*, s'échappe en même tems
vers l'extrémité de fon fupport, &
enléve la boëte *C*, ou *D*, qui lui
fait réfiftance.

2°. Le même effet arrive, quand la
boëte *A* péfe deux fois autant que
l'autre, & que celle-ci eft au bout
d'un rayon une fois plus long. Si,
par exemple, *A* péfant 4 onces eft
au chifre 4, il faut placer *B* péfant
2 onces au chifre 8.

3°. Mais fi les poids reftant égaux,
l'on met l'une des deux boëtes à 4,
& l'autre à 8 de diftance, celle-ci
part, & la premiére refte en place,
à moins qu'on n'augmente le mouvement.

4°. Enfin tout étant difpofé comme dans le cas précédent, fi l'on
veut que les deux boëtes *A*, & *B*, s'é-
chappent en même tems, il faut dou-
bler le contrepoids de celle qui eft
à une diftance double du centre, &
cela réuffit.

EXPLICATIONS.

Nous avons dit ci-deſſus que l'eſtimation des forces centrifuges dépendoit de trois choſes ; de la maſſe du corps qui circule , de ſa diſtance au centre du mouvement , & du tems périodique de ſa révolution. Dans les expériences que nous venons de citer , les tems périodiques ſont égaux, parce que les deux poulies horizontales ſur leſquelles ſont établis les deux ſupports , & qui leur diſtribuent l'action du moteur commun, ſont toutes deux de même grandeur : le milieu de chaque ſupport eſt toujours le centre de la révolution , & par conſéquent on en régle la grandeur par la diſtance que l'on met entre le centre & la poſition de la boëte : la maſſe du mobile eſt connue par le plomb dont on le charge ; & l'on peut connoître la quantité de la force centrifuge , par la valeur du poids C, ou D, qu'elle enléve , & qui doit être conſidéré comme une force centripéte.

Dans le premier cas , & dans le ſecond, les forces centrifuges paroiſsent égales dans les deux mobiles, puisqu'ils enlèvent dans le même instant des résistances égales. Et elles le sont en effet : car d'abord la masse, la distance au centre, le tems périodique, tout est égal de part & d'autre : ensuite les masses à la vérité, & les distances au centre sont différentes ; mais comme elles sont en raison réciproque, l'une compense l'autre. Car nous avons dit & prouvé que la force centrifuge augmente autant par la vîtesse que par la masse : or ici la vîtesse dépend de la distance au centre, puisque les tems périodiques sont égaux ; ce sont deux mobiles, dont l'un décrit un cercle une fois plus grand que l'autre dans le même tems, n'est-ce point aller avec une vîtesse double ? Ainsi comme 2 de vîtesse & 1 de masse équivaut à 2 de masse & 1 de vîtesse, les forces centrifuges de nos deux mobiles sont égales, quand leurs distances au centre sont en raison réciproque de leur poids.

Dans le troisiéme cas, la vîtesse est plus grande dans l'un des deux ; il décrit un plus grand cercle, dans le

tems que l'autre en parcourt un plus
petit ; la force centrifuge doit donc
être auffi plus grande : & le quatriéme cas nous apprend que cet excès
fuit celui de la vîteffe , puifque la force qui en réfulte , enléve une réfiftance double.

Lorfque l'on a pofé l'une des deux
boëtes *A* , ou *B* , de l'expérience
précédente , à une certaine diftance
du centre, fi la dent de la crémaillere
ne la retenoit en place , on conçoit
aifément que le poids *C* , ou *D* , l'en-
traîneroit par le rayon à l'extrémité
duquel elle eft. On voit auffi que
quand on la fait tourner avec affez
de rapidité , fa force centrifuge la fait
aller dans un fens contraire , & que
les dents de la crémaillere n'ont rien
à faire. Mais entre ces deux excès, il
eft un certain degré de force centrifuge, qui feroit un jufte équilibre avec
le poids *D* , & s'il pouvoit fubfifter,
il eft hors de doute que le mobile
continueroit fes révolutions, fans s'approcher ni s'éloigner du centre.

C'eft une chofe qui devient évidente, si l'on se rappelle le troisiéme cas de la premiére expérience. Deux boules d'yvoire, de poids égaux, liées par un fil & placées à distances éga-les de leur mouvement, se font réci-proquement équilibre, & ne se dépla-cent point avec quelque vîtesse qu'on les fasse tourner. Les masses étant éga-les, leurs forces centrifuges ne peu-vent augmenter que par la vîtesse; mais tant qu'elles sont dans le même cercle, on ne peut augmenter celle de l'une qu'on n'augmente en même tems, & également, celle de l'autre; ainsi leurs forces sont toujours égales & directement contraires. Dans quel-que instant que l'on considére donc un de ces mobiles, il est en équili-bre entre sa force centrifuge & celle de son antagoniste; & c'est par cette égalité de forces opposées, qu'il s'en-tretient constamment à la même dis-tance du centre, ou (ce qui est la même chose) que ses révolutions sont toujours semblables entr'elles.

Les corps célestes ont des mouve-mens qui doivent s'expliquer selon ces principes. Si la lune tourne au-tour de la terre, la terre elle-même

Fig . 19 .

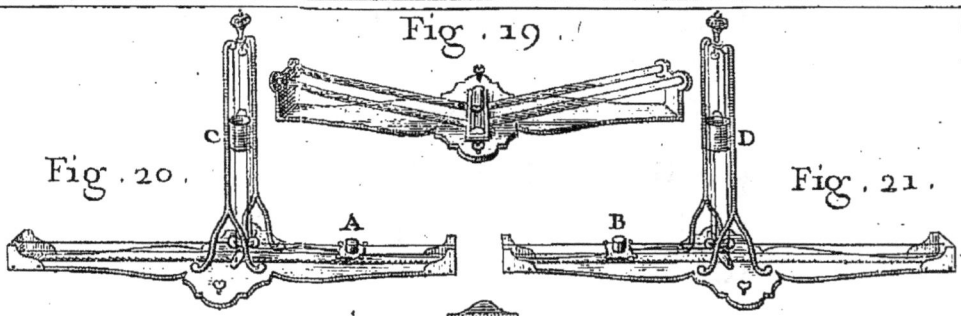

Fig . 20 .

Fig . 21 .

C D

A B

Fig . 18 .

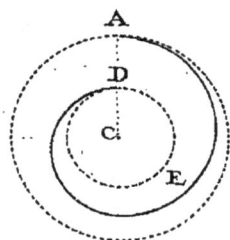

A
D
C
E

Fig . 16 .

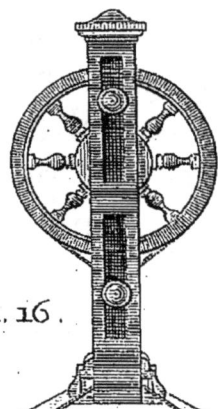

Fig . 17 .

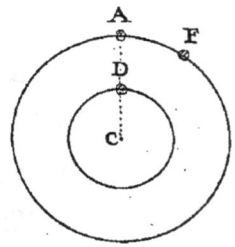

A F
D
C

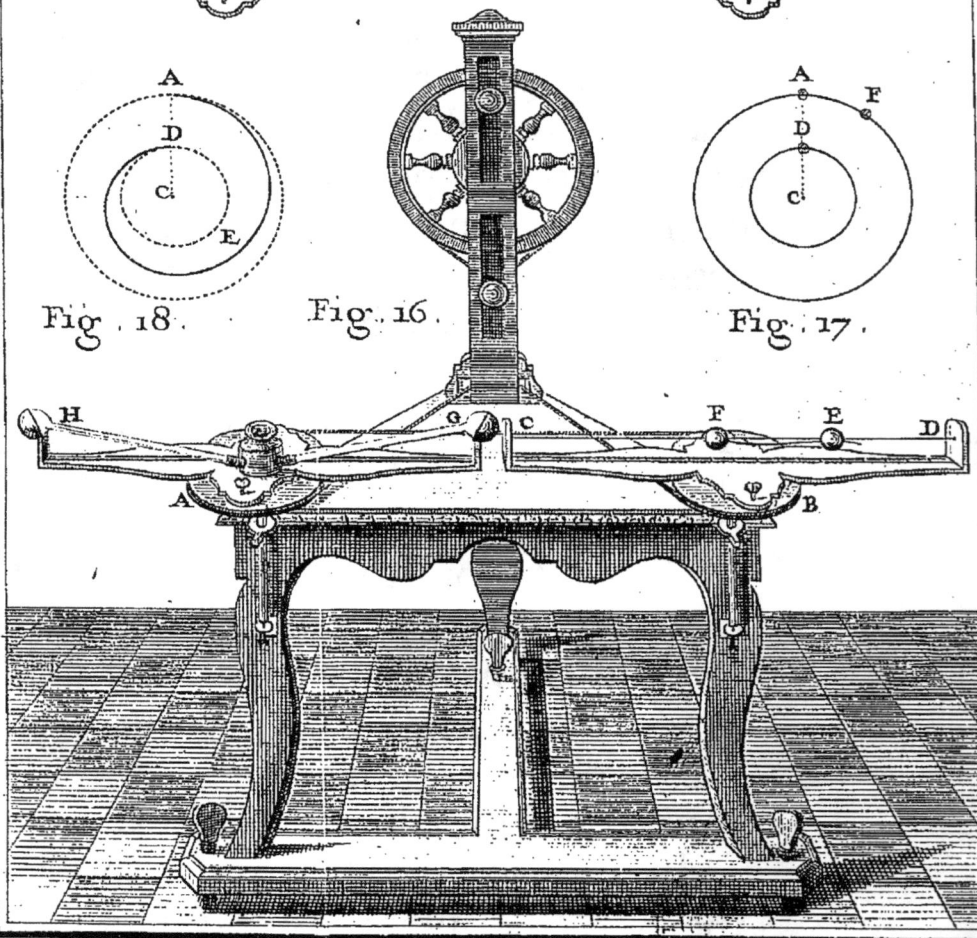

H G C F E D

A B

Dhoulland del. et Sculp.

& les autres planetes autour du foleil, en faifant des révolutions fi bien
réglées, qu'un Aftronome en connoît
la durée & l'étendue avec la derniére
précifion ; c'eft que tous ces aftres
font follicités en même tems par deux
puiffances : d'un côté la force centrifuge, qui réfulte de leur mouvement prefque circulaire, tend à les
éloigner du centre de cette révolution ; du côté oppofé, ils font retenus par une force centripéte, dont
l'exiftence eft avouée de tous les Philofophes, quoiqu'ils foient encore
peu d'accord fur la nature de fa caufe. Si l'une de ces deux forces ceffoit
d'agir, ces grands mobiles viendroient
fe précipiter au centre du monde ;
ou bien ils iroient fe perdre dans l'im-
menfité des cieux; mais n'ayons point
de pareilles craintes, & ne nous ar-
rêtons point à de vaines fictions.
L'Etre qui a été affez fage pour arranger l'univers tel qu'il eft, a pourvû à la
durée de fes œuvres, par des loix fur
l'infaillibilité defquelles nous devons
compter.

Nous ne nous étendrons pas davantage ici fur l'application que l'on

peut faire des forces centrales aux mouvemens des corps céleftes; parce que nous en traiterons à part dans la Leçon qui regarde le fyftéme général du monde.

Apre's avoir fait connoître d'où naiffent les forces centrales, & de quelle maniére on doit en faire l'eftimation, je pourrois examiner lés différens rapports qu'elles peuvent prendre entr'elles, & toutes les fortes de courbes qui peuvent naître de ces changemens : mais ces queftions ne peuvent guéres fe traiter comme il convient, fans employer des démonftrations géométriques, qui ne feroient point entendues par la plûpart de ceux pour qui j'écris. D'ailleurs ce feroit paffer les bornes que je me fuis prefcrites, dans des leçons où je n'ai prétendu enfeigner que par voie d'expérience. Je pafferai donc légérement fur cet article, & je me contenterai de faire entrevoir méchaniquement les principaux effets qui doivent arriver, lorfque les forces centripétes & centrifuges ne perfévéreront point dans le même rapport pendant une feule, ou pendant plufieurs

plufieurs révolutions de fuite.

Pour prendre une idée des différentes formes que peut recevoir la
courbe de révolution par ces changemens, prenons un fil que nous re-
plierons fur lui-même, & dont nous
joindrons les deux bouts enfemble
par un nœud. Qu'il foit retenu d'u-
ne part à une épingle fixée perpendiculairement à quelque plan, & de
l'autre qu'on le tienne tendu avec le
bout d'un crayon, comme on le voit
en la *Fig.* 25. Le crayon fera le mobile ; l'effort que l'on fera pour tenir
le fil tendu, exprimera la force centrifuge ; & la longueur du fil, ou plutôt, la diftance qu'il entretiendra de
l'épingle au crayon, repréfentera la
force centripéte.

Si l'on proméne le crayon fur le
plan autour de l'épingle, & que le
fil le tienne toujours à une diftance
égale, il eft évident que la ligne de
fa révolution fera un cercle ; puifque
pendant tout le tems de fon mouvement, il aura été au bout d'un rayon
de même longueur ; & l'on jugera
avec raifon qu'un mobile fait une
révolution parfaitement circulaire,

quand ſes forces centrales ne changent point pendant qu'il ſe meut.

Mais ſi pendant qu'on proméne
le crayon, on diminue la diſtance qui
eſt entre l'un & l'autre, en faiſant
prendre au fil la forme d'un triangle,
comme *a d c*, *Fig.* 25. ou autrement; la ligne de révolution, au lieu
d'être la circonférence d'un cercle,
comme ci-devant, ſera toute autre
courbe, comme *b c*, dont la nature
dépendra des proportions qu'on aura miſes entre les degrés de raccour-
ciſſement du fil & leurs durées. Cet
effet fera comprendre qu'un mobile,
dont les forces centrales varient entr'elles pendant ſa révolution, décrit une courbe relative aux changemens de leurs rapports; & l'on en
pourra tirer les conſéquences qui ſuivent.

1°. Que ſi les rapports qui auront
été changés pendant la révolution,
ſe rétabliſſent dans leur premier état,
avant qu'elle ſoit entiérement finie,
la courbe que décrira le mobile, telle
qu'elle puiſſe être, rentrera ſur elle-
même; & ſi les rapports des forces
varient enſuite, comme ils ont varié

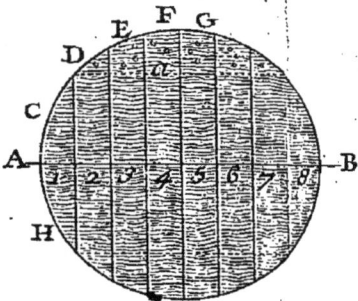

Fig. 23.

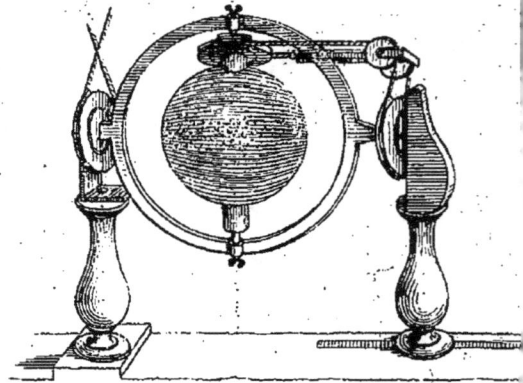

Fig. 24.

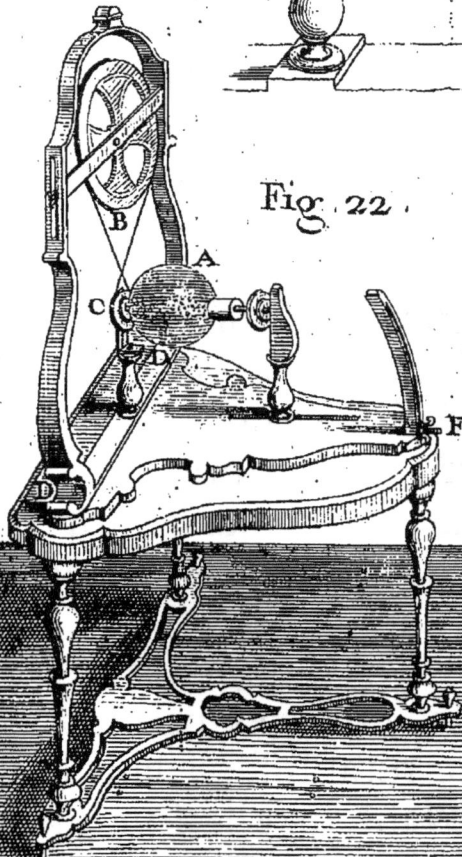

Fig. 22.

Dessiné et gravé par Moretti.

d'abord, la seconde révolution sera parfaitement semblable à la premié-re, &c.

2°. Que si ces rapports ne se ré-tablissent point, & que la force cen-tripéte, par exemple, soit plus foi-ble au commencement de la secon-de révolution, qu'elle n'étoit en com-mençant la premiére, la courbe ne sera point rentrante ; le mobile en s'éloignant du centre de son mou-vement, décrira des spires plus ou moins réguliéres, selon le progrès de la force centrifuge, ou la diminu-tion de la force centripéte.

Enfin pour donner un exemple des courbes réguliéres, qui peuvent ré-sulter de la variation des forces cen-trales, au lieu de retenir le fil par un seul point fixe, attachons deux épin-gles, *F*, *f*, *Fig.* 26. & faisons tou-jours mouvoir le crayon de maniére que le fil soit aussi tendu qu'il peut l'être ; nous aurons par la révolution entiére une espéce d'ovale que les Géométres appellent *ellipse*. Le carac-tére principal de cette courbe est, que deux lignes tirées des points *F*, *f*, (qu'on nomme *les foyers*,) à tel point

que ce puiſſe être de la circonférence, comme FG, fG, ou bien FL,
fL, que ces deux lignes, dis-je, pri-
ſes enſemble, égalent la longueur du
grand axe HI.

Un mobile décrit donc une ellipſe, lorſque par les variations des forces centrales, ſa diſtance à l'un des
deux foyers F, ou f, diminue & augmente réguliérement, comme les lignes FH, FM, FG, &c. & réciproquement, quand on lui voit décrire
une pareille courbe, on peut légiti-
mement conclure, que les forces centrales ſe mettent dans les rapports
convenables, pour le mettre ſucceſſivement dans tous les degrés de diſtance d'où elle procéde.

Ces différens mouvemens s'exécutent encore fort bien, avec la même machine que nous avons employée précédemment, & qui eſt repréſentée par la *Fig.* 16. en y joignant
ce qui ſuit.

VI. EXPERIENCE.

PREPARATION.

La *Fig.* 27. repréſente une table

ronde qui a environ deux pieds &
demi de diamétre, ouverte au centre par un trou rond large de 3 pouces ; cette table s'attache folidement
& parallélement fur celle de la machine, *Fig.* 16. mais de maniére qu'il
refte entre l'une & l'autre une diftance d'environ un pouce, pour donner la
liberté au mouvement de la poulie horizontale *A* ou *B* : au centre de cette
poulie on fixe avec des vis une efpéce d'alidade coudée, fur la longueur
de laquelle gliffe très-librement une
boëte *R*, qui péfe environ 2 onces,
& fous laquelle on a attaché un porte-crayon. En *S* eft un barillet garni
d'un reffort, & qui tire à lui la boëte
R, par le moyen d'un cordonnet de
foie, qui tient d'une part au porte-
crayon, & de l'autre à une fufée qui
tient au barillet, & fur laquelle il fait
plufieurs tours.

EFFETS.

Lorfqu'on fait tourner la poulie
horizontale, l'alidade fe met en mouvement ; & pendant qu'elle circule,
la boëte gliffe d'*r* en *R*, & le crayon
marque fur un carton qui couvre la

table ronde, une ligne spirale qui commence en *r*, & qui finit en R.

EXPLICATIONS.

La boëte R mue circulairement reçoit une force centrifuge : dès que cette force vient à excéder la puissance du reffort qui retient le mobile, celui-ci s'éloigne auffi-tôt du centre de fon mouvement. Il glisse en ligne droite fur l'alidade ; mais c'eft une ligne droite qui fe meut elle-même, & dont tous les points décrivent des cercles concentriques. Ainfi comme le mobile passe par tous les points de cette ligne, à la fin de chaque révolution il fe trouve dans la circonférence d'un plus grand cercle, que celui où il étoit, en la commençant, & de ce double mouvement naît la fpirale qu'on trouve tracée fur la table après l'expérience.

APPLICATIONS.

C'eft par des lignes femblables à celle que nous venons de faire connoître, que viennent au centre du mouvement tous les corps qui circulent avec d'autres dont la force

centrifuge prévaut. L'huile colorée
du globe rempli d'eau, la paille qu'on
fait tourner avec le grain pour l'en
féparer, les corps qui flottent fur une
eau qui tourne, &c. tous ces mobiles ne viennent point en ligne droite
au centre commun, c'eft toujours en
circulant de maniére que la courbe
qu'ils décrivent rentrant au-deffous
d'elle-même, diminue jufqu'à zero
l'étendue de fes révolutions ; ce qui
eft la même chofe que d'aller au centre par une ligne fpirale.

VII. EXPERIENCE.

PREPARATION.

Les chofes demeurent difpofées
comme dans l'expérience précédente, excepté feulement qu'au lieu du
barillet à reffort, on ne met qu'une
petite poulie qui tourne horizontalement ; & au point *T*, *Fig.* 28 une
autre petite poulie, dont l'axe eft
auffi vertical. Deffous la boëte *V* eft
encore une poulie qui tourne fur le
porte-crayon ; & un fil dont les bouts
font liés enfemble comme celui de la
Fig. 25, embraffe les trois poulies.

Effets.

Lorſqu'on met l'alidade en mouvement avec une vîteſſe ſuffiſante, le mobile *V* décrit exactement l'ellipſe *TVX*, dont les deux foyers ſont *TY*; & s'il fait pluſieurs révolutions, c'eſt toujours en repaſſant ſur la même ligne.

Explications.

La force centrifuge du mobile tient toujours le fil auſſi tendu qu'il peut l'être; mais à cauſe des deux points fixes *TY*, ſa diſtance au point *Y* diminue & augmente ſucceſſivement & réguliérement, comme celle du crayon au point *F* de la *Fig.* 25. c'eſt pourquoi ſa révolution ſe fait exactement dans une ligne ſemblable à celle de cette figure; & comme les circonſtances demeurent les mêmes, pendant les révolutions ſuivantes, le mobile continue auſſi de ſe mouvoir dans la même ellipſe.

Applications.

La connoiſſance de l'ellipſe, & de ſes principales propriétés, eſt d'autant

tant plus intéreſſante , que tous les corps céleſtes font leurs révolutions dans des courbes rentrantes de cette eſpéce ; l'Aſtronomie plus éclairée maintenant qu'elle ne l'étoit dans des tems plus reculés , n'admet plus ces cercles excentriques, auſquels on étoit obligé d'avoir recours, pour expliquer certaines variations que l'on obſerve depuis long-tems dans les diſtances des aſtres ; c'eſt un ſentiment preſque univerſellement reçu que les *aphelies & périhélies* des planétes primitives , que les *apogée & périgée* de la lune ſont des ſuites néceſſaires d'un mouvement elliptique ; mais ne prévenons point ici ce que nous devons dire ailleurs touchant les mouvemens céleſtes ; contentons-nous d'avoir établi des principes que nous rappellerons, lorſque l'ordre des matiéres demandera que nous expliquions la forme, la durée, les rapports , &c. de ces révolutions , & que nous tâchions d'en indiquer les cauſes phyſiques.

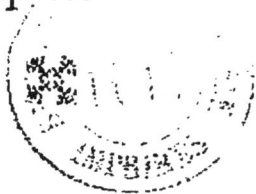

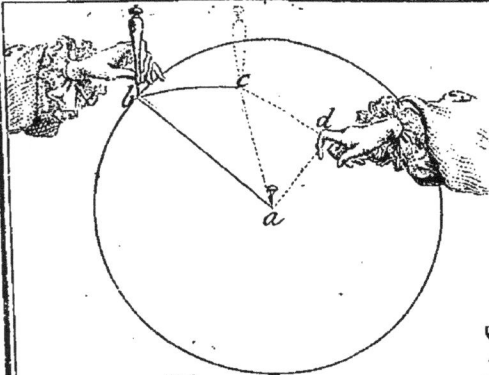

Fig. 25.

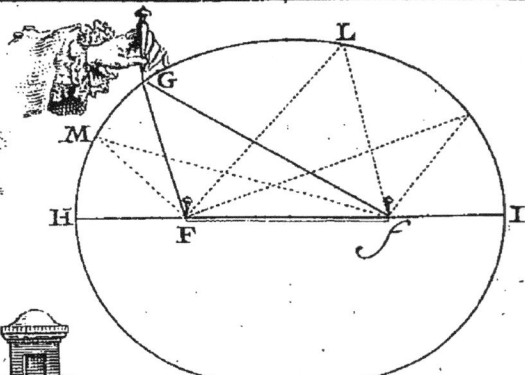

Fig. 26.

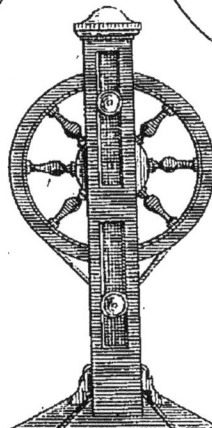

Fig. 28.

Fig. 27.

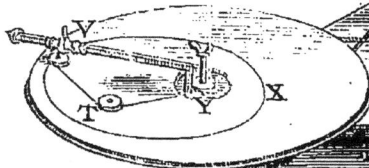

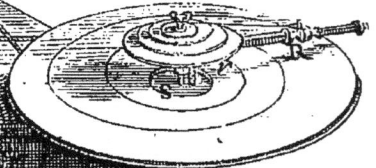

Denne. et. Graet. Par. Moretti.

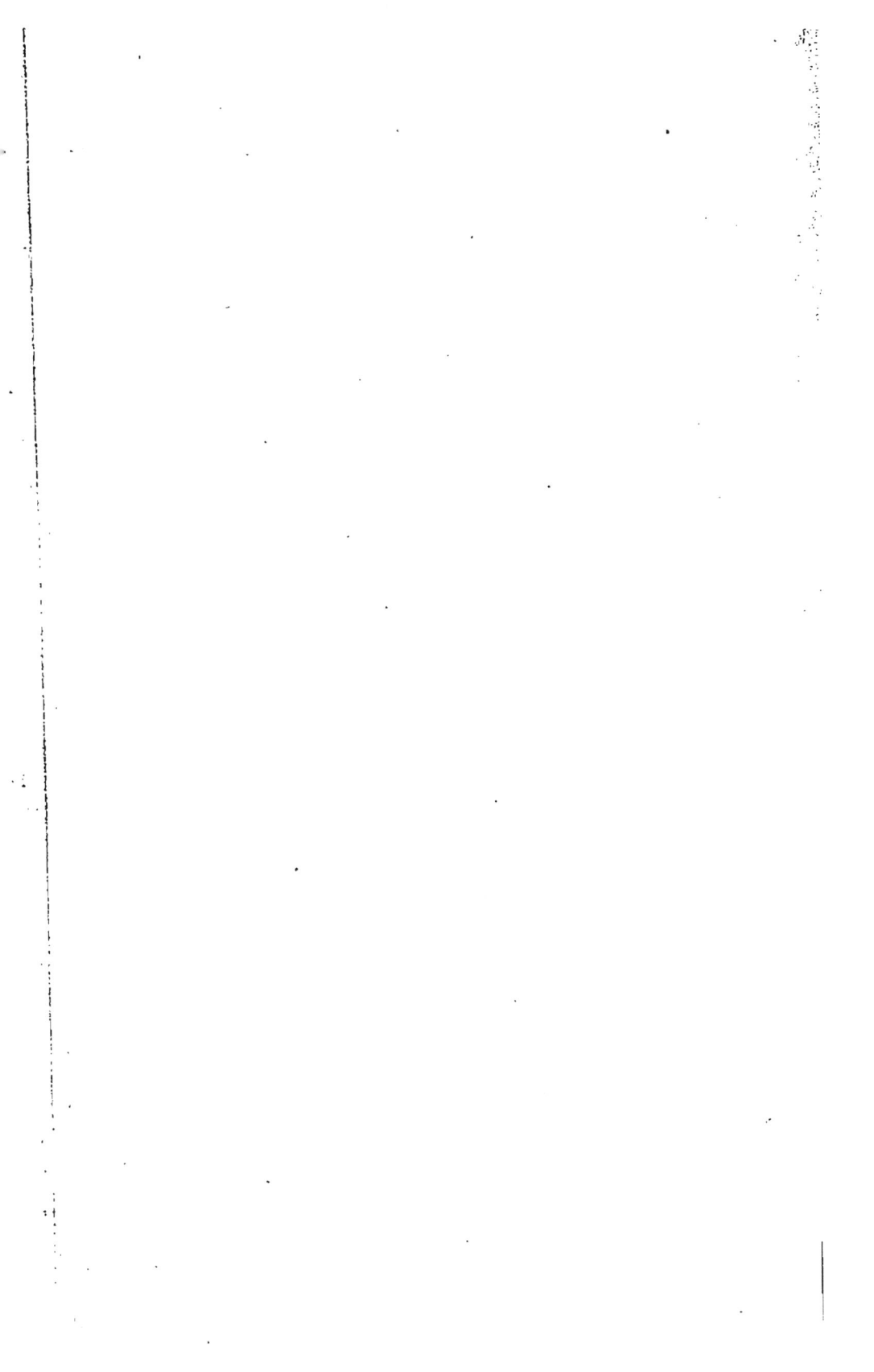

VI. LEÇON.

Sur la Gravité ou Péſanteur des Corps.

ON appelle *gravité* ou *péſanteur*, cette force qui fait tomber les corps de haut en-bas, lorſque rien ne s'oppoſe à leur chûte, ou que les obſtacles ne ſont pas ſuffiſans pour les arrêter.

Les Philoſophes ne ſont point d'accord entre eux ſur la cauſe de cette force. Les différentes opinions que cette queſtion a fait naître, peuvent ſe ranger en deux claſſes ; les unes regardent la péſanteur comme un principe de la nature, comme une qualité inhérente & primordiale des corps, qui peut n'avoir d'autre cauſe que la volonté tout-à-fait libre du Créateur ; & c'eſt couper court à toutes difficultés : les autres prétendent qu'elle eſt l'effet de quelque matiére inviſible ; mais les preuves ſur leſquelles elles font appuyées (il faut l'avouer) ont essuyé de grandes objections, ausquelles il ne paroît pas qu'on ait encore pleinement répondu.

Dire avec Ariftote & ceux qui l'ont fuivi, que les corps en fe portant de haut en bas, obéiffent à un principe qui les fait tomber ; ce n'eft rien dire qui puiffe éclairer l'efprit.

Regarder avec Newton la péfanteur des corps fublunaires, comme la fuite naturelle d'une gravitation générale, qu'on obferve dans toute la nature, & dont il a fi bien calculé les loix ; c'eft abandonner la caufe pour s'attacher à l'effet.

Prétendre avec la plûpart des Newtoniens d'aujourd'hui, que cette péfanteur des corps qui nous environnent, n'eft qu'un exemple particulier d'une tendance ou *attraction* réciproque, que tous les êtres matériels ont naturellement les uns vers les autres, par la feule volonté de Dieu ; c'eft introduire en Phyfique une nouveauté qui s'eft préfentée à l'efprit de Newton ; comme à celui de plufieurs Philofophes avant lui, * mais qu'il n'a pas

* *Kepler, Frenicle, Roberval.*

voulu qu'on lui imputât, s'il en faut croire ses propres paroles.*

* Philof. Naturalis Princ. Mathem. tom. I. pag. 11. ed. Geneu.

Mais aussi attribuer comme Gassendi, la chûte des corps à certains écoulemens d'une matiére qui agisse comme celle de l'aimant ; n'est - ce point indiquer une cause bien obscure, bien vague, & dont l'existence n'est fondée sur rien de certain ?

Enfin nous avons vû en parlant des forces centrifuges, quelle a été la pensée de Descartes sur cette question, en quoi son hypothése est défectueuse, ce que plusieurs grands hommes ont fait depuis pour la rendre recevable, & pour la défendre ; & tout bien considéré, il semble que ceux qui voudront n'entendre, sur la cause physique de la pésanteur, que des explications qui soient en même-tems satisfaisantes & intelligibles, ne doivent point les chercher dans aucun ouvrage, qui ait été connu jusqu'à présent.

Tenons-nous-en donc aux phénoménes ; si la cause échappe à notre curiosité, nous avons de quoi nous en dédommager, par la connoissance des effets : autant celle-là est incer-

taine , autant celle-ci eft bien conftatée , & ce qu'elle peut nous appren-
dre eft également curieux & utile.

Avant Galilée , c'eft-à-dire , il y a
environ un fiécle , on étoit peu inf-
truit des loix de la péfanteur : c'eft à
ce Philofophe Italien que nous fommes redevables des plus intéreffantes
découvertes qu'on ait faites fur cette
matiére. Sa théorie a été généralement reçue de tous les fçavans , &
c'eft fur fes fondemens que Meffieurs
Hughens , Newton , & Mariotte, ont
travaillé depuis avec tant de fuccès &
d'applaudiffemens. Je ne me propofe
point de faire entrer dans cette leçon,
tout ce que ces grands hommes ont
enfeigné touchant la péfanteur ; cette entreprife excéderoit les bornes
que je me fuis prefcrites , & c'eft dans
leurs écrits mêmes qu'il faut les étudier , quand on veut tout fçavoir ce
qui eft connu fur cette matiére ; mais
en fuivant toujours le plan que je me
fuis fait , dès le commencement de ce
cours , je ferai choix des propofitions
les plus intéreffantes , & je les appuye-
rai fur des preuves d'expérience.

Je traiterai d'abord des effets qui

viennent de la pesanteur seule ; & je passerai ensuite à ceux où cette force n'entre que pour une part.

PREMIERE SECTION.

Des Phénoménes où la Péfanteur agit feule fur le Mobile.

IL ne faut point confondre ces deux termes, *péfanteur* & *poids*, quand on les prend dans le fens abfolu, c'eft-à-dire, quand ce qu'ils expriment s'entend d'un feul corps, fans aucune comparaifon avec d'autres corps. Par *péfanteur*, on doit concevoir la force qui follicite les corps à defcendre, & qui leur fait parcourir de haut-en-bas un certain efpace, dans un tems donné. Par *poids*, nous entendons la fomme des parties péfantes qui font contenues fous le même volume.

La péfanteur appartient également à toutes les parties d'un même corps; qu'elles foient unies ou féparées, cette force n'en eft ni augmentée, ni diminuée : mais le poids d'un corps change comme la quantité de matiére qui le compose. Qu'on laisse tomber en même tems deux onces de plomb, elles descendront avec la même vîtesse, soit qu'elles tiennent ensemble, soit qu'elles soient séparées; mais le poids dans l'une des deux, n'est que la moitié de ce qu'il seroit, si elles ne faisoient qu'un même corps.

On peut donc dire en parlant exactement, qu'un petit corps a autant de pésanteur qu'un plus grand, quoiqu'il ait moins de poids, parce que l'un & l'autre tendent de haut-en-bas avec la même vîtesse.

Mais quand on compare deux matiéres ensemble par rapport à leurs poids, & que l'on prend un volume déterminé pour terme de comparaison, comme lorsque l'on compare un pouce cube d'eau avec un pouce cube de mercure, le poids comparé s'appelle pésanteur *spécifique*, c'est-à-dire, la quantité de parties pésantes qui appartient spécialement à telle ou telle matiére, sous un volume donné. On dira donc, par exemple, la pésanteur (en sous-entendant *spé-*

tifique) de l'eau eſt à celle du mercure comme 1 eſt à 14, pour dire
que le dernier de ces deux fluides, à
volume égal, a 14 fois autant de
poids que l'autre. Nous donnerons à
la fin de l'Hydroſtatique, une table
des péſanteurs ſpécifiques des matiéres les plus vulgairement connues ;
mais avant que d'en venir à cet examen, tout ce que nous dirons doit
s'entendre de la péſanteur abſolue.

Quoiqu'on ne puiſſe pas dire que
la gravité eſt eſſentielle à la matiére,
puiſqu'on la peut concevoir, ſans ce
penchant qu'elle a pour aller vers le
centre de la terre ; cependant une longue & continuelle expérience ne
nous permet pas de croire, que de
tous les corps qui ſont en notre pouvoir, il y en ait aucun exemt de
cette affection. Si quelques Philoſophes ont penſé qu'il y eût des corps
naturellement légers, c'eſt qu'ils ont
été trompés par les apparences, &
qu'ils ignoroient des choſes qu'on a
ſçû depuis. Ces corps qu'ils ont crû
ſe mouvoir de bas-en-haut, comme
les vapeurs, la fumée, la flamme,
&c. n'affectent cette direction con-

traire à celle de la péfanteur, que parce qu'ils font dans certaines circonftances qui les y forcent. Que l'on faffe ceffer ces caufes, & bientôt on les verra tomber comme tous les autres corps, & prouver par leur chûte, qu'ils péfent comme eux, & dans le même fens.

PREMIERE EXPERIENCE.

PRÉPARATION.

On met fur la platine d'une machine pneumatique, un bout de groffe chandelle allumée, ou bien un petit morceau de papier trempé dans une liqueur faite avec l'étain & le mercure, & qui fume beaucoup ; on met deffus un récipient cylindrique de verre, qui a 4 pouces de diamétre & environ un pied de hauteur ; & l'on fait le vuide le plus promptement & le plus parfait qu'il eft poffible. Voyez la *Fig.* 1.

EFFETS.

Après quelques coups de piffon, la flamme de la chandelle s'éteint ; & quand l'air eft fuffifamment raré-

fié, la fumée de la méche, ou la
vapeur qui s'eft élevée du papier retombe à la maniére des corps graves,
& s'étend fur la platine.

EXPLICATIONS.

La flamme ne pouvant fubfifter dans
un air trop raréfié, par des raifons
que nous dirons ailleurs, lorfqu'on a
diminué la denfité de celui qui eft
dans le récipient, la chandelle s'é-
teint ; mais lorfque cet air eft raréfié
à un certain degré, non-feulement
la fumée ou la vapeur ne s'y éléve
plus, mais celle même qui avoit ga-
gné le haut du récipient, fe précipite, parce que le fluide qui l'environne étant moins péfant qu'elle fpéci-
fiquement, ne peut ni la folliciter à
monter, ni s'oppofer efficacement à
fa chûte. Il ne faut point paffer légérement fur ce principe, parce qu'il
fert à expliquer une infinité de phénoménes de cette efpéce. Examinons donc en détail ce qui fe paffe
dans cette expérience, & voyons
comment l'air & la fumée changent de
péfanteur relativement l'un à l'autre.

Une matiére rarefiée eft celle qui,

sous un volume donné, n'a plus un
aussi grand nombre de parties propres, qu'elle avoit avant sa raréfaction. L'air du récipient, après plusieurs coups de piston, est réduit à
un petit nombre de parties, sans rien
perdre de son volume, car il remplit
toujours le récipient ; chaque portion prise au hazard dans ce vaisseau,
contient donc moins de particules
d'air, ou bien est composée de parties beaucoup plus écartées les unes
des autres, qu'elles ne l'étoient avant
la raréfaction. Ainsi comme le poids
suit le nombre des parties matérielles, une ligne cube de cet air pèse
moins qu'une ligne cube du même air non rarefié. Ce que nous di-
sons de ce petit volume doit s'entendre, par proportion, d'une suite de
volumes semblables posés les uns sur
les autres en forme de colomne ; d'où
l'on peut concevoir, que si la masse
d'air contenue dans le récipient est
divisée en un certain nombre de colomnes pareilles, chacune d'elles pè-
sera plus ou moins, suivant que la
masse totale aura été plus ou moins
raréfiée.

La fumée, ou la vapeur dont la source eſt placée au fond du vaiſſeau, peut être auſſi conſidérée ſous des petits volumes, dont la ſuite ſera une colomne ; & ſi l'on compare un volume de vapeur à un pareil volume d'air, on conçoit bien que celui des deux qui a le plus de parties péſantes, a plus de forces pour aller à l'endroit le plus bas, ou pour s'y tenir.

Ainſi l'air étant dans ſon état naturel, éléve les vapeurs, la fumée, la flamme, &c. parce qu'à volume égal, il a plus de poids ; mais quand on l'a raréfié, c'eſt-à-dire, quand on a diminué le nombre des parties péſantes de ce volume égal, il ne peut plus les élever, il ne peut pas même les ſoutenir, & la fumée répandue dans le vaiſſeau, ſe trouvant alors plus péſante relativement à l'air, qui a changé de denſité, le déplace à ſon tour, par ſa gravité naturelle.

APPLICATIONS.

De tous les corps qui ſont à la ſurface de la terre, il ſe détache continuellement des corpuſcules qui, lorſqu'ils ont quitté la maſſe dont ils faiſoient partie, ſe répandent & s'élé-

vent dans l'atmofphére , jufqu'à ce
que certaines circonftances les déterminent à retomber. Ces petits corps
connus fous le nom de *vapeurs* &
d'exhalaifons , font la matiére d'une
infinité de phénoménes admirables ,
étonnans & néceffaires relativement
à nos befoins. Nous ferons mention
ailleurs des différentes formes qu'ils
prennent , & de leurs principaux effets , nous ne voulons parler ici que
de leurs mouvemens , c'eft-à-dire ,
de la maniére donr ils s'élévent & retombent , à quoi nous conduit naturellement l'expérience que nous venons d'expliquer.

Cette queftion peut fe réduire à
quatre chefs principaux , fçavoir , 1°.
comment ces corpufcules fe déta-
chent de leurs maffes ; 2°. par quelle
caufe ils s'élévent dans l'air ; 3°. de
quelle maniére ils s'y foutiennent à
une certaine hauteur ; 4°. & enfin
pourquoi il arrive qu'ils retombent
vers la furface de la terre.

Quant à la premiére demande , l'o-
pinion la plus univerfellement reçûe
eft , qu'il regne fur notre globe , &
au-dedans , un certain degré de cha-

leur qui entretient en mouvement les parties insensibles de tous les corps. Ce mouvement, dit-on, détermine celles de ces parties qui sont les plus subtiles, & par conséquent les plus mobiles, à quitter la masse commune, comme on le remarque visiblement à la surface de l'eau que l'on fait chaufer, des viandes & des fruits que l'on fait cuire.

Il est assez vraisemblable que la chaleur naturelle, ou artificielle, est la cause principale de cet effet ; mais on a peine à croire qu'elle soit la seule, quand on considére que l'évaporation ne diminue pas toujours comme la chaleur. Dans les hyvers les plus rigoureux, on voit quelquefois d'un jour à l'autre disparoître la neige qui couvroit la surface de la terre, & l'expérience a fait voir à plusieurs habiles Physiciens, que la glace diminue considérablement dans l'air le plus froid & le moins exposé aux rayons du soleil.

Je ne sçais s'il faudroit en conclure, selon l'opinion d'un Auteur *

* Muschenbroek dans ses comment. sur les exper. de Florence, 1. part. p. 137. ed. de Leide. 1731.

fort verfé dans la Phyfique expérimentale , que la glace a un principe
interne de dilatation qui n'eft point
la matiére du feu , ni le degré de chaleur qui a pû s'y conferver , mais le
mélange d'une autre matiére très-
fubtile qui la fait comme fermenter.

Ne pourroit-on pas s'en tenir à des
principes connus & avoués de tous
les Phyficiens, en difant que dans les
cas où il ne paroît pas qu'on puiffe
attribuer l'évaporation à la feule action du feu, on doit en chercher la
caufe dans la grandeur des furfaces ,
dans leur état , ou dans la nature du
fluide ambiant, par rapport à celle des
corps qui s'évaporent. Car , toutes
chofes égales d'ailleurs , il eft certain
qu'un cube de glace ifolé préfente à
l'air fix fois plus de furface, que l'eau
d'un vafe dont l'ouverture feroit égale à un des côtés de ce cube : les
parties évaporables ont donc fix fois
plus de liberté de s'échapper de la
maffe.

Mais à furfaces égales en apparence, n'a-t-on pas lieu de croire que les
parties de la glace donnent plus de
prife à l'air que celles de l'eau ? N'en
eft-il

eſt-il pas de ce fluide comme de tous les autres ? à meſure qu'il approche de la congélation , ſa fluidité ne diminue-t-elle point par degrés ? les parties ne commencent - elles point par ſe pelotonner , avant que de ſe lier enſemble ? Et ſi la glace n'étoit qu'un aſſemblage de ces petites maſ-ſes , ou petits compoſés plus groſſiers que les parties de l'eau , ſa ſurface ra-boteuſe , ſinon pour nos ſens , au moins pour un contact proportionné à ces petites rugoſités , ne donneroit-elle pas plus de priſe à l'air qui la touche ?

Si ceci n'eſt qu'une conjecture par rapport à la glace , on ne peut nier que ce ne ſoit une choſe évidente par rapport à la neige. Au premier coup d'œil on remarque que ſa ſurface eſt un aſſemblage de molécules légers & à jour , pour ainſi dire , de tous côtés ; & cette légéreté eſt d'autant plus grande que la neige s'eſt formée dans un tems plus froid.

Mais quel avantage prétendons-nous tirer de cette augmentation de ſurface pour l'explication du fait dont il s'agit ? En ſuppoſant que la maſſe d'air qui environne les corps puiſſe contribuer à leur évaporation, d'une autre maniére que par le degré de chaleur qu'elle peut leur communiquer, il eſt certain que cet air aura d'autant plus d'action ſur les corpuſcules évaporables, qu'il les touchera dans une plus grande étendue, ou (ce qui eſt la même choſe) que ces petits corps tiendront par moins d'endroits à leur maſſe commune. On peut donc dire en général, que les mêmes parties d'un corps (de l'eau par exemple) ſont d'autant plus diſpoſées à s'exhaler, qu'elles ſont plus iſolées ; & qu'en conſéquence, la neige ou toute autre congélation de ce genre peut s'évaporer autant, & peut-être plus que l'eau contenue dans un vaſe.

Mais que peut faire, dira-t-on, l'air extérieur ſur ces petites parties preſque iſolées ?

Non ſeulement il aura plus d'avantage pour les détacher de la maſſe, en les heurtant de côté & d'autre ; mais il employera pour les enlever directement, les mêmes moyens qui les font monter, quand elles ſont entiérement détachées.

Celui de ces moyens qui eſt le plus connu & le plus généralement reçû, c'eſt ſon excès de péſanteur. On dit communément que ces petits corps qui forment les vapeurs & les exhalaiſons, étant ſpécifiquement moins péſans que l'air qui les environne, s'élévent dans l'atmoſphére, comme la fumée de notre expérience s'eſt élevée dans l'air du récipient, & qu'ils montent ainſi juſques dans la moyenne région, où ils ſe trouvent en équilibre avec un air plus rare : la difficulté a toujours été de faire entendre, comment les parties évaporées des corps terreſtres pouvoient acquérir cette légéreté reſpective, capable non-ſeulement de les élever au-deſſus de l'air, mais encore de vaincre la réſiſtance du frottement, qui s'oppoſe continuellement à leur aſcenſion : on a toujours peine à comprendre comment de l'eau, par exemple, peut devenir plus légére qu'un fluide qui, à volume égal, péſe environ 800 fois moins qu'elle.

Quand on ſuppoſe ces particules fort diviſées, leur extrême petiteſſe aide à concevoir, comment elles ſe foutiennent en haut par le frottement, qui s'augmente comme les furfaces multipliées par la divifion ; mais cette réponfe qui léve une difficulté, quand il ne s'agit que d'expliquer la fufpenfion des vapeurs, en fait naître une autre très-confidérable, quand on examine leur afcenfion: Car le même frottement qui les foutient leur fait obftacle, quand elles ont à monter, & cet obftacle eft d'autant plus grand qu'elles font plus divifées.

D'ailleurs que gagne-t-on par cette divifion, fi chaque partie (quelque petite qu'elle foit) immédiatement environnée d'air, refte telle qu'elle étoit dans la maffe d'où elle s'eft échappée? Le volume d'air qui lui répond ne décroît-il pas dans la même proportion ? Et fi l'eau en général péfe 800 fois plus que l'air, le rapport fe trouvera dans les plus petits volumes, comme dans les plus grands.

Il faut donc de deux chofes l'une, ou que les parties qui s'exhalent des corps changent d'état en quittant la maffe, ou que l'air qui les touche employe, pour les enlever, un autre moyen que fa péfanteur.

Cette confidération a fait naître quelques hypothéfes fort ingénieu-fes : on a fuppofé que chacune de ces particules étoit un petit balon rempli d'un air fubtil, que la chaleur dilate, à peu près comme les boules de favon dont les enfans fe divertiffent. » Cette véficule, dit-on, eft plus lé-» gere que le volume d'air auquel elle » répond dans l'atmofphere, & fon » excès de légéreté peut être tel, qu'il » furpaffe encore la réfiftance du frot-» tement.

L'imagination eft ingénieufe, il faut l'avouer, & je crois qu'il ne fe-roit point impoffible de lui conferver de la vraifemblance ; mais s'il faut de la chaleur pour donner à ces petits balons un volume fuffifant, nous n'aurons guéres de vapeurs en hyver; ou s'il en faut fi peu pour les enfler, comment ne creveront - ils pas en été ?

D'autres cherchant dans la dilata-tion des vapeurs, un principe de légé-reté fuffifante, ont confideré leurs parties, comme autant de molécules dont les pores agrandis & diftendus par l'action du feu, augmentent leur

volume autant & plus, que leur premiere denſité n'excédoit celle de l'air.
Suivant cette opinion, une particule
d'eau réduite en vapeur, fera, par
exemple, 1000 ou 1200 fois plus
grande qu'elle n'étoit, & par conſéquent elle répondra à un volume d'air
plus que fuffiſant pour la ſoulever.
Cette grande dilatabilité des vapeurs
eſt appuyée ſur des expériences qu'on
ne peut révoquer en doute, & que
nous rapporterons quand l'ordre des
matieres le permettra ; mais elle exige un dégré de chaleur beaucoup
plus grand que celui qui régne ordinairement dans les corps qui commencent à s'évaporer ; & ſi partant
d'un tel exemple, lorſqu'on voit des
vapeurs s'élever par un tems frais,
on conclut qu'il fait aſſez chaud pour
les dilater au point d'être plus légeres
que l'air, il paroît que c'eſt ſuppoſer ce
qui eſt en queſtion : je crois qu'il y a
une grande différence entre la ſimple
évaporation, & la dilatation des vapeurs.

Mais ſi la chaleur naturelle ne peut
le plus ſouvent que contribuer à détacher ces corpuſcules de leurs maſ-

ſes , & qu'elle ne les mette pas toujours en état de s'élever , ſi l'air d'ailleurs ne peut par ſon poids ſeul les
forcer de monter tels qu'ils ſont ;
quel eſt donc le moyen que la nature
ajoute à cette premiere cauſe ? Car
il eſt certain que les vapeurs s'élevent
en tout tems , il n'y a que du plus ou
du moins.

S'il m'eſt permis de hazarder ici
mes conjectures , je dirai que l'air de
l'atmoſphere fait en même tems l'office de diſſolvant & d'éponge à l'é-
gard des corps qu'il touche immédiatement. Comment conçoit-on que
de l'eau douce devient ſalée , quand
on la met dans un vaiſſeau au fond
duquel il y a du ſel ? C'eſt que la liqueur s'inſinuant dans les pores du
corps ſolide , ſe rejoint elle-même
de tous côtés deſſous les parties qui
compoſent la ſurface, les ſouleve enfin,
& les diviſe à tel dégré, que ces parties
elles-mêmes entrent dans les pores
de l'eau , de la même maniere , &
par la même cauſe que celles de l'eau
ont pénétré le ſel. Plus les parties du
ſel ſont iſolées , plus le ſel eſt poreux, plus il eſt humide avant qu'on le

plonge, & plus auſſi ſa diſſolution
devient facile, & l'on en voit la raiſon, ſans qu'il ſoit beſoin de la dire ;
de même les corps qui s'évaporent,
continuellement plongés au fond d'u-
ne maſſe d'air ſpongieuſe, fourniſſent une quantité de vapeurs d'autant plus abondante, que leurs parties ſont plus expoſées à l'action de
ce fluide, & qu'il eſt lui-même par
ſon état actuel, plus diſpoſé à les admettre dans ſes pores. Je n'oſerois
dire que l'air s'inſinue dans les pores
des corps ſolides ou des liquides,
comme l'eau dans du ſucre ou du ſel
qu'elle diſſout ; mais je n'avancerai
rien que de croyable, quand je dirai,
que, puiſqu'il y a dans tous les corps
une très-grande quantité d'air diſſé-
miné, leurs ſurfaces ſont compoſées
de molécules dont un très-grand
nombre n'eſt que de l'air, & que cet
air communique à d'autre qui fait de
même, partie des couches inférieures,
tellement que la matiere propre de
ces corps lorſqu'ils ſont environnés
d'air, reſſemble à un grain de ſel humide qu'on plonge dans l'eau, & qui
eſt d'autant plus diſſoluble qu'il a été
plus

plus pénétré d'eau avant que d'être plongé. La surface qui nous paroît la plus unie, présente donc à l'air qui la touche, des parties isolées & qui ne tiennent à la masse que par un petit nombre de points; & comme il n'y a aucune matiere connue, en tel état qu'elle puisse être, dont les parties soient parfaitement en repos les unes à l'égard des autres, il n'y a donc à la superficie des corps aucune particule qui ne soit disposée plus ou moins à céder aux efforts de l'air qui l'entoure.

Mais si l'air est, comme on l'imagine pour expliquer son élasticité, un corps spongieux dont les parties ressemblent à de petits filamens ou de petites lames spirales; pour enlever les petites parties des corps dont nous venons de parler, il n'aura pas besoin d'autre force, que celle qui s'observe tous les jours dans les corps de cette espéce; car comme le sel s'éleve dans une masse d'eau à mesure qu'elle le dissout, quoique ses parties soient plus pésantes que celles de l'eau, comme l'eau s'éleve dans du sucre malgré son propre poids, de même on

pourra dire que les vapeurs & les exhalaifons, fans devenir plus légeres
que l'air, s'élévent dans l'atmofphere fuivant la proportion qu'il y a entre
elles & la porofité du fluide.

Il eft vrai qu'on ne fçait pas bien
comment les liqueurs s'élévent au-
deffus de leur niveau, dans une éponge, dans les tubes capillaires & autres
corps femblables ; car de dire que l'attraction eft la caufe de cet effet, c'eft
ne fatisfaire qu'une partie du monde,
encore n'eft-ce pas celle qui n'admet
que des idées claires & intelligibles ;
mais on eft parfaitement d'accord fur
le fait ; & quand je dis que les vapeurs montent dans l'atmofphere,
comme l'eau dans une éponge, je ne
prétens pas remonter jufqu'à la premiere caufe ; je m'en tiens à la caufe
prochaine & immédiate, en un mot,
je ne me propofe que d'expliquer un
fait par un autre, ce qui eft très-
permis en Phyfique.

Je ne puis étendre ici cette idée autant qu'il le faudroit pour lui donner
toute la vraifemblance dont elle eft
fufceptible ; cette digreffion nous é-
loigneroit trop de notre objet pré-

fent ; j'aurai occafion de la reprendre
& de la fuivre plus loin, en parlant des
tuyaux capillaires ; j'ajouterai feulement que fi cette derniere caufe
ajoutée aux autres, que nous ne rejettons point , les rend fuffifantes pour
former & pour élever les vapeurs ,
elle pourra de même contribuer à les
tenir fufpendues, jufqu'à ce que l'atmofphere venant à changer de denfité , foit par compreffion , foit par
condenfation , foit même par dilatation , ces petits corps fufpendus fe
rapprochent, pour former des maffes
plus péfantes , ou bien qu'ils foient
feulement abandonnés à leur propre
poids ; comme on voit qu'il arrive
dans le récipient d'une machine pneumatique , où l'on apperçoit un petit
brouillard après les premiers coups
de pifton , parce que l'air en fe raréfiant abandonne les corps étrangers *Mem. de
qu'il contient *.   l'Acad. des

    Pour revenir à notre premiere ex-
périence , il eft donc certain qu'A-
riftote & ceux qui l'ont fuivi, fe font
trompés, lorfqu'ils ont prétendu qu'il
y a des corps qui tendent naturellement à fe mouvoir de bas en haut.

*Mem. de
l'Acad. des
Sc. 1740.
p. 252.

Ce que nous avons dit touchant les faits qui leur en ont imposé, suffit pour faire entendre qu'il n'y a point de légéreté abfolue, & que les corps à qui l'on donne improprement le nom de légers, font ceux qui ont peu de poids ou de matiere propre fous un grand volume.

On peut confidérer dans la péfanteur comme dans toute autre force, la direction, & l'intenfité, c'eft-à-dire, la mefure ou la quantité de fon action fur les corps.

La direction de la péfanteur eft toujours la même; les corps qui tombent librement fe dirigent d'eux-mêmes vers la furface de la terre, par une ligne perpendiculaire à l'horizon, comme il paroît quand on en fait l'épreuve fur une eau dormante; & s'ils décrivent quelquefois en tombant, des lignes obliques ou des courbes, c'eft qu'ils y font forcés par des obftacles; telle eft la chûte d'un pendule pendant fa demie vibration; il ne décriroit pas un arc de cercle, s'il n'étoit retenu par le fil ou la verge qui l'oblige de tourner autour du point de fufpenfion.

Au lieu d'exprimer la direction de la péfanteur, par une perpendiculaire à l'horizon, on l'exprime fouvent, par une tendance au centre de la terre, ce qui fignifieroit la même chofe, fi notre globe étoit parfaitement fphérique ; car alors tous les rayons prolongés du même point, feroient autant de perpendiculaires à la furface. Mais cette hypothèfe n'eft plus ni reçue, ni recevable ; & fi le globe terreftre eft un fphéroïde applati vers les poles comme il y a tout lieu de le croire, le compas & la régle font voir, que les lignes dirigées perpendiculairement à tous les points de fa furface n'aboutiffent pas au vrai centre, mais à différens points qui compofent un efpace autour du centre. Mais comme cet efpace eft fort petit, à caufe du peu de différence qu'il y a entre la figure attribuée à la terre & celle d'une fphére parfaite ; on peut fans erreur fenfible, & quand il ne s'agit point de cette queftion, garder l'expreffion commune, & prendre le centre de la terre pour celui des corps graves.

Quant à l'intenfité de la péfanteur,

on peut demander 1°. si elle eſt la même dans tous les corps, dans tous les
tems, dans tous les lieux. 2°. Si elle
varie ſuivant l'état des corps. 3°. Si
elle peut augmenter dans le même
mobile, & comment ſe font ſes progrès.

L'expérience ne peut nous apprén-
dre qu'à peu près, combien un corps
parcourt d'eſpace dans un certain
tems, en vertu de la péſanteur qui
l'anime, parce qu'il a toujours à vaincre des obſtacles inſéparables de
l'état naturel, comme en éprouvent
les corps qui obéiſſent à toute autre
puiſſance. La réſiſtance des milieux
qui varie comme leurs denſités, la
figure du corps qui tombe, le rapport de ſa maſſe à ſon volume, &
quelque autre conſidération dont
nous parlerons dans la ſuite, empêchent qu'on ne ſçache bien exactement la meſure de la péſanteur primitive, & telle qu'elle ſeroit, ſi elle n'é-
toit diminuée par des cauſes étran-
geres. On ſçait ſeulement qu'à Paris,
par exemple, ou aux environs, une
balle de plomb, ou tout autre corps
qui auroit beaucoup de matiere avec

peu de volume , parcourt dans l'air libre environ 15 pieds de France dans la premiere seconde de sa chûte ; on verra bientôt , pourquoi j'embraffe toutes ces circonftances dans cette propofition.

On croyoit autrefois que la péfanteur & le poids étoient fynonimes ; & que les corps tomboient d'autant plus vîte , qu'ils avoient plus de maffe. Il y avoit effectivement quelque vraifemblance à croire qu'un mobile compofé de quatre parties péfantes , devoit tendre davantage au terme de la péfanteur , que celui qui n'en auroit qu'une ou deux ; & ce qui achevoit d'induire en erreur , c'eft qu'on voyoit une plume , un papier , un ballon de laine , &c. tomber toujours plus lentement qu'une pierre , un morceau de métal , &c. mais un *plus* ou un *moins* ne décident rien , quand il n'a point de proportion avec la caufe que l'on foupçonne. Galilée vit bien comme Ariftote , qu'une plume tomboit moins vîte qu'une livre de plomb ; mais il mefura ce *moins* , il le compara avec l'excès de maffe du corps le plus prompt à tomber , &

L iiij

il trouva qu'il ne répondoit pas à la différence qu'il y avoit entre les poids des deux mobiles. Il prit donc une autre idée de la péſanteur, & au lieu de penſer comme on avoit fait juſqu'alors, qu'il y en avoit plus dans le plomb que dans la plume, il imagina que cette force étoit égale dans l'une & dans l'autre, mais que la réſiſtance du milieu ſe faiſoit plus ſentir ſur celui des deux corps qui avoit le moins de matiere. Ce raiſonnement étoit bien fondé, & nous en ferons connoître toute la juſteſſe en expliquant l'expérience qui ſuit.

II. EXPERIENCE.

PREPARATION.

On établit ſolidement ſur la platine d'une machine pneumatique, un chaſſis qui contient un tuyau de verre qui a ſix pieds de longueur, deux pouces ½ de diamétre, plus large & ouvert par ſes deux extrémités *A, B Fig.* 2. on joint en-haut par le moyen d'un anneau de cuir mouillé, une platine de cuivre ſous laquelle eſt fixée la chappe d'une piece qui tourne verti-

calement , & qui fe divifant en fix
rayons, forme autant de pinces à reffort. Cette piece eſt repréſentée ſeule
de face dans la *Fig.* 3. & elle ſe voit
de côté en *C D Fig.* 4. ſon axe porte
un pignon à lanterne qui engraine
une roue à chevilles *F*, en-arbrée ſur
une tige de cuivre bien cylindrique
qui traverſe la platine & un colet *G*
rempli de cuirs gras. Le bout de cette tige eſt fixée à un rouleau *H* au-
deſſus duquel eſt un anneau qui répond à un levier *I*, & ce levier ſe meut
par le moyen d'un cordon; *K* eſt un
barillet garni d'un reſſort de montre,
pour contretirer le cordon qui enve-
lope & qui fait tourner le rouleau *H*.

Avant que de placer cette piece ſur
le tuyau du verre , il faut avoir ſoin
de garnir les ſix pinces en mettant à
chacune deux petits corps dont les
volumes ſoient à peu près ſemblables , mais qui différent en poids :
de ſorte cependant que ces différences ne ſoient pas également grandes
dans chaque paire. Ainſi l'on pourra
mettre , par exemple, dans la premiere un morceau de plomb & une
plume ; dans la ſeconde , un morceau

de cuivre & une petite feuille de papier; dans la troisiéme, un morceau de bois & un morceau de fer, &c.

Lorsqu'on a raréfié l'air dans le tuyau le plus qu'il est possible avec la pompe, en tirant la corde *L*, on fait tourner la rôue *F* pour mettre une des pinces dans une situation verticale, comme *D*; on tire ensuite le cordon *M* pour élever la roue *F* dont le bord presse le petit levier *n*, & fait ouvrir la pince; celle-ci ayant fait son office, on en fait passer une autre de même, & ainsi de suite jusqu'à la derniere.

Effets.

Tous ces corps échappant deux à deux, tombent en même tems, & ne laissent appercevoir aucune différence sensible dans la durée de leur chûte.

Mais si l'on recommence l'expérience, en laissant le vaisseau plein d'air dans son état naturel, ceux qui ont le plus de poids tombent plus vîte, & la lenteur des autres est plus sensible à mesure que leur masse est moins grande. Ainsi le bois tombe plus lentement que le fer ; mais sa lenteur n'est pas si grande que celle du papier & de la plume.

EXPLICATION.

La première partie de cette expérience prouve évidemment & directement, que la pésanteur est égale dans tous les corps, & que les différences qu'on apperçoit dans leurs chûtes, ne doivent être attribuées qu'à la résistance des milieux par lesquels ils tombent : puisqu'en supprimant ou en diminuant beaucoup cette résistance, les tems qu'ils employent à descendre de hauteurs égales, sont sensiblement les mêmes. La seconde partie nous apprend, comment nous devons évaluer ces différences que nous remarquons dans la chûte des graves qui différent entre eux par leur quantité de matiere. Car si nous regardons la pésanteur comme une vîtesse commune & égale dans tous les graves, les quantités de mouvement, ou les forces de deux corps qui commencent à tomber, ne peuvent différer entre elles que par la masse. Supposons donc un morceau de plomb qui péfe 12 onces, & un morceau de bois de même volume & de même figure qui en péfe une: puifque la vîteffe initiale, ou la péfanteur de ces deux mobiles eft la même, leurs quantités de mouvement, au premier inftant de leur chûte, feront comme leurs maffes, c'eft-à-dire, un dans celui-ci, & 12 dans l'autre. Suppofons maintenant que pendant leurs chûtes, la réfiftance du milieu rallentiffe leur mouvement d'un demi degré; cette diminution fera égale dans l'un & dans l'autre, puifque c'eft le même milieu, que les volumes font égaux & les figures femblables, mais le morceau de plomb qui a perdu un demi dégré de mouvement, en a encore $11\frac{1}{2}$ au lieu que le morceau de bois, par une femblable perte ne s'en trouve plus avoir qu'un demi; dans l'un le mouvement eft rallenti feulement de la douziéme partie, dans l'autre il l'eft de la moitié, quoique ces deux effets procédent de la même caufe.

APPLICATIONS.

Le principe que nous venons de

prouver par l'expérience précédente, est d'une grande importance ;
aussi n'a-t-on rien négligé pour le
mettre dans tout son jour. M. Newton l'a confirmé par les vibrations de
plusieurs boules suspendues, dont il
a mis les diamétres & les poids en
différens rapports : nous ferons voir
incessamment que cette espéce de
mouvement est un effet de la pésanteur ; ainsi quand deux boules de
même poids, de même grosseur, &
suspendues à des fils égaux, conti-
nuent de balancer aussi long - tems
dans le même air, elles font voir
qu'elles font animées par des pésanteurs égales : & l'on doit persévérer
dans le même sentiment, quoique la
diminution du poids y apporte une
différence, si, comme l'expérience le
fait voir, cette différence ne suit pas
le rapport des masses.

Messieurs Frenicle & Mariotte é-
prouvérent d'après Galilée, la chûte
directe des corps à de grandes hauteurs ; mais personne ne fit ces sortes
d'épreuves dans des circonstances
plus avantageuses que celles où se
trouva M. Desaguilliers * en profi- *Transact.
Philosoph.
n. 362.art.
4.

tant de la grande élévation du dôme de S. Paul à Londres, & des lumieres de Messieurs Newton, Halley, &c. qui voulurent être présens.

On fit tomber plusieurs corps de différens poids, & de différens volumes, de la hauteur de 272 pieds; & l'on remarqua que deux boules dont les diamétres étoient d'environ 5 pouces $\frac{1}{2}$, & qui pésoient l'une 2610 grains, & l'autre 137 $\frac{1}{2}$, employerent des tems fort différens à tomber de toute cette hauteur; car la plus pésante acheva sa chûte en 6 secondes $\frac{1}{2}$, & celle de l'autre en dura près de 19: ce qui fait bien voir que la vîtesse des corps qui tombent n'est point proportionnelle à leur masse; car dans cette derniere expérience les deux boules, quant au poids, font à peu près dans le rapport de 19 à 1; & toutes les autres circonstances sont égales pour l'une & pour l'autre; cependant il s'en faut bien que la plus pésante tombe 19 fois plus vîte que l'autre, car au lieu de 6 secondes, elle n'auroit dû en employer qu'une.

Il est facile d'expliquer maintenant,

pourquoi la même matiere devient plus lente à tomber, à mesure qu'elle se divise ou qu'elle augmente de volume, comme un morceau de bois que l'on réduit en coupeaux minces, un jeu de cartes, ou un paquet de plumes qui n'est pas lié. La chûte d'une grosse pluye est bien différente de celle de la neige, & l'eau qui tombe sans se diviser, fait un effort bien plus considérable que celle qui se réduit en goutes, & qui s'étend dans l'air qu'elle traverse.

Sans cette résistance de l'air, qui retarde & qui divise les corps dont les parties ne sont point fortement liées, on verroit avec autant de danger que d'étonnement une potée d'eau jettée par une fenêtre, tomber sur le pavé, avec autant de bruit & d'effort qu'un glaçon de même poids. S'il y en avoit la valeur d'une pinte, autant vaudroit recevoir sur la tête une pierre du poids de deux livres qui tomberoit de la même hauteur. Mais la surprise ne dureroit pas long-tems, pour ceux qui seroient au fait des principes que nous expliquons. Car ils sçauroient qu'une masse liqui-

de qui tombe par quelque milieu matériel que ce foit, éprouve une ré-
fiſtance directe en ſa partie inférieure, & un frottement aux ſurfaces latérales : que ces deux ſortes de ré-
fiſtances retardent davantage ce qui
eſt expoſé à leur action immédiate
que le reſte, & qu'ainſi le mobile
dont les parties ne ſont preſque point
liées, doit en peu de tems changer
de figure & ſe diviſer ; mais ces deux
derniers effets doivent ceſſer, quand
la cauſe qui a coutume de les produire, ne ſubfiſte plus.

Une expérience preſqu'auſſi ancienne que la machine pneumatique,
& qui, pour n'avoir pas le mérite de
la nouveauté, n'en eſt pas moins curieuſe, prouve admirablement bien
ce que nous diſons ici de la chûte
des liqueurs.

III. EXPERIENCE.

PREPARATION.

Dans un tube de verre un peu
fort, *Fig. 5.* dont le diamétre égale
8 ou 10 lignes, on met quelques
pouces d'eau ; & après avoir fait le
vuide

vuide dans le reste de la capacité, on le scelle à la lampe d'un Émailleur, en *A*.

Ｅ f f e t s.

Quand on secoue ce tube perpendiculairement, l'eau s'élève toute d'une piece, à la hauteur de quelques pouces, comme en *B* ; & en retombant de même sur le fond, elle fait le même bruit & le même effort qu'un corps solide ; & ce son est beaucoup plus aigu, quand on réserve une boule creuse, & mince en la partie supérieure, comme on le voit par la figure.

Ｅ x p l i c a t i o n.

Si dans ce vaisseau il y avoit de l'air tel que celui de l'atmosphere, depuis la surface de l'eau *C* jusqu'en *A*, lorsque par la secousse on éleveroit l'eau de *C* en *B*, la colomne d'air contenue dans cette partie prendroit sa place pour un instant, & l'eau en retombant rencontreroit ce fluide flexible qui retarderoit sa chûte, & qui après une division réciproque, lui céderoit sa premiere place ; mais quand il n'y a que de l'eau dans le tube, & que rien ne la défunit, elle retombe toute enfemble, & la bafe de cette colomne liquide frappe immédiatement le fond du vaiffeau, comme pourroit faire un cylindre folide du même poids.

Applications.

Le mercure d'un barométre (fi l'inftrument eft bien fait) fe trouve dans le même cas que l'eau de cette derniere expérience ; quand on le fait balancer dans le tube, fi la fecouffe eft forte, on court rifque de caffer le verre, & l'on entend toujours le coup, comme celui d'un corps folide, parce que la partie fupérieure du tuyau eft vuide d'air, & que le mercure heurte immédiatement le fond.

Le tems n'apporte par lui-même aucune différence à la péfanteur des corps ; à moins qu'on ne fuppofe (mais pourquoi le fuppoferoit-on ?) que les changemens qui lui arrivent font uniformes & proportionnels dans toute la nature : car pour ce qui eft des poids comparés, ce qui péfe une livre, continue toujours de pé-

fer exactement une livre, tant que la
quantité de matiere reste la même.
On en peut juger par les pésanteurs
spécifiques de matieres connues; l'or,
par exemple, est constamment dans
le rapport de $19\frac{1}{2}$ à 1 avec l'eau pure. Il est vrai que ces quantités sont
sujettes à de petites différences; mais
il est plus raisonnable de les attribuer
aux différens états des matieres, au
froid, au chaud, à la sécheresse, à l'humidité, &c. que de les rejetter sur une
cause inconnue qu'on n'a pas lieu de
soupçonner. S'il arrive tous les jours
qu'un corps devienne plus ou moins
pésant qu'il n'étoit, on doit faire attention qu'il a perdu ou acquis des
parties matérielles qui augmentent
ou diminuent sa masse. Une éponge,
où quelque corps équivalent, suspendue au bras d'une petite balance, &
exposée aux impressions de l'air, devient tantôt plus, tantôt moins pésante; c'est que l'humidité qui régne
dans l'air, ajoute à son poids en certain tems, & qu'au contraire elle en
sort quand il fait plus sec. Cette explication est si naturelle & si bien reçue, que bien des personnes em-

ployent ce moyen pour connoître
l'humidité ou la sécheresse de l'air.
On sçait que le bois flotté est plus
léger que le bois neuf, faudroit-il en
conclure que la pésanteur varie ?
n'est-il pas visible que cette diminution de poids vient de ce qu'il a perdu
une partie de sa substance ? Au moins
ne peut-on pas douter que l'eau ne
lui ait fait perdre une grande partie
de ses sels ; car la lessive que l'on fait
de sa cendre, en contient peu, &
par cette raison elle est moins propre qu'une autre à blanchir le linge.

Si quelques expériences ont paru
indiquer des changemens dans le
poids d'une même matiere, nous
ne devons donc point croire qu'elles
puissent prouver, comme quelques
personnes l'ont crû, que la pésanteur
varie par succession de tems ; il nous
paroît plus vraisemblable que ceux
qui les ont faites, auront été trompés par quelque défaut dans l'exécution, qui aura échappé à leur vigilan-
ce. Les poids des pendules, des
horloges, des tournebroches, &c.
sont des preuves d'expérience qu'on
peut leur opposer, & qu'on ne peut
révoquer en doute.

Mais fi le tems n'apporte aucune variation à la péfanteur des corps, cette force ne change-t-elle pas felon les lieux ?

Lorfqu'on fait attention que le centre des corps graves eft celui de la terre, on peut être porté à croire qu'à une diftance plus ou moins grande de ce terme, la péfanteur pourroit bien n'être pas la même. Mais quand, pour comparer cette force à elle-même, nous l'avons éprouvée aux plus grandes hauteurs & profondeurs qui nous foient acceffibles, & que nous n'y appercevons aucune différence, il femble qu'il foit permis de croire qu'elle eft uniforme partout. Auffi l'a-t-on fuppofé avant qu'on eût trouvé des raifons pour croire le contraire.

Newton nous affure (& Newton mérite qu'on l'écoute) que cette puiffance fecréte qui follicite les corps à tomber vers la terre, agit moins fur eux, quand ils en font plus éloignés ; il fait plus, il nous donne des régles pour évaluer cette diminution, & comme s'il eût porté la balance jufqu'à la Lune, il veut que l'on croye,

qu'une pierre qui commenceroit à
tomber de cet aftre, ne feroit pas plus
de chemin en une minute, qu'elle en
fait ici-bas en une feconde ; c'eft-à-dire ; qu'à une telle hauteur, elle tomberoit 3600 fois plus lentement qu'elle
ne fait aux environs de la furface de
la terre.

S'il eft étonnant que ce Philofophe
ait ofé prononcer ainfi , fur des chofes qui paroiffent au-deffus des forces
de l'efprit humain , on doit être encore bien plus furpris qu'il ne les ait
pas données comme des fyftêmes ,
mais qu'il ait appuyé tout ce qu'il a
avancé, fur des preuves & fur des démonftrations qui tiennent contre l'e-
xamen le plus rigoureux. A la vérité
Newton n'a pas démontré que la force centripéte de la Lune foit la même
que celle des autres corps qui appartiennent à notre globe ; mais il l'a
fuppofé avec tant de vraifemblance,
que cela ne peut guéres paffer pour
une fimple conjecture ; car fa théorie
de la Lune , qu'il fonde fur cette fuppofition, eft celle qui approche le plus
de la vérité , & qui donne les lieux
de cette planéte les plus conformes

aux obfervations des Aftronomes.

Comment donc peut-on fçavoir ce qui fe paffe à la Lune pour en parler avec tant de hardieffe, & pour avoir encore l'avantage de fe faire croire ?

C'eft dans les ouvrages même de M. Newton, ou dans des extraits plus amples que ceux que nous pouvons nous permettre ici, qu'il faut étudier fes penfées & fes preuves. Ce qu'il a enfeigné touchant la péfanteur des corps, eft lié avec tout le fyftéme général du monde qu'il a plus heureufement concerté qu'aucun autre Philofophe ; & il eft affez difficile de fe former une idée bien jufte de cette partie, quand on la fépare des autres avec lefquelles elle a une connexion néceffaire. Nous nous contenterons donc de faire feulement entrevoir ici, comment il eft poffible de juger de la péfanteur des corps à la hauteur de la Lune, par celle qu'ils ont ici-bas ; en fuppofant que la force centripéte de la Lune n'eft autre chofe que cette gravité qui fait aller tous les corps qui font près de nous, vers le centre de la terre.

Suppofons que T, *Fig.* 6. représente la terre, L la Lune, $L\,Q\,R\,S$ l'orbite de cet astre, c'est-à-dire, la révolution qu'elle fait autour de la terre dans l'espace de près d'un mois. On connoît assez bien la distance qu'il y a de la terre à la Lune, c'est à-peu-près 60 fois le demi-diamétre du globe terrestre, voilà des quantités connues depuis long-tems, & sur lesquelles tout le monde est d'accord.

En parlant des forces centrales dans la leçon précédente, nous avons fait connoître qu'un corps qui circule, ne le fait qu'en conséquence d'une force qui le pousse ou qui le tire toujours vers un même point, pendant qu'une autre force le sollicite à se mouvoir dans une autre direction. Lorsque nous voyons tourner la Lune autour de nous, nous pouvons donc conclure en toute sûreté qu'elle a une force centripete, ou, ce qui est la même chose, qu'elle pése vers la terre.

Nous avons fait voir aussi en parlant du mouvement composé, que si un mobile obéit en même tems à deux puissances, comme $L\,P$, $L\,C$, on connoît le rapport de ces deux puissances

puiſſances par la diagonale LQ que ce corps décrit.

Comme on ſçait le tems que la Lune eſt à parcourir tout ſon orbite, on connoît auſſi celui qu'elle employe pour en décrire une petite portion, comme LQ : & par-là on peut juger du chemin qu'elle auroit fait en pareil tems, ſi elle n'avoit obéi qu'à l'une des deux puiſſances. Si, par exemple, LQ eſt ce qu'elle parcourt de ſon orbite en une heure, LP repréſente la quantité dont elle deſcendroit en une heure, ſi elle ſuivoit l'impulſion de la ſeule péſanteur.

C'eſt à-peu-près de cette maniére que Newton eſt venu à bout de connoître qu'un corps grave, en commençant à tomber de la Lune, parcourroit à-peu-près 15 pieds dans l'eſpace d'une minute ; puis comparant cette vîteſſe à celle des corps qui obéiſſent ici-bas à la péſanteur, il la trouva 3600 fois moins grande ; car une pierre qui tomberoit librement pendant une minute, parcourroit 3600 fois 15 pieds, ou bien 54000 pieds : d'où il conclut que la péſanteur décroît comme le quarré de la diſtance augmente ; car 3600 eſt le quarré de 60, & la Lune eſt 60 fois plus éloignée du centre de la terre que les corps qui ſont comme nous à la ſurface.

Si nous pouvions nous élever à des hauteurs aſſez conſidérables, ce ſeroit une choſe bien curieuſe de conſtater cette théorie par quelque expérience ; mais nos plus hautes montagnes ne ſont pas ſuffiſantes, & quand on les ſuppoſeroit de deux lieues perpendiculaires, au-deſſus du terrain le plus bas où nous puiſſions deſcendre, on voit par le calcul que le décroiſſement de la péſanteur ſeroit encore inſenſible.

Si une diſtance plus ou moins grande des corps graves au centre de la terre, a pû faire reconnoître quelque variation dans leur péſanteur, la différence des climats devoit-elle faire naître de ſemblables ſoupçons ? Dans un tems ſur-tout où la figure de la terre étoit encore réputée ſphérique, tous les lieux de ſa ſurface ne devoient-ils point paroître indifférens pour cette tendance au centre ?

Dès qu'on a ſuppoſé que la terre ſe

meut en 24 heures autour de fon axe,
on auroit pû faire attention, que toutes les parties de fa furface ne tournent pas également vîte ; celles qui
font fous l'Equateur , décrivant des
cercles beaucoup plus grands que
celles qui avoifinent les pôles, comme nous l'avons fait voir en expliquant l'expérience du globe de verre
dans la leçon précédente*. Cette confidération conduifoit naturellement
à penfer que tous les corps qui font
à la furface de notre globe , parti-
cipant à fon mouvement , ont une
force centrifuge; que cette force contraire à la péfanteur devoit être plus
grande vers l'Equateur que vers les
poles ; & qu'ainfi la péfanteur devoit
diminuer à mefure qu'on feroit plus
près de cette partie de la terre. Mais
avant Defcartes & M. Hughens il
n'étoit guéres queftion de forces centrifuges ; & fi Copernic , en propo-
fant fon hypothéfe, l'eût encore chargée de cette nouveauté , il y a bien
de l'apparence que dans fon tems elle n'eût pas été mieux reçûe que le
refte.

En 1672. M. Richer étant allé par

* 6. Exper.
Fig. 22.
& 23.

ordre du Roy à l'isle de Cayenne, située à-peu-près à 5 degrés de latitude, pour des observations qu'on ne peut faire dans notre climat, fit le premier une découverte plus intéressante sans doute que toutes celles qu'il s'étoit proposées. Il observa qu'un pendule qui battoit les secondes à Paris, mesuroit des tems plus longs dans le pays où il étoit.

Un pendule est un instrument composé d'un corps pésant, comme une balle de plomb, par exemple, qui décrit des arcs autour d'un point fixe, par le moyen d'un fil ou d'une verge mince qui le tient suspendu. Nous ferons voir dans la suite de cette leçon, que son mouvement, que l'on nomme *oscillation*, est un effet de la pésanteur, & qu'il est plus ou moins prompt, selon que le fil de suspension a plus ou moins de longueur.

M. Richer s'étant donc bien assûré que son pendule réglé à Paris pour battre les secondes, retardoit à la Cayenne, y remédia en le raccourcissant d'une quantité dont il tint un compte exact ; & cette expérience répétée depuis par plusieurs bons observateurs ; & en dernier lieu par les Académiciens qui sont allés au Perou , & par ceux qui ont fait le voyage du Nord , pour les mesures qui ont rapport à la figure de la terre , a toujours fait connoître que les corps tombent plus lentement vers l'Equateur qu'ailleurs , & que ce retardement diminue,à proportion que la latitude du lieu augmente.

Fondé sur cette connoissance on a compté plus que jamais sur le mouvement journalier de la terre; & comme cette rotation , une fois admise, imprime aux parties du globe des forces centrifuges, qui ne sont point égales dans toute son étendue ; on commença à former des doutes sur sa figure qui passoit pour sphérique dans l'opinion commune.

Tant que l'on a considéré la terre comme immobile , il étoit vraisemblable qu'elle fût une sphére parfaite ; parce que ses parties n'obéissant qu'à une pésanteur égale , devoient former autour du centre commun de leur gravité, des rayons ou des colomnes de même longueur, pour être en équilibre. Mais si cette gravité primitive se trouve diminuée par une force contraire, & que cette diminution ne se fasse point en quantités égales dans toute l'étendue du globe ; il n'est guéres possible d'accorder l'équilibre de ses parties avec une figure parfaitement sphérique.

Soit *A D B E*, *Fig.* 7. une coupe diamétrale de la terre, au moment de la création, composée de parties également pésantes vers le point *C*, & assez fluides pour s'arranger en conséquence de cette pésanteur ; il est certain que tous les rayons *A C*, *D C*, *F C*, &c. pour être en équilibre, doivent être de même longueur, & que toutes leurs extrémités seront rangées dans la circonférence d'un cercle.

Mais si l'on considére la terre comme ayant un mouvement de rotation sur l'axe *A B*, l'équilibre ne peut plus subsister entre des rayons égaux : car alors la force centrifuge détruit une partie de la pésanteur, & cette diminution va toujours en augmentant du pôle à l'Equateur. Car le point *D* décrit en 24 heures un grand cercle, le point *F* dans le même tems par-

court un paralléle dont le diamétre
eft beaucoup plus petit, & le point
A ne tourne point. La colomne *C D*
pour être auffi péfante que *CA*, doit
donc augmenter en longueur,& com-
penfer par plus de matiére ce que fa
force centrifuge diminue de fa gravité.

Le mouvement de rotation caufe
un femblable effet dans les autres
paralléles ; mais cet effet va toujours
en diminuant jufques aux pôles, par
deux raifons ; 1°. parce que la vîteffe
du mouvement, & par conféquent
la force centrifuge qui en réfulte, diminue dans cette proportion ; 2°.
parce que cette force, qui eft directement contraire à la gravité fous
l'Equateur, ne lui eft qu'obliquement
oppofée par-tout ailleurs, comme il
eft aifé de le remarquer dans la figure ; car, par exemple, à la latitude
du point *F*, la péfanteur agit felon la
direction *FC*, & la force centrifuge
a fa tendance par *F L*.

Il fuit donc de tout ceci, que fi la
terre tourne fur fon axe, la péfanteur
n'eft point égale par-tout ; la matiére
qui compofe ce globe, pour être en

les arcs d'un de ses méridiens, comme on a fait depuis.

Quoique l'histoire de ce qui s'est passé à ce sujet, soit des plus curieuses & des plus intéressantes, je m'abstiendrai de la rapporter, parce qu'elle n'est point nécessairement liée avec mon objet présent; elle est beaucoup mieux détaillée que je ne pourrois faire ici à cause des bornes que je me suis prescrites, dans plusieurs ouvrages très-récens, & sur-tout dans celui qui a été écrit exprès par M. de Maupertuis, qui a contribué plus que personne à conduire & à exécuter cette belle entreprise. Je dirai seulement que le voyage que cet illustre Académicien a fait au Nord avec plusieurs de ses confreres, pour mesurer un arc de méridien, qui pût être comparé à ceux qu'on avoit mesurés en France, a déja confirmé la figure que M M. Hughens & Newton avoient attribuée à la terre, & qu'il y a toute apparence que les autres Académiciens, qui sont encore actuellement au Perou, ne nous apprendront rien de contraire, mais

Fig. 6.

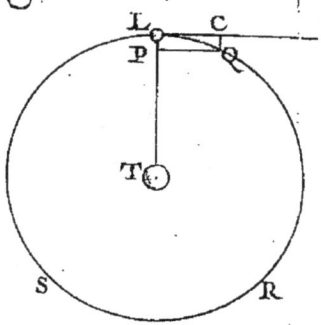

Fig. 7.

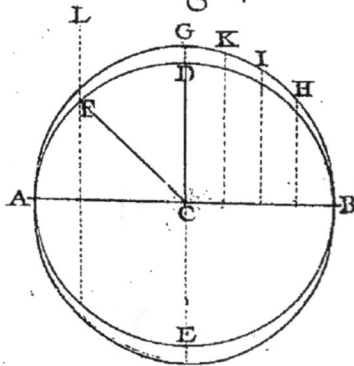

Fig. 3.

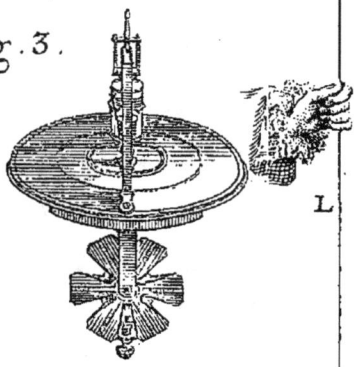

Fig. 4.

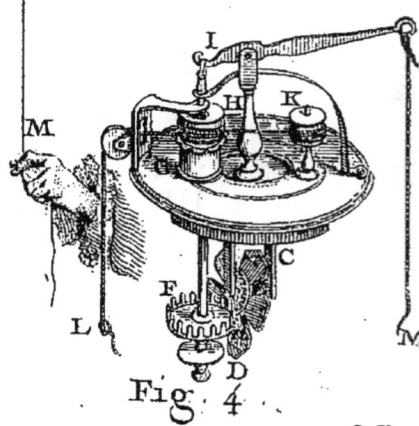

Fig. 1.

Fig. 2.

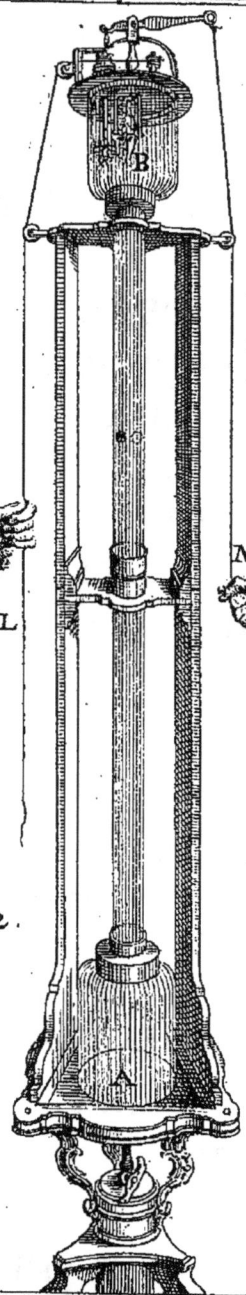

Fig. 5.

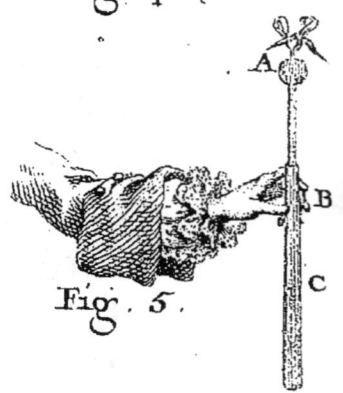

Deriné et graué par Moreau.

fément notre globe eft applati vers les pôles.

UNE autre queſtion qui ſe préſen-te maintenant, c'eſt de ſçavoir ſi le poids d'un corps varie ſelon les dif-férens états qu'il peut prendre ; ſi le mouvement, le repos, le froid, le chaud, la ſolidité, la fluidité, &c. peuvent le rendre plus ou moins pé-ſant dans le même lieu ?

On peut répondre en général que le poids ou la péſanteur abſolue d'un corps ne varie point, tant que ſa quantité de matiére eſt la même : une livre de plomb péſe toujours intrin-ſéquement une livre, ſoit qu'elle ſoit fondue ou ſolide, plus ou moins chaude, qu'elle ſe meuve ou non ; car lorſqu'elle a paſſé par tous ces états, ſi elle n'a rien perdu de ſa quan-tité de matiere, on y retrouve conſ-tamment le même poids.

Mais ſi l'on conſidére la péſanteur comme la vîteſſe actuelle avec la-quelle le corps grave ſe porte de haut-en-bas, il s'en faut bien qu'elle ſoit la même au commencement ou à la fin de la chûte. Quelle que puiſſe être la cauſe de la gravité, il faut concevoir cette force comme si elle étoit placée dans le mobile même, sur lequel elle agit : à peu près comme le feu qui éléve une fusée, par l'inflammation successive des parties qu'elle contient; de maniére qu'elle agit sur un corps pendant qu'il tombe, autant & de même à chaque instant, que s'il étoit arrêté ; ainsi, toutes choses égales d'ailleurs, une balle de plomb qui a cédé à sa pésanteur pendant l'espace d'une seconde, a une vîtesse actuelle plus grande, que celle qui ne seroit tombée que pendant une demi-seconde. Rendons ceci sensible par une expérience.

IV. EXPERIENCE.

PREPARATION.

A B, *Fig.* 9. est une caisse plus longue que large, ouverte par-dessus, & dans laquelle glisse un tiroir rempli de terre molle. A D, & B C, sont deux colomnes cylindriques de 3 pieds & ½ de hauteur, divisées en pouces, & sur lesquelles on fait glisser une traverse mobile E F, qui s'arrête avec des vis, à telle hauteur que

l'on souhaite. Au milieu de cette traverse est un trou, dans lequel on retient une boule d'yvoire d'un pouce
de diamétre, par le moyen d'une
pince à ressort G; la boule H, semblable à la précédente, est suspendue
par un fil à la moitié de la distance
entre la cuvette & la traverse mobile : & le fil de suspension est arrêté de
maniére que, quand on lâche la boule G, l'autre commence à tomber en
même tems.

EFFETS.

Les deux boules ayant commencé à tomber en même tems, n'aché-
vent leur chûte que l'une après l'autre, & la boule H, qui arrive la premiére sur la terre molle, y fait un enfoncement, qui est beaucoup moindre
que celui de la boule G qui arrive
après.

EXPLICATIONS.

L'enfoncement que chaque boule
fait dans la terre molle, est le produit de son effort ; cet effet exprime
la force actuelle du mobile à la fin
de sa chûte ; cette force ne peut ve-

nir que de sa masse & de son degré de vîtesse : mais les masses sont égales ; si les forces sont différentes, c'est donc que la boule *G*, en achevant de tomber, avoit plus de vîtesse que la boule *H*.

V. EXPERIENCE.

PREPARATION.

Le tiroir de la machine que nous venons de décrire ci-dessus, ayant été tiré un peu en-avant, afin qu'une nouvelle boule puisse tomber sur un endroit où la terre molle n'ait point été enfoncée ; on arrête la traverse mobile à un pied d'élévation au-dessus de la caisse, pour faire tomber une boule de cuivre qui pése 3 onces ; ensuite on éléve la traverse à trois pieds, pour faire tomber sur une nouvelle place, une autre boule de cuivre creuse, de même diamétre que la premiére, & qui ne pése qu'une once.

EFFETS.

En comparant les deux enfoncemens, on les trouve parfaitement égaux.

EXPLICATIONS.

Ce que l'expérience précédente n'a fait qu'indiquer en général, celle-ci le démontre avec plus de précision ; car non-seulement elle fait connoître que la vîtesse des corps qui tombent librement, s'augmente par une chûte plus longue, mais elle nous donne la mesure de cet accroissement, en faisant connoître qu'il est proportionnel à la hauteur : c'est ce qui devient évident, quand on fait attention qu'une once de masse a produit le même effet que 3 onces, parce que la hauteur de sa chûte a été 3 fois plus grande.

APPLICATIONS.

Il n'y a pas de paysan qui ne sçache, que la chûte d'une pierre est d'autant plus à craindre qu'elle vient de plus haut, & que les corps fragiles courent plus de risque de se rompre en pareil cas. Ces faits sont trop connus pour mériter qu'on s'y arrête. Nous remarquerons seulement, que comme dans notre expérience une plus grande masse, venant d'une moindre hauteur, a produit le même effort qu'une moindre maffe qui venoit de plus haut ; on peut choifir entre ces deux moyens, lorfqu'il s'agit d'emprunter la puiffance d'un mobile qui doit agir par fa chute : car il eft fouvent avantageux de pouvoir fubftituer du poids à une grande élévation.

Il n'eft pas douteux, par exemple, que des marteaux employés à force de bras avec une vîteffe fuffifante, ne vinffent à bout d'enfoncer des pilotis, de forger des ancres, de battre le fer des mines dans les forges où on le prépare en grand, &c. mais il en coûte bien moins de dépenfe en faifant tomber d'une hauteur médiocre des maffes très-péfantes, dont le mouvement eft animé & réglé le plus fouvent par la force de l'eau, ou par celle du vent.

Nous venons de voir en général que la chûte des corps s'accélére dans tous les inftans ; voyons maintenant par des expériences quelle eft la progreffion de cet accroiffement de vîteffe.

VI. EXPER.

VI. EXPERIENCE.

PREPARATION.

A B & *C D*, *Fig.* 10. font deux cordes de metal ou de boyaux d'environ 12 pieds de longueur, fortement & parallelement tendues à quelques pouces de diftance l'une de l'autre, & faifant avec l'horizon un angle d'environ 22 dégrés ½; *G* eft un mobile qui gliffe fort librement par le moyen de deux petits rouleaux fur la corde *A B*, & fon centre de péfanteur eft plus bas que la corde, afin que la pointe qui eft à fa partie fupérieure garde toujours la même fituation; *H* eft un pendule un peu péfant qui fe meut fur deux pivots *A, a,* & dont la verge excéde un peu vers *f*. La longueur du pendule doit être telle qu'il faffe juftement une vibration, pendant que le mobile *G* parcourt la neuviéme partie de la corde *A B*; pour s'en affurer il faut avoir une petite régle de bois, qui ferve à mefurer la corde en neuf parties égales; & placer vis-à-vis la premiere de ces parties, & fur la corde *C D* un petit timbre *K*, dont le portant gliſſe & s'arrête avec une vis, à telle diſtance que l'on veut. Il doit auſſi avoir un petit marteau, que le mobile *G* détende en paſſant. D'une autre part le pendule *H* fait ſonner de même un autre timbre *I* dont le ton eſt différent ; & la queue de la verge qui excéde en *f*, fait lâcher en paſſant un petit fil de ſoie qui retient le mobile *G* ; de ſorte que quand tout eſt bien ajuſté, le mobile *G* ne part, que quand le pendule fait ſonner ſon timbre *I* pour la premiere fois, & l'autre timbre *K* ne ſonne ſon premier coup que quand le pendule fait entendre le ſecond coup du ſien : ainſi entre le premier & le ſecond coup du timbre, il s'écoule un tems dont on a la meſure, & pareillement pendant ce tems le mobile parcourt un eſpace connu. On recule enſuite le timbre *K* juſqu'à ce que l'eſpace parcouru par le mobile *G* ſoit fixé par le deuxiéme tems : c'eſt-à-dire, juſqu'à ce que le troiſiéme coup du timbre *I* s'accorde avec celui du timbre *K* que l'on a reculé ; & ainſi de ſuite. Et en meſurant les eſpaces parcourus, on les compare avec les tems.

E F F E T S.

Pendant la premiere vibration du pendule, le mobile G parcourt la neuviéme partie de la corde ; s'il continue de se mouvoir, de suite pendant le second tems, il parcourt trois fois autant d'espace, & dans le troisiéme, cinq fois, de sorte que sa vîtesse est accélerée, puisque dans des tems égaux il mesure des espaces qui vont en augmentant, & le progrès de cette accélération suit les nombres impairs 1, 3, 5, 7, 9, &c. ce qui fait dire que les espaces parcourus, à commencer du premier instant de la chûte, répondent au quarré des tems : car à la fin du second tems on trouve pour le nombre des espaces 4, qui est le quarré de 2 ; & à la fin du troisiéme, 9 qui est le quarré de 3.

E X P L I C A T I O N.

Si la pésanteur étoit une force externe ou comme telle, c'est-à-dire, que son action sur le mobile qu'elle anime, fût semblable à un coup de marteau qui produit dans le premier choc tout ce qu'il peut faire ; la vîtesse du corps grave seroit toujours égale & uniforme (abstraction faite des obstacles étrangers.) Car pourquoi changeroit-elle, si rien ne la diminuoit, & si la puissance qui l'a fait naître, ne continuoit d'agir ? Mais la pésanteur, comme nous l'avons déja dit, est une force qui suit le mobile, & qui répéte sur lui ses impulsions à chaque instant. La vîtesse d'un corps qui tombe, n'est donc pas seulement celle qu'il avoit en commençant à descendre, mais la somme de celles qu'il a acquises, pendant tout le tems de sa chûte.

Quand le mobile G de notre expérience parcourt l'espace A 1, c'est la pésanteur qui le fait descendre ; par conséquent si l'on subdivise le tems qu'il employe pour faire ce chemin, on doit concevoir qu'à chaque instant il a reçu une nouvelle vîtesse, & que quand il est arrivé au chiffre 1, sa vîtesse actuelle est plus grande que lorsqu'il est parti du point A.

Pour sçavoir précisément ce que vaut cette augmentation, supposons que la ligne A B, Figure 11. représente ce premier tems divisé en 6

inſtans égaux ; & exprimons les petits eſpaces parcourus pendant ces
inſtans, par autant de lignes perpendiculaires à *A B*. Si dans le premier
inſtant, la péſanteur fait parcourir au
mobile un eſpace égal à *c c*, celui
qu'il parcourra pendant l'inſtant ſuivant *d d*, ſera double, parce que l'impulſion du ſecond inſtant, ſe joignant à celle du premier qui ſubſiſte
toujours, doublera la vîteſſe, & ainſi
de ſuite : l'inſpection ſeule de la figure ſuffit, pour faire comprendre, que
les vîteſſes acquiſes ſont comme le
nombre des inſtans.

Imaginons maintenant qu'au commencement du ſecond tems exprimé par *B C* égale à *A B*, la péſanteur ceſſe d'agir ſur le mobile, il con-
tinuera de deſcendre ſans accélération, en parcourant autant d'eſpaces
ſemblables à *B D* qu'il y a dans *B C*
de parties égales à celles du premier
tems *A B*. Mais la ſomme de ces lignes eſt double de celles du premier
tems, comme il eſt facile de le voir
en partageant le quarré *B D C E* en
deux triangles ; il eſt donc démontré,
que le mobile, en vertu des vîteſſes

acquises pendant le premier tems, est en état de parcourir un espace double de celui qu'il a parcouru. Ainsi quand le mobile *G* de notre expérience est parvenu à la fin du premier espace, quand bien même il n'acquerroit plus de nouvelles vîtesses, pendant la seconde vibration du pendule, il s'avanceroit jusqu'au chifre 3.

Mais si la pésanteur continue d'agir, elle doit produire pendant le second tems autant d'effet que pendant le premier. Si l'on ajoute donc sur le côté *D E* qui représente un tems égal à *A B*, des lignes dont le nombre & la longueur soient semblables aux premieres *c c*, *d d*, &c. on aura, pour les espaces parcourus dans le second tems, les trois triangles *B C D*, *C D E*, & *D E F*, dont la somme égale trois fois *A B D*.

De même quand le mobile *G* part du point 1, il est en état de parcourir dans le second tems deux espaces, en vertu des vîtesses acquises pendant le premier tems, & un troisiéme, en conséquence de la nouvelle impulsion qu'il reçoit à chaque tems,

& de cette maniere il parvient au chifre 4.

La même chofe fe paffe pour tous les autres tems ; & pour peu qu'on y faffe attention ; on voit que le quatriéme, neuviéme, feiziéme efpaces parcourus, répondent au deuxiéme, troifiéme, quatriéme tems, & que les quantités qui appartiennent à chaque tems, prifes féparément, foit entr'elles comme les chifres 1, 3, 5, 7, &c.

Il fuit de-là qu'un corps qui eft tombé d'une certaine hauteur, fe trouve avoir à la fin de fa chûte, un degré de vîteffe, tel qu'il lui faudroit, pour remonter auffi haut, fi quelque caufe changeoit fa direction. Et s'il remonte en effet avec fa vîteffe acquife, fon mouvement eft retardé en montant, comme il a été accéléré en defcendant.

Car fuppofons, par exemple, que le corps A, *Fig.* 12. foit arrivé en B par une vîteffe accélérée, c'eft-à-dire, en parcourant dans le premier tems l'efpace 1, & dans le fecond, l'efpace 2, trois fois plus grand; s'il remontoit en vertu de la vîteffe actuelle qu'il a

& que la péfanteur ceffât d'agir fur lui, il remonteroit dans le premier tems de *B* en *A*.

Mais fi la péfanteur vient à retarder ce mouvement, elle agira fur le mobile qui monte, comme fur celui qui defcend ; elle lui donnera de haut en bas, une tendance capable de le faire defcendre de la quatriéme partie de *A B*. Ainfi au lieu de remonter jufqu'en *A*, il n'arrivera que en *C* ; & dans le tems fuivant, la même tendance qu'elle continue de lui donner, étant trois fois plus grande, il ne fera en montant que la troifiéme partie de ce qu'il a fait dans le premier tems ; il arrivera donc en *A* en deux tems : & les efpaces qu'il parcourra feront 3 & 1. D'où l'on voit, que la vîteffe d'un corps qui remonte, eft retardée par la péfanteur felon la progreffion des nombres impairs 1, 3, 5, 7, &c.

APPLICATIONS.

Ce que nous venons d'enfeigner par l'expérience précédente, touchant l'accélération des corps graves, & touchant les loix de cette accélération,

célération, fe trouve exactement vrai dans la fpéculation : dans la pratique même, les différences ne font point fenfibles quand on n'é-xamine que des chûtes peu confidé-rables, telles que celles que nous avons employées. Mais fi l'on appli-que cette théorie aux effets naturels, lorfqu'il s'agit de grandes hauteurs, elle n'a pas lieu dans toute fon éten-due à caufe de la réfiftance des mi-lieux ou des autres obftacles qui peuvent retarder la vîteffe des corps qui tombent. Nous en avons déja donné des preuves par la feconde expérience, & nous en avons cité d'autres qui ont été faites en grand, tant en Italie qu'en France & en An-gleterre. En 4 fecondes ¼ une boule de plomb tombe de la hauteur de 272 pieds ; felon la loi de l'accélé-ration que nous venons d'établir, & fans avoir égard à aucune réfiftance étrangere, ce mobile devroit en par-courir 289 ; c'eft donc 17 pieds que la réfiftance de l'air retranche en pa-reil cas, du produit de fon accéléra-tion.

Cette diminution feroit encore plus

considérable, si la boule au lieu d'ê-
tre de plomb étoit de bois, ou de
quelque matiere encore plus légere.
Car nous avons déja fait voir que la
résistance du milieu retarde d'autant
plus le mouvement des corps, qu'ils
ont plus de volume & moins de masse; & l'on voit aussi par les expériences de M. Desaguilliers que nous
avons déja citées, qu'une boule de
carton de 5 pouces de diamétre,
employa 6 secondes ½ pour tomber
d'aussi haut que la boule de plomb,
au lieu qu'une chûte de cette durée
auroit dû produire 325 pieds, c'est-
à-dire, 53 de plus qu'elle n'a fait.

La chûte des corps ne différe des
autres mouvemens que par sa direction; la résistance des milieux s'y fait
donc appercevoir de même; c'est-à-
dire, qu'il faut avoir égard non-seulement au volume du mobile relativement à son poids, mais encore à
son dégré de vîtesse, & à la densité
du fluide dans lequel il fait sa chûte.
Car il faut plus de force ou de tems
pour déplacer de l'eau, que de l'air
en pareille quantité. Il arrive de-là
que quand un corps a acquis par son

accélération un certain dégré de vîteſſe qui le met en équilibre avec le
milieu réſiſtant ; il continue de s'y
mouvoir uniformément.

Les corps qui tombent arrivent
plutôt ou plus tard à ce mouvement
uniforme, ſelon la denſité des milieux
qu'ils traverſent , ou ſelon qu'ils ont
plus ou moins de volume avec la même maſſe. C'eſt pourquoi ſi l'on jette
par une fenêtre des corps de différens
poids , comme des fragmens de papier , de bois , de pierre , on peut
remarquer que les premiers après
avoir accéleré dans l'eſpace de 12 ou
15 pieds, tombent enſuite d'un mouvement ſenſiblement égal ; la grêle
tombe plus vîte que la pluye , & la
pluye plus vîte que la neige par la
même raiſon. Sans ces retardemens
l'eau du Ciel qui fertiliſe la terre ,
& dont la nature diſpoſe ſelon nos
beſoins , déſoleroit continuellement
nos campagnes & nos habitations ;
& la plus petite grêle , par l'extrême vîteſſe de ſa chûte , ſeroit un far-
deau à craindre pour nos têtes.

Ce que la réſiſtance des milieux
retranche de l'accélération de la pé-

santeur dans les corps qui descen‑
dent, elle l'ajoûte à son retardement
dans les corps qui se meuvent de bas
en haut. Ainsi le corps B, *Fig.* 12.
qui, en vertu de sa vîtesse acquise,
pourroit remonter jusqu'au point A
d'où il est descendu, s'arrêtera plus
bas à cause du milieu qui lui résiste,
& qui détruit une partie de son mou‑
vement. Quand on laisse tomber une
balle d'yvoire sur un marbre, ces
deux corps fussent-ils d'une élasticité
parfaite, il ne faudroit pas s'attendre
que la balle remontât jusqu'au lieu
de son départ ; l'expérience est tout‑
à-fait d'accord avec cette théorie.

II. SECTION.

Des Phénomenes où le mouvement
est composé de la pésanteur & de
quelque autre puissance.

SI l'on se rappelle ici ce que nous
avons dit du mouvement com‑
posé, on n'aura plus que des appli‑
cations à faire des principes généraux
que nous avons établis ; car la pésan‑

teur est une puissance dont la direction & l'intensité sont connues par
ce que nous venons d'enseigner. Si
l'on connoît les autres forces qui
contribuent avec elle au mouvement
d'un corps, les différens effets qui
peuvent en résulter seront toujours
conformes aux loix du mouvement
composé, que nous avons établies
dans la Leçon précédente. Parcou-
rons les cas les plus généraux & les
plus intéressans.

Quand un corps n'obéit pas pleinement à sa pésanteur, tant pour la
direction que pour l'intensité, c'est
qu'il est retenu par quelque obstacle,
ou sollicité par quelque force active
qui agit directement ou indirecte-
ment contre cette premiere puissance.

Si l'obstacle est directement opposé à la pésanteur, & qu'il soit invincible, comme le fil qui suspend la boule A, Fig. 13. ou bien le plan horizontal qui l'empêche de passer outre, c'est un mobile qui se trouve
entre deux puissances égales, opposées dans la même ligne, sçavoir l'action de sa gravité, & la réaction du

point fixe auquel il est suspendu, ou du plan sur lequel il repose ; & nous avons dit qu'en pareil cas, le mobile reste en repos. Ou bien si l'obstacle peut céder à la pésanteur, c'est le cas de deux forces dont l'une obéit suivant l'avantage que l'autre a sur elle ; le mouvement demeure simple, mais seulement retardé, comme il arrive quand les corps graves tombent par des milieux résistans.

Les corps graves à qui les obstacles ne cédent qu'insensiblement comme le poids d'une horloge, d'un tournebroche, &c. ne laissent appercevoir aucune accélération dans leur chûte, parce que dans ces sortes de machines le mouvement est moderé par des moyens qui à chaque instant raménent le mobile à sa vîtesse initiale, c'est-à-dire, à ce dégré de vîtesse infiniment petit, avec lequel il commenceroit à tomber s'il étoit libre.

Pour concevoir comment un corps peut tomber long-tems, & de suite, sans accélerer son mouvement, qu'on se représente une boule qui tombe par un escalier dont les marches sont un peu larges, & de maniere qu'en

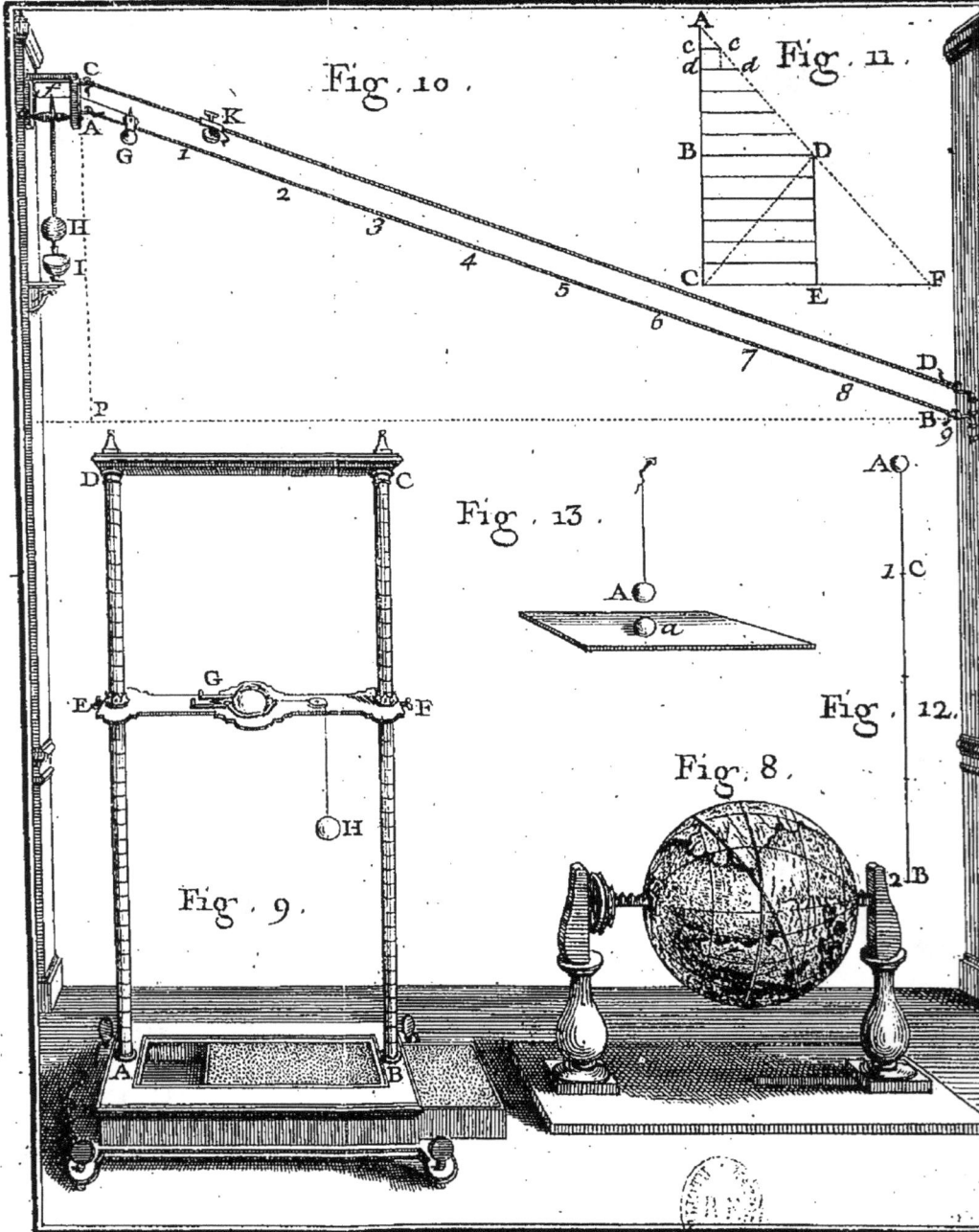

Fig. 10.

Fig. 11.

Fig. 13.

Fig. 12.

Fig. 8.

Fig. 9.

Dessiné et gravé par Morelli.

tombant de la premiere fur la feconde, il n'acquiert que la vîteffe néceffaire pour gagner le bord en roulant,
& pour tomber fur la troifiéme, &
ainfi des autres ; il eft évident qu'à la
centiéme marche fa chûte fera femblable à celle qu'elle a faite à la premiere, parce que comme on le fuppofe, chaque fois qu'elle a roulé horizontalement, elle a perdu la vîteffe
qu'elle avoit acquife par la chûte précédente. Il arrive à peu près la même
chofe, quoique moins fenfiblement,
au poids d'une pendule ; quand une
dent du rochet échappe aux paletes,
la fufée tourne un peu, la corde file
d'autant, & le poids fait une petite
chûte que les yeux n'apperçoivent
pas, à caufe de fon peu de durée,
mais qui eft pourtant plus prompte à
la fin qu'au commencement ; la réfiftance qu'éprouve la dent fuivante
jufqu'à ce qu'elle échappe, confom-
me bien-tôt cette petite augmentation de vîteffe, & la feconde chûte
fe fait comme la premiere, c'eft-à-
dire, comme fi le mobile partoit du
repos.

Si quelque chofe oblige un corps

grave à defcendre par une ligne oblique à l'horizon, ou c'eft un obftacle
dont la réaction fe proportionne aux
efforts de la péfanteur, comme un
plan incliné, ou un fil qui tient le
mobile fufpendu ; ou bien c'eft une
force active qui a fa mefure déterminée, comme l'effort du bras qui jette
une pierre, ou celui de la poudre
enflammée qui fait partir une balle
de moufquet. Examinons en détail
ces deux cas dans les Articles fuivans.

ARTICLE PREMIER.

De la chûte des corps par des plans inclinés.

LE plan incliné dont il eft ici
queftion, eft celui qui n'eft ni vertical comme *a p*, *Fig.* 14. ni horizontal
comme *p C*, mais qui comme la ligne
a C, forme un triangle avec les deux
premieres lignes.

Le plan incliné l'eft d'autant moins
qu'il s'éleve davantage au-deffus du
plan horizontal ; ou, ce qui revient
au même, que la ligne *a p* eft plus
longue par rapport à *p C*. Ainfi le plan
a C, eft plus incliné que *a D*.

Quand un mobile defcend par un plan incliné, c'eft la même chofe qu'il foit foutenu par un plan folide dont l'inclinaifon foit conftante, ou qu'il foit toujours proportionnellement tiré par une puiffance dont la direction faffe à tous les inftans un angle femblable avec celle de la péfanteur, comme *F A* ou *f a*.

Un corps grave qui eft obligé de defcendre ainfi par une ligne oblique à l'horizon, doit être confideré comme obéiffant à deux forces dont les directions font différentes, & fon mouvement doit fe compofer felon les loix que nous avons établies dans la Leçon précédente : les effets que nous avons à examiner ici, n'en font que des applications & des exemples.

Suppofons donc que *A P* repréfente la péfanteur, c'eft-à-dire, l'efpace que parcourroit le mobile *A* dans le premier tems de fa chûte, s'il tomboit librement ; & que *A F* foit une autre puiffance qui le tire en avant & obliquement : en formant fur ces deux premiers côtés le parallélogramme *P A F a*, comme nous l'avons enfeigné, la petite diagonale

A a donnera & la direction & la quantité du mouvement compofé. Ainfi
l'on voit qu'à la fin du premier tems
le mobile fera en *a*, c'eft-à-dire,
beaucoup moins bas qu'il ne feroit
s'il n'avoit fuivi que l'impulfion de fa
péfanteur.

Si l'on veut fçavoir quel fera le
produit du fecond tems, il faut repréfenter les deux puiffances par des
lignes trois fois plus longues ; car la
péfanteur qui auroit fait tomber le
mobile par *A P* dans le premier tems,
lui auroit fait parcourir *a p* trois fois
plus long dans un pareil tems pris de
fuite.

Cette augmentation de puiffances,
fi leurs directions ne changent point
de rapport, donnera pour le fecond
tems la diagonale *a b*, trois fois plus
longue que *A a* ; & dans le même
alignement : & fi l'on continue la
même opération, on aura enfin par
la fuite de ces diagonales le plan incliné *A C.*

Si l'on change la direction de la
puiffance qui fait obftacle à la péfanteur, & qu'elle devienne comme *c a*
ou *d a*, le parallélogramme change,

& par conféquent le mouvement compofé qui eft exprimé par la diagonale. Le mobile au lieu de defcendre par *a b*, tombera par *a g* ou *a h*, de forte que fi ce changement de direction alloit jufqu'à faire agir l'obftacle perpendiculairement au penchant de la péfanteur comme *e a*, alors la chûte du mobile ne feroit nullement retardée, au lieu qu'elle le feroit totalement fi la réfiftance fe faifoit dans un fens directement contraire comme *i a*, ce qui n'a pas befoin d'être expliqué.

De ces principes il fuit, 1°. qu'un corps ne tombe jamais auffi vîte par un plan incliné, que par la ligne verticale, qui eft fa direction naturelle. car au lieu de parcourir *A P* dans le premier tems, on voit qu'il ne defcend que de la quantité *A k*; & aucun des points *b g h* n'eft auffi bas que *p*.

2°. Que plus le plan eft incliné à l'horizon, plus la chûte eft retardée : car en defcendant par le plan *a C*, le mobile ne parcourt que la ligne *a b*, dans le tems qu'il parcourroit la ligne *a g*, s'il defcendoit par le plan *a D* moins incliné ; & fi le plan étoit tout-à-fait horizontal, il auroit beau fe mouvoir, fa chûte feroit abfolument nulle.

3°. Que la péfanteur, quoique retardée, accélere la chûte des corps fuivant les mêmes loix & les mêmes proportions, que la péfanteur qui agit feule & avec liberté. Car on voit que la ligne *a b*, produit du fecond tems, eft trois fois plus grande que *A a*, produit du premier. Cette différence eft femblable à celle des lignes *A P* & *a p* qui expriment des chûtes libres.

4°. Que l'on peut comparer la vîteffe d'un mobile qui defcend par un plan incliné, à celle du même corps, qui tomberoit librement par la ligne verticale, où les dégrés de vîteffe de deux corps qui parcourent des plans différemment inclinés, puifqu'on fçait la quantité de la chûte pour chaque inftant pris de fuite, comme *A a*, *a b*, fur un plan dont on connoît l'inclinaifon, & la différence de ces quantités fur différens plans, comme *a b*, *a g*, en tems égaux. Ainfi en prenant pour terme de comparaifon le tems que le mobile mettroit à tomber perpendiculairement de la hauteur du plan *a p*, on trouve que la durée de sa chûte par le plan incliné est plus longue de la même quantité dont le plan *a C* ou *a D*, excéde en longueur la ligne *a p*. Rendons ceci sensible par une expérience.

PREMIERE EXPERIENCE,

PREPARATION.

Il faut disposer les cordes de la *Figure* 10. de maniere qu'elles forment un plan incliné *A B* qui ait deux fois autant de longueur que de hauteur, & ajuster le pendule de maniere qu'il fasse une vibration pendant qu'une balle d'yvoire tombe de la hauteur *A P*. Si le mobile *G* part en même tems que cette balle,

EFFETS.

Il n'arrivera au bout du plan incliné qu'à la fin du second tems ; c'est-à-dire, que la durée de sa chûte est à celle de la balle d'yvoire, comme la longueur du plan incliné qu'il parcourt, est à sa hauteur,

* Fig. 14. Si l'on conçoit *a p* , * hauteur du plan incliné comme le diamétre d'un cercle, & que l'on prenne cette ligne pour le produit de la chûte perpendiculaire dans un tems donné, la demie circonférence de ce cercle passera par l'extrémité de toutes les chûtes obliques *b* , *g* , *h* ; cette méthode une fois connue, est plus simple pour sçavoir tout d'un coup le rapport de la chûte oblique *ML* , *MN* , &c. *Fig.* 15. avec la chûte perpendiculaire *MP*. C'est une abbréviation de la régle que nous avons donnée d'abord , & elle suffit, quand on connoît l'inclinaison du plan.

Il suit de-là cette proposition génerale. *Qu'un corps employe pour descendre obliquement par la corde quelconque d'un cercle , autant de tems qu'il lui en faudroit pour tomber par le diamétre entier de ce même cercle posé verticalement.*

Cela est démontré pour les cordes qui partent du point *M*, *Fig.* 15. par ᵃ Fig 14 ce qui a été dit touchant *a b* , *a g* , * &c. & la même preuve vaut pour *OP*, *QP* & semblables , puisqu'étant paralleles à *ML* , *MN* , &c. elles leur font égales en longueur & en inclinaison : une expérience rendra cette démonstration plus facile à faisir.

II. EXPERIENCE.

PREPARATION.

La machine qui est représentée par la *Figure* 16. est un grand cercle, dont le diamétre qui a environ 3 pieds ½, est terminé par deux trous qui reçoivent succeffivement une alidade *B C* creufée en forme de gouttiere, & qui tournant fur le point *A* & fur le point *B* alternativement, peut mefurer toutes les cordes du cercle. Il faut avoir deux balles de cuivre ou de plomb qui ayent environ 6 lignes de diamétre, dont l'une fe place en *A*, fous une petite pince à reffort *D*, qui ne la laiffe tomber que quand on tire le fil de la détente. Quand on veut difpofer l'autre balle, pour defcendre par une corde qui tende au point *B*, on y place le centre de l'alidade, & l'on met la balle fous une pince femblable à la premiere, retenue par une bride qui gliffe & qui s'arrête où l'on veut par le moyen d'une vis *E*. Cette

même bride porte par derriere une
efpéce de cocq qui embraffe la circonférence du grand cercle, & qui
fert à fixer l'alidade à tel dégré d'inclinaifon que l'on fouhaite. Lorfqu'on veut faire defcendre la feconde
balle par une corde venant du point
A, il faut y placer l'alidade, & une
balle dans la goutiere précifément
au centre du mouvement, de maniere qu'on l'apperçoive par le trou *A*.
On met dans cet œil un petit cylindre de bois qui s'y meut avec liberté, & fur lequel on pofe l'autre balle
que l'on retient avec la pince à reffort, & alors la même preffion fixe
les deux balles à caufe de l'interpofi-
tion du petit cylindre. Un curfeur
qui gliffe fur l'alidade, termine la
gouttiere à l'endroit où finit la corde
que l'on mefure.

EFFETS.

L'alidade étant placée comme *B C*,
dès qu'on tire le fil qui tient aux deux
détentes, les deux balles tombent
en même tems, & fe rencontrent en
B ; & cet effet ne varie point quoique

que la corde du cercle devienne plus longue ou plus courte, par le changement d'inclinaison de l'alidade ; de même si l'alidade est placée en *A*, les deux balles arrivent en même tems l'une en *B*, l'autre en *F*, à quelque distance que *F* soit du point *A* dans la circonférence du cercle, ce qui s'apperçoit, parce que la balle qui frappe l'obstacle qui est dans la goutiere, & celle qui touche le point *B*, ne font entendre qu'un même coup.

EXPLICATIONS.

Ce que nous avons dit ci-dessus, nous dispenseroit d'expliquer cette expérience, si l'on s'est donné la peine de suivre les démonstrations ; mais si l'on se contente de sçavoir en général, pourquoi en pareil cas un mobile met autant de tems à faire un court chemin qu'un plus long, (ce qui semble un paradoxe,) il faut faire attention qu'un corps grave en tombant, ne fait jamais plus de chemin que quand il descend perpendiculairement à l'horizon ; qu'il n'en fait au contraire jamais moins que lorsqu'il

eſt ſur un plan preſqu'horizontal;
puiſque ſi l'alidade étoit diſpoſée
comme *B e*, ou *A f*, la balle ne deſcendroit point du tout : & qu'ainſi les lignes décrites par ſa chûte dans un
tems fixe, doivent être d'autant plus
courtes qu'elles ſont plus inclinées à
l'horizon, ou (ce qui eſt la même
choſe) qu'elles s'écartent plus de la
direction verticale.

APPLICATIONS.

Puiſque le plan incliné eſt toujours
plus long que le plan vertical à hauteur égale, il eſt aiſé de voir qu'un
eſcalier, une rampe douce, une é-
chelle dreſſée obliquement, ne ménent point à une certaine élévation,
par la route la plus courte. Cependant tous les jours on choiſit ces
moyens par préférence à ceux qui
pourroient faire gagner du tems.
Quand il s'agit, par exemple, d'arriver en voiture à quelque endroit fort
élevé, ou de faire monter de grands
fardeaux, comme des tonneaux de
vin qu'on tire d'une cave, ou des
blocs de marbre que l'on méne du
bateau ſur le port, &c. c'eſt preſque

toujours par des plans inclinés, qui exigent plus de tems qu'une afcenfion plus directe. Il y a donc une raifon qui détermine à perdre du tems ; car naturellement les moyens les plus prompts font ceux que l'on aime le mieux. Oui, fans doute ; fi le plan incliné retarde la vîteffe des corps qui defcendent, il faut moins d'effort pour arrêter leur chûte ; & quand ils font ainfi foutenus, leur poids eft toujours plus facile à vaincre, foit qu'on veuille les tenir en repos, foit qu'on fe propofe de les tranfporter de bas en haut. Quand on choifit de pareils plans pour élever les corps, ou pour rallentir leur chûte, le tems qu'on employe de plus, eft donc moins une perte, qu'un échange de la vîteffe en force ; la liberté de choifir entre l'une & l'autre eft d'un grand avantage dans les méchaniques. Nous pourrions examiner ici quel rapport il y a entre la vîteffe que l'on perd, & la quantité de force qu'on eft difpenfé d'employer fur un mobile, quand on le fait defcendre ou monter par un plan incliné ; mais, c'eft une queftion qui trouvera na-

turellement fa place, lorſque nous
traiterons des machines qui ſervent à
employer le mouvement.

Si la vîteſſe actuelle d'un corps qui
deſcend par un plan incliné, eſt toujours moindre que celle du mêmc
corps qui tomberoit perpendiculairement, il eſt vrai de dire qu'à chaque point de ſa chûte oblique, la
vîteſſe acquiſe eſt égale à celle qu'il
auroit, s'il étoit tombé perpendiculairement d'une hauteur ſemblable : toute la différence qu'il y a, c'eſt qu'il
lui faut plus de tems pour acquérir
cette vîteſſe par un mouvement oblique, que par un mouvement direct
à l'horizon.

Quand le mobile *A*, *Fig.* 17. eſt
en *a*, il a donc la même vîteſſe qu'il
auroit s'il étoit tombé directement
d'*A* en *a*, ou d'*M* en 1 ; quand il eſt
en *b*, comme s'il venoit de *B*, par
une ligne qui eſt égale à *M* 2 ; & à
la fin de la chûte par *A a*, *a b*, *b* 3,
la ſomme de ſes vîteſſes acquiſes
eſt égale à celle que lui auroit pro-
curée une chûte verticale par *M* 3,
ce qui vient de ce que la hauteur verticale de cette derniére chûte eſt éga-

le à celle des trois premiéres prises ensemble, & que l'accélération par le plan incliné est proportionnelle à celle d'une chûte verticale & libre.

Or nous avons dit que la chûte accélérée donne au mobile une force capable de le faire remonter aussi haut que le lieu d'où il est descendu; & comme cette accélération suit les mêmes loix dans la chûte oblique, comme dans la chûte perpendiculaire à l'horizon, cette proposition que nous n'avons fait qu'énoncer, sera prouvée si nous faisons voir par des expériences qu'un corps remonte autant qu'il a descendu, dans quelque direction que se fassent sa chûte & son ascension. Mais afin de tout prouver en même tems, il faut dire un mot de la descente des corps graves par les courbes.

Nous avons déja dit ailleurs qu'une ligne courbe doit être considérée comme un assemblage de petites lignes droites contiguës, & inclinées les unes aux autres; on peut donc regarder aussi le mobile qui descend, ou qui remonte par une courbe, comme parcourant plusieurs petits plans inclinés entre eux ; & en appliquant successivement à toutes ces parties diversement inclinées, tout ce que nous avons dit d'un seul plan dont l'inclinaison seroit uniforme, il sera aisé d'appercevoir la cause des variations que les différentes courbures font naître, dans le mouvement des corps graves, soit de haut-en-bas, soit de bas-en-haut.

Pour bien entendre ceci, suppo-fez que le quart de cercle *A E D*, *Fig.* 18. soit composé de 4 lignes droites: le mobile en les parcourant sera soutenu sur des plans d'autant plus inclinés, qu'il approchera plus du terme de sa chûte *D*, & il est évident, après tout ce que nous avons dit ci-deffus, que si l'effet de la péfanteur étoit uniforme, il mettroit beaucoup moins de tems à parcourir la partie *A B*, que *E C*, ou *C D*, parce que cette premiére ligne s'écarte bien moins que les autres de la direction verticale. Mais à cause de l'accéléra-tion, si le mobile se trouve de *C* en *D*, sur un plan plus incliné, il a aussi plus de vîteffes acquises ; & comme cette vîteffe actuelle du mobile au

point *C*, dépend des vîteſſes particuliéres que l'inclinaiſon des autres
parties lui a permis de prendre, il y
a telle courbe où ces premiéres parties plus approchantes de la direction verticale, rendent le commencement de la chûte plus prompt, &
la vîteſſe totale plus grande : telle eſt
la ligne *FGH*, *Fig.* 19. que l'on nomme *cycloïde*, courbe fameuſe en Géo-
metrie par le grand nombre & l'importance de ſes propriétés, & en méchanique par l'uſage que M.Hughens
en fit, lorſqu'il appliqua les vibrations
du pendule aux horloges.

Un mobile ne tombe donc pas
auſſi vîte par un quart de cercle que
par une cycloïde, parce que le commencement de la courbure dans la
premiére de ces deux lignes, s'écarte
davantage de la direction verticale
que dans l'autre : & que les retardement cauſés ſur la fin par l'inclinaiſon
du plan, ne ſont pas ſuffiſamment
compenſés par les vîteſſes précédemment acquiſes. C'eſt par cette raiſon
qu'on explique un effet qui paroît
encore plus ſingulier ; c'eſt que la
chûte qui ſe fait par la corde qui me-

furé l'arc de cercle comme *HI*, quoique plus courte, est cependant moins
prompte ; ce qui est contraire au pré-
jugé où l'on est, que le chemin le
plus court est toûjours celui qui demande le moins de tems ; à la vérité
cette différence n'est pas grande , elle n'est pas même sensible quand les
cordes & les arcs sont petits.

Il est tems maintenant de prouver
que les corps remontent à la même
hauteur d'où ils font descendus , quelque direction qu'ils ayent eûe en tombant , & par quelque espéce de ligne
qu'on les conduise en remontant.

III. EXPERIENCE.

PREPARATION.

Au centre du grand cercle de la
machine que nous avons employée
dans l'expérience précédente , on attache un pendule fait d'un fil de soie
& d'une balle de plomb qui peut
avoir 7 ou 8 lignes de diamétre , &
l'on calle le pied avec les vis , de
maniére que le fil du pendule en repos soit paralléle à la ligne *A B*. Il
faut avoir 2 aiguilles de fer , qui se
fixent

fixent perpendiculairement au plan
du cercle, l'une aux points *c* & *d*,
Fig. 20. & l'autre aux points *e*, *f*, *g*,
fuccessivement.

EFFETS.

Quand on laisse tomber le pendule librement du point *h*, s'il ne rencontre point d'obstacles fur la ligne
a b, il s'éléve jufqu'en *g*; s'il rencontre une aiguille au point *c*, il remonte en *f*, & fi l'aiguille eft placée en
d, il remonte en *e*; on juge aifément
de l'endroit où il s'éléve en plaçant
en *e*, *f* & *g* une aiguille de fer qu'il
va toucher.

EXPLICATIONS.

La balle du pendule étant tombée
de *h* en *b*, & ne rencontrant point
d'obstacle, employe la vîtesse qu'elle
a acquife par fon accélération, dans
un arc de cercle, qui a le même centre que celui qu'elle vient de décrire; l'aiguille qui fe trouve enfuite au
point *c* ou *d*, devient un nouveau
point fixe, autour duquel elle employe ce qu'elle a de mouvement; &
au lieu de décrire l'arc *b g*, elle re-

monte par *b f* ou *b e*, felon la longueur du rayon qui lui refte, après la
rencontre de l'aiguille ; mais quoiqu'elle remonte par des arcs fort différens, il eft facile de voir qu'elle arrive toujours à même hauteur, car
d e f g font dans la même ligne.

Cette expérience prouveroit trop,
fi le centre de la balle s'élevoit exactement jufques dans la ligne *d g*, parce que la réfiftance de l'air, & quelques petits frottemens inévitables,
lui font perdre un peu de fa vîteffe ;
auffi doit-on faire attention que
quand elle touche l'aiguille placée
au point *e*, *f* ou *g*, il s'en faut de tout
fon demi-diamétre que fon centre
ne foit arrivé à cette hauteur.

APPLICATIONS.

Cette expérience nous conduit
naturellement à dire quelque chofe
de cette efpéce de mouvement qu'on
nomme *ofcillation*. Le fréquent ufage
qu'on en fait dans les horloges, & la
liaifon qu'il a avec la Phyfique, par les
moyens qu'on employe pour l'exécuter, exige que nous faffions connoître ce qu'il importe le plus d'en

fçavoir ; mais nous devons nous bor-
ner à ce qui peut être foumis à l'expérience , & nous renvoyons pour ce
qui eft purement Mathématique ,
aux fçavans ouvrages de Galilée , de
MM. Hughens , de Mairan , &c. &
aux extraits qu'on en a faits.

On appelle *ofcillation* , ou *vibration
de pendule* , le mouvement d'une balle de plomb , ou de quelque autre
corps équivalent , attachée par un fil,
ou par une verge , à un point fixe ,
autour duquel elle décrit un arc ,
comme dans l'expérience que nous
venons d'expliquer.

On diftingue deux fortes de pendules ; le fimple & le compofé.

Le pendule fimple feroit celui dont
le fil de fufpenfion n'auroit aucune
péfanteur , & dont la balle ne péfe-
roit que par un feul point , comme
fi , par exemple , toute fa gravité ré-
fidoit au centre.

Le pendule compofé, eft celui qui
péfe par plufieurs points de fa longueur , comme fi , par exemple , la
même verge de fufpenfion portoit
deux boules , l'une au-deffus de l'autre. Quand il n'y auroit qu'une balle

à la même verge, si cette verge a une péfanteur confidérable, ou que la boule foit grande, (ce qui eft le cas le plus ordinaire dans la pratique), ce pendule alors doit être regardé comme compofé, quoiqu'il foit d'ufage de le nommer fimple. Ce que nous allons dire d'abord touchant la théorie du pendule, doit s'entendre du plus fimple, c'eft-à-dire, de celui dont tout le poids réfideroit au point *h*, *Fig.* 20.

Ce point de gravité qui décrit les arcs, fe nomme *centre d'ofcillation*, & le point *a*, autour duquel il fe meut, s'appelle *centre de mouvement*.

Quand la boule du pendule eft amenée de *b* en *h*, & qu'on la laiffe libre, fa péfanteur qui la follicite à defcendre, & le fil qui la retient toujours à égale diftance du point *a*, lui font décrire l'arc *h b* ; mais un corps qui defcend ainfi par un, ou par plufieurs plans inclinés, acquiert la même vîteffe qu'il auroit, s'il étoit defcendu perpendiculairement de la hauteur *d b* du plan ; il continue donc fon mouvement en remontant en *g*, c'eft-à-dire, à une hauteur égale à

celle d'où il eſt parti. Alors ayant
conſommé toute ſa vîteſſe, il ne peut
point paſſer outre ; il ne peut pas non
plus reſter en repos, parce que ſa péſanteur exige qu'il deſcende ; & comme il eſt dans le même cas où il étoit
au point *h*, il doit retourner de *g*
en *b*, & de *b* en *h*, & ainſi de ſuite
pour les autres vibrations : d'où l'on
voit que rien n'approche plus du
mouvement perpétuel qu'un pendule, puiſque ſans la réſiſtance du milieu, les oſcillations ſeroient toujours
égales, la boule ayant toujours en
b des vîteſſes ſuffiſantes pour remonter à la hauteur, dont il faut qu'elle
deſcende pour en reprendre de pareilles.

Ceci ſe prouve fort bien avec la
machine que nous avons décrite dans
la *Fig.* 17. de la quatriéme leçon,
en employant un fil très-fin & une
balle de plomb de 7 ou 8 lignes de
diamétre ; car en s'y prenant ainſi, on
réduit la réſiſtance de l'air à très-peu
de choſe, & toutes les vibrations
ſe partagent en deux arcs ſenſiblement égaux, à l'endroit le plus bas
de la chûte.

R iij

Nous avons vû précédemment qu'un mobile qui defcend par un arc de cercle, fait fa chûte un peu plus vîte que s'il tomboit par la corde de cet arc, & plus lentement que par une demi-cycloïde renverfée ; mais comme ces deux courbes fe confon-dent dans leur partie inférieure D * ; quoiqu'elles ayent des propriétés différentes l'une de l'autre, il eft évident que fi le pendule ne fait que de petites vibrations, on pourra mefurer fon mouvement par l'arc qu'il parcourt. On fçait qu'il y a toujours une proportion réglée entre un arc de cercle & fa corde, de forte que fi l'une peut être un terme de comparaifon pour la mefure des vibrations, l'autre le pourra devenir auffi.

Or nous avons prouvé ci-deffus que la chûte qui fe fait par la corde quelconque d'un cercle, dure autant que la chûte perpendiculaire par le diamétre entier du même cercle ; il y a donc un rapport conftant entre la durée d'une demi-vibration, & le diamétre du cercle dont elle eft l'arc, ou bien la longueur du pendule qui en eft le rayon.

* Fig. 19.

Le diamétre *f* 3, *Fig:* 17. étant donc placé perpendiculairement à l'horizon, s'il est d'une telle hauteur, qu'un mobile le descende en une seconde, le même mobile fera au bout du rayon *Mb* des demi-vibrations *b* 3, ou 3 *c*, qui dureront chacune une seconde.

Mais si l'on accourcit ou qu'on alonge le pendule, le diamétre du cercle dont il est toujours la moitié, sera plus court ou plus long proportionnellement, & comme il faut plus de tems pour descendre d'une plus grande hauteur verticale, les vibrations dureront aussi plus ou moins, selon que le rayon, au bout duquel elles se feront, fera moitié d'un diamétre de cercle plus ou moins grand.

Enfin quand une fois la durée d'une demi-vibration est réglée, & que l'on sçait par la longueur du pendule, à quelle hauteur perpendiculaire elle répond, il est aisé de sçavoir de quelle hauteur verticale tomberoit le mobile pendant le tems d'une vibration entiére; car puisque ces deux demi-vibrations se font en tems égaux, & que l'accélération se fait selon les

R iiij

nombres impairs, 1, 3, 5, &c. si la première demi-vibration a duré une seconde, & que ce tems réponde à une chûte de 15 pieds, le second tems semblable produira de suite 3 fois 15, c'est-à-dire, 45 pieds, ainsi la somme de la chûte perpendiculaire pendant deux secondes sera de 60 pieds.

IV. EXPERIENCE.

PREPARATION.

On ôte l'alidade de la machine que nous avons représentée par la *Fig.* 16. & l'on y laisse le pendule comme dans l'expérience précédente; on retient la balle à une petite hauteur, comme au point *G*, par le moyen d'une pince à ressort qui se fixe à la circonférence du cercle, on retient de même une autre balle semblable en *A*, & l'on ajuste les détentes de façon qu'en tirant le même fil, on fasse ouvrir en même tems les deux pinces.

La fléche *D H*, que nous avons tronquée dans la figure, doit être as-

sez longue pour y mesurer trois longueurs égales à *A B* , au-dessus du
point *A* , pour y placer la pince &
la balle.

EFFETS.

1°. Quand on fait ouvrir les deux
pinces , la balle *A* , & celle du pendule *G* partent en même tems , & se
rencontrent en *B*.

2°. Si l'on répéte l'expérience en
augmentant beaucoup l'arc du pendule , on observe que la balle *G*
arrive un peu plutôt que l'autre
en *B*.

3°. Si l'on transporte la pince &
la balle *A* au bout de la fléche , de
maniére qu'elle soit 4 fois aussi élevée que le diamétre *A B* ; en répé-
tant ainsi l'expérience , la balle *A* arrive en *B* , lorsque le pendule aché-
ve sa vibration , ce qui peut s'observer aisément , en faisant frapper le
pendule contre quelque obstacle so-
nore , que l'on met un peu plus bas
que le terme de sa vibration.

4°. Si l'on fait osciller deux pendules de même longueur , comme
G,*M**, & que leurs arcs soient égaux, * Fig. 164

202 LEÇONS DE PHYSIQUE

s'ils partent en même tems, ils se
rencontrent toujours ensemble vis-
à-vis de la ligne *D B* ; & au contraire
s'ils sont de différentes longueurs,
comme *G*, *L*, quand bien même ils
partiroient ensemble, le plus court
précéde l'autre.

EXPLICATIONS.

Ces expériences, & les moyens
qu'on employe pour les exécuter,
sont expliquées par tout ce que nous
avons dit ci-dessus touchant le pendule, & l'application en est si aisée
à faire à chaque résultat, que nous regardons comme une chose superflue
de nous y arrêter davantage.

APPLICATIONS.

On sçait de quelle importance est
la mesure du tems, non seulement
dans la vie civile, pour mettre de
l'ordre dans nos actions & régler les
devoirs de la société ; mais encore
dans la plûpart des Sciences, sur-
tout dans l'Astronomie & dans la
Physique, où la durée des effets est
assez souvent le principal objet de notre étude, & le moyen le plus pro-

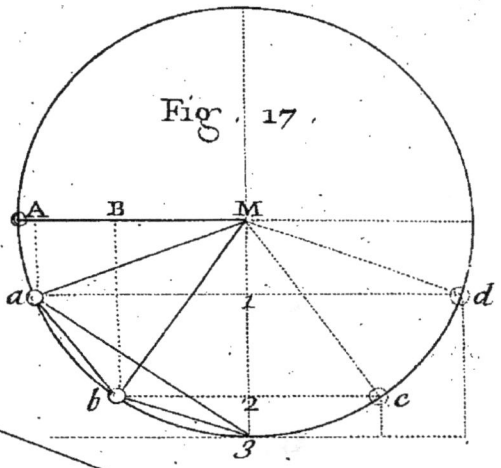

Fig. 17.

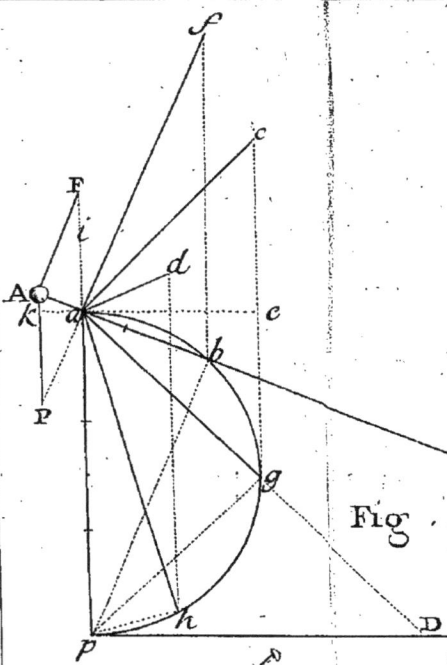

Fig. 14.

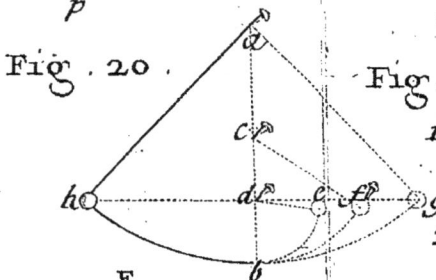

Fig. 20.

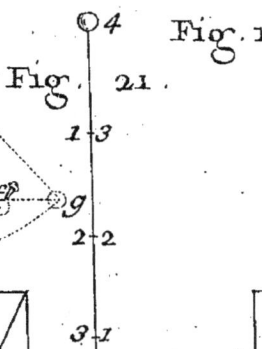

Fig. 21.

Fig. 15.

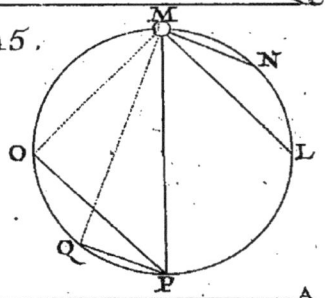

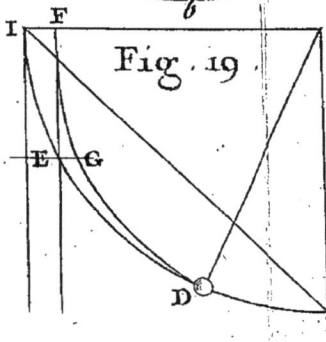

Fig. 19.

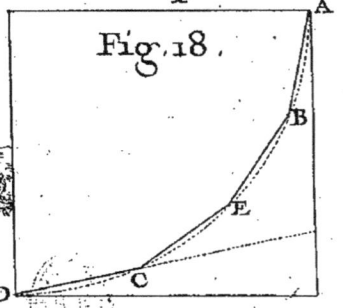

Fig. 18.

D. et G. par Moreau.

pre à nous donner une juste idée de
la cause. Le pendule, comme il paroît par ce que nous venons de prouver, est un instrument qui peut mieux
que tous ceux qui sont connus d'ailleurs, mesurer des parties de tems
fort égales entr'elles, & nous en faire connoître la quantité par la durée
& par le nombre de ses oscillations :
on ne peut trop applaudir à ceux qui
en ont fait la découverte, ou d'heu-
reuses applications.

Galilée n'eut pas plutôt trouvé les
propriétés du pendule, qu'il sentit
l'avantage qu'on en pourroit tirer ;
l'usage qu'il en fit lui-même pour régler ses observations & ses expériences, lui valut une exactitude & une
précision, qu'il auroit eu bien de la
peine à se procurer autrement, &
le dédommagea en quelque sorte du
travail pénible que cette invention
avoit pû lui coûter.

Mais le pendule, tel qu'il l'em-
ployoit, ne pouvoit mesurer qu'une
quantité de tems peu considérable,
parce que la résistance de l'air diminuoit peu-à-peu l'étendue des oscillations, & les faisoit enfin cesser, si

quelqu'un n'avoit soin de ranimer le mouvement. De plus il falloit avoir l'attention de les compter l'une après l'autre, pour en avoir la somme ; & cette sujettion rendoit cette nouvelle mesure du tems impraticable en bien des occasions, de sorte que le pendule n'étoit encore qu'un instrument de Philosophe, dont ne pouvoit profiter le commun des hommes, qui préfére toujours la facilité à l'exactitude, quand l'une & l'autre ne vont point ensemble.

M. Hughens après un travail que les seuls Géométres entendent, fit une application du pendule, dont tout le monde peut profiter ; il le joignit aux horloges pour régler leur mouvement, & cette ingénieuse addition a eu tant de succès, & a été si généralement reçûe, que les horloges de chambre en ont pris le nom de *pendules*.

Pour être en état d'entendre comment un pendule rend une horloge plus exacte, il faut sçavoir que ces sortes d'instrumens sont animés par un ressort, ou par un poids qui met en mouvement un certain nombre de roues, par le moyen defquelles les aiguilles parcourent les graduations du cadran : fi ce mouvement n'étoit point retenu par un modérateur, il feroit trop précipité, & l'aiguille qui marque les heures, ne pourroit jamais aller affez lentement, pour ne faire que deux tours en 24 heures.

Mais fi le modérateur eft fujet à des inégalités, foit qu'il les caufe lui-même, foit qu'il fe laiffe maîtrifer par celles du rouage, ou du reffort qui l'anime, le mouvement fera inégalement modéré, & l'aiguille ne mefurera pas en tems égaux des parties égales du cadran, il y aura des heures qui paroîtront plus longues, ou plus courtes qu'elles ne doivent être.

C'eft à ce modérateur imparfait jufqu'alors, que l'on a fubftitué le pendule, & voici comment.

Comme toutes les roues s'engrennent réciproquement, & qu'elles ne peuvent ni fe mouvoir, ni s'arrêter l'une fans l'autre, fi l'une de ces roues va réguliérement, le mouvement commun de toutes les autres fera régulier. Une d'entr'elles qu'on nomme *rochet*, ou *roue de rencontre*, ne peut tourner que quand une certaine piéce, qui porte deux palettes, ou quelque chofe d'équivalent, fe léve pour laiffer paffer une de fes dents. Si du paffage d'une dent à l'autre il fe paffe toujours des tems égaux, & que la roue foit exactement divifée, il eft évident que le mouvement de cette roue, & celui de toutes les autres aufquelles elle communique, fera parfaitement uniforme. C'eft donc à cette piéce d'*échappement* qu'on a adapté le pendule, afin que fes vibrations, dont la durée eft toujours égale, rectifiaffent les petites irrégularités qui peuvent venir du rouage, ou de l'action du reffort.

Nous avons dit que les ofcillations qui fe font par les arcs du même cercle, ne font point d'une durée parfaitement égale, quand ces arcs font plus grands les uns que les autres: quoique cette différence foit fort petite, & qu'on puiffe la négliger, quand il ne s'agit que d'un tems peu confidérable, cependant après un grand nombre d'ofcillations, ces petites quantités multipliées feroient une fomme fenfible, & cette fource d'er-

reur n'a point échappé à M. Hughens.
Il prévit bien qu'avec le tems le rouage d'une horloge se saliroit, que les
huiles s'épaissiroient, que les frottemens pourroient s'augmenter, en un
mot que le mouvement pourroit se
rallentir, & que le pendule réglé
d'abord pour faire des oscillations d'u-
ne certaine grandeur, les feroit plus
courtes dans la suite. C'est ce qui le
porta à chercher une courbe d'oscillation, dans laquelle il fût absolument
indifférent que le pendule mesurât
de grands ou de petits arcs. Le succès de ses recherches, auxquelles plusieurs Sçavans prirent part, fut aussi
heureux que leur objet étoit curieux
& intéressant pour la Géométrie ; il
trouva que la cycloïde avoit la propriété qu'il cherchoit, & il la substi-
tua au cercle, en mettant au centre
du mouvement du pendule une portion de cette courbe, autour de laquelle le fil qui suspendoit la verge
pouvoit s'envelopper. Mais, comme
nous l'avons fait voir par la *Fig.* 19.
le cercle & la cycloïde se confondent
en la partie inférieure ; les oscillations se font aussi exactement dans le

cercle, fi elles ont peu d'étendue; & c'eft le parti que l'on a pris depuis dans l'Horlogerie, pour éviter une certaine flexibilité qu'il falloit donner à la verge en fa partie fupérieure, pour obéir à la portion de cycloïde qui devoit déterminer la nature de fon mouvement.

Mais fi la Géométrie a fourni des moyens pour rendre les vibrations toujours égales en durée, par la nature ou par la quantité de la courbe dans laquelle elles fe font, des caufes phyfiques les dérangent fouvent, par les changemens qu'elles apportent à la longueur du pendule.

Comme il faut que le pendule maîtrife la piéce principale qui fert à l'échappement, on ne peut pas fufpendre la boule, ou la lentille qui fait les vibrations, avec un fil mince & flexible ; on fe fert ordinairement d'une verge d'acier, qui a environ une demi-ligne d'épaiffeur, & 3 ou 4 lignes de large. Ces deux dimenfions, & fa longueur fur-tout, ne font conftantes que dans une température parfaitement égale; car du plus grand froid au plus grand chaud, un tel

tel pendule devient fenfiblement plus ou moins long, par la dilatation ou par la condenfation du métal, comme nous le ferons voir en parlant des effets du feu. Les ofcillations, par cette feule caufe, feront donc plus lentes en Eté qu'en Hyver ; la même horloge avancera & retardera fuivant les différentes faifons, ou les différens états de l'air dans lequel elle eft.

Le foupçon d'un pareil effet fufpendit le jugement des Phyficiens, fur l'obfervation de M. Richer à la Cayenne ; plufieurs crurent que le retardement du pendule qu'il attribuoit à la péfanteur plus diminuée par la force centrifuge vers l'Equateur, qu'en France, n'étoit qu'un effet de la chaleur du climat qui avoit allongé le pendule, ou diminué la denfité du milieu. Mais les expériences qui ont été faites depuis avec beaucoup de foin par plufieurs perfonnes fort intelligentes, & fur-tout par les Académiciens qui font allés par ordre du Roi tant au Cercle polaire qu'à l'Equateur, pour les mefures qui doivent conftater la figure de la terre ; ces expériences, dis-je, font connoître évidemment que ce n'eſt point la température du climat, mais ſa poſition, qui a obligé M. Richer à raccourcir ſon pendule, parce que l'état de l'air à la Cayenne n'eſt point aſſez différent de la température que nous avons à Paris, eu égard à la correction qu'on eſt obligé de faire au pendule. Car, ſelon M. de Mairan * dont on connoît la ſagacité & l'exactitude, le pendule le plus ſimple qu'on puiſſe exécuter, c'eſt-à-dire, une boule de métal d'un pouce de diamétre ſuſpendue par un fil de pite, doit avoir, pour battre les ſecondes à Paris, 3 pieds 8 lignes & $\frac{17}{10}$ de ligne, à compter du centre d'oſcillation juſqu'à celui du mouvement; & par toutes les expériences qui ont été faites en différens tems, & par diverſes perſonnes, il réſulte conſtamment, qu'un tel pendule ſeroit de plus de deux lignes trop long pour battre les ſecondes dans les climats voiſins de l'Equateur; différence trop grande pour pouvoir être attribuée à la température du lieu; car l'expérience * fait voir qu'une chaleur égale à celle de

* Mém. de l'Acad. des Sc. 1735. p. 203.

* Mém. de l'Acad des Sc. 1735. p. 214.

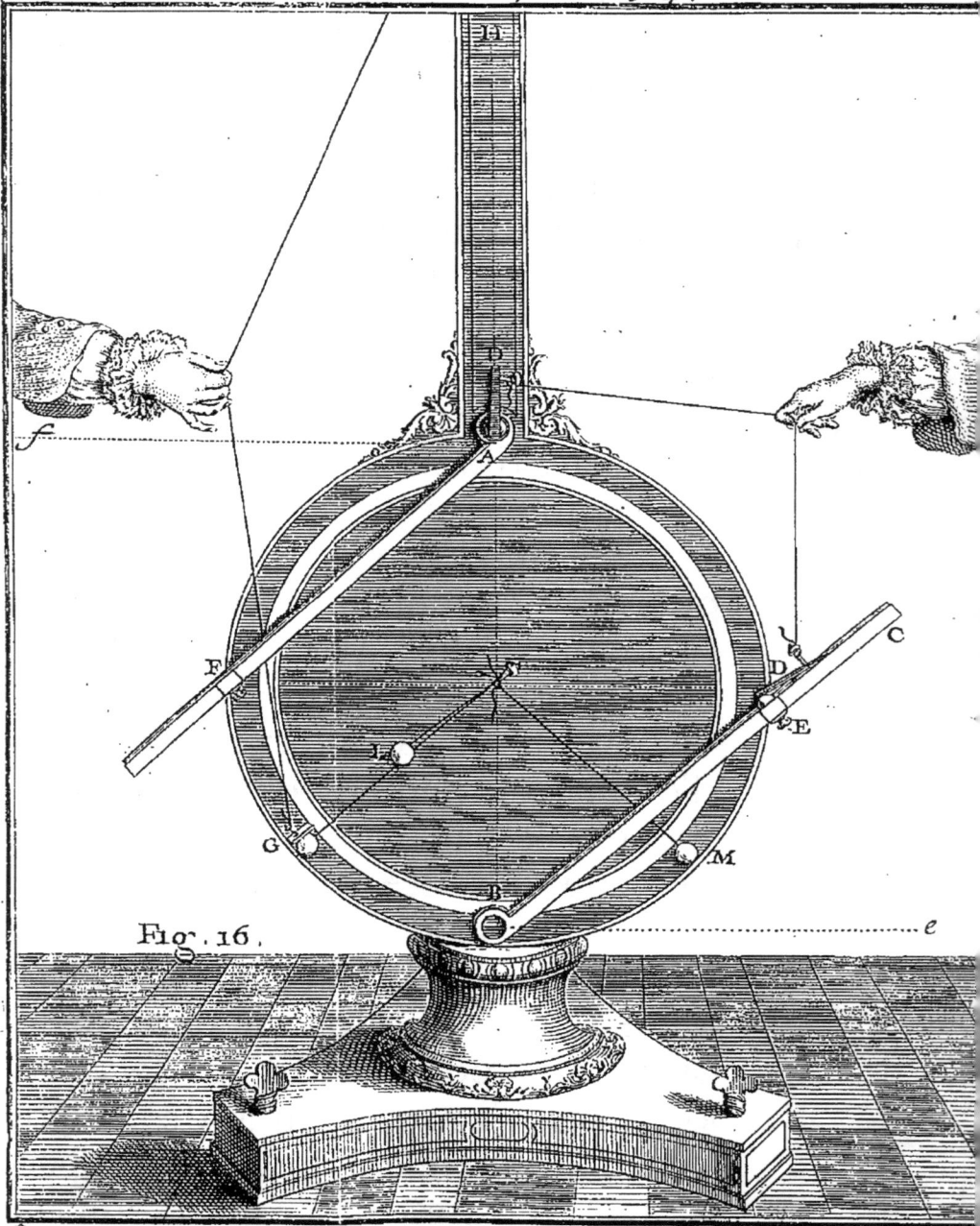

Fig. 16.

D. et G. p. Moreau.

l'eau bouillante, n'allonge que d'un
tiers de ligne une verge de fer de 3
pieds 8 lignes ½, telle qu'on l'employe pour le pendule.

Pour procurer au pendule toute
la perfection qu'il mérite, les Physiciens ont imaginé d'opposer à elle-
même la cause qui en fait varier la
longueur : la dilatation en allongeant
la verge, fait descendre trop bas le
centre d'oscillation ; ce dérangement
n'en sera plus un, si quelque autre
piéce dilatée par la même chaleur &
en même tems, agit en sens contraire, & en telle proportion, que l'allongement de la verge n'ait pas son
effet ; on a imaginé pour cela plusieurs moyens qui ont assez bien
réussi. M. Julien le Roi qui joint aux
talens d'un excellent Artiste, les connoissances physiques, & les vues qui
tendent à la perfection de l'horlogerie, en a proposé & exécuté un dont
le succès est assuré par une expérience de plusieurs années. Et en dernier
lieu M. de Cassini donna à l'Académie le projet d'un autre qui fut fort
applaudi, parce qu'il peut s'employer
plus commodément que la plûpart

de ceux qui font connus jufqu'à préfent, & que d'ailleurs il ne promet pas moins d'exactitude. Mais comme le mal & le reméde dont il eft ici queftion, ont leur fource commune dans la dilatation plus ou moins grande des métaux, nous remettons ce que nous avons à en dire à la Leçon qui traite du feu, & des effets de la chaleur fur les corps.

ARTICLE II.

Du mouvement des corps caufé par la péfanteur & par une force active & uniforme.

CETTE force que nous fuppofons agir avec la péfanteur fur le même mobile, fe nomme ordinairement *force projectile ;* tel eft l'effort du bras qui jette une pierre, ou celui de la poudre qui chaffe une bombe.

Ce mouvement une fois déterminé par le moteur, continueroit uniformément, fi la réfiftance des milieux, les frottemens, &c. n'y mettoient obftacle ; quoique cela foit inévitable dans l'état naturel, nous en ferons cependant abftraction, parce qu'il eſt plus ſimple & plus facile de faire connoître ce qui ſeroit, ſi ces obſtacles n'y étoient pas, que de dire exactement ce qui eſt, lorſqu'ils y ſont.

Quand un coup de raquette * ou quelque autre impulſion détermine une balle à s'élever de bas en haut perpendiculairement à l'horizon, elle lui imprime une force directement oppoſée à la péſanteur, le mouvement du mobile ſera donc l'effet de la force projectile, moins celui de la péſanteur; c'eſt-à-dire, que ſi la premiere eſt capable de produire une aſcenſion de 60 pieds par ſeconde ; comme l'autre opére une chûte de 15 pieds en pareil tems, l'élévation de la balle ſera bornée à 45 pieds pour la premiere ſeconde. Dans la ſeconde ſuivante, la péſanteur ayant trois fois plus d'effet que dans la premiere, cauſera un rabais de 45 pieds ſur les 60 que la balle auroit fait en vertu de la force projectile qui agit uniformément ; ainſi elle ne s'élevera que de 15 pieds, après quoi elle ceſſera de monter, parce qu'alors la péſanteur a de l'avantage ſur la force

* *Fig. 213*

projectile ; celle-ci ne donne jamais
qu'une vîtesse de 60 pieds par feconde au mobile ; celle-là au troifiéme
tems lui donne une vîtesse de 5 fois
15, c'eft-à-dire, de 75 pieds en fens
contraire. Il arrive donc en pareil
cas, ce que nous avons fait voir*
qu'il arriveroit à un corps qui remonteroit en vertu des vîtefses acquifes
par fa chûte accélerée.

* I. fect.
fix. exp.
Fig. 12.

Dirigeons maintenant la force projectile horizontalement ; & en la fuppofant toujours uniforme, parta-
geons fon effet total *FG*, *Fig.* 22. en
quatre parties égales, qui repréfentent autant d'inftans femblables. Si
le mobile *F*, pendant le premier
tems, defcend de la quantité 1 *a* en
vertu de fa péfanteur, pendant le
tems fuivant, la même caufe agiffant
trois fois plus le fera tomber de la
quantité *b c*, qui jointe au produit de
la premiere chûte, donnera 2 *c* ; en
ajoutant de même à cette derniere
quantité 3 *d*, l'effet du troifiéme tems
d e, & à cette fomme 3 *e*, le produit
du quatriéme tems *f g*, on aura une
fuite de points *F a c e g*, qui formeront

une espéce de courbe que les Géométres nomment *parabole*.

Hors la perpendiculaire à l'horizon, dans quelque direction que l'on
mette la force projectile, pourvû
qu'elle soit uniforme, si la pésanteur
agit en même tems sur le mobile, le
mouvement composé de ces deux
forces se fait toujours sensiblement
dans cette courbe ; il n'y a de différence que pour *l'amplitude* qui est plus
ou moins grande, comme Hg ou
Hi.

En supposant, par exemple, que
le mobile M, *Fig.* 23. tende directement au point P par une force projectile, si l'on retranche de cette
force, pendant une suite d'instans é-
gaux, autant de parties qui expriment
les effets de la pésanteur, en augmentant entr'elles comme le quarré
des tems ; c'est-à-dire, qu'après
le second tems elle ait perdu 4 fois
plus qu'après le premier, à la fin
du troisiéme 9 fois davantage ,
&c. l'extrémité de toutes ces lignes
qui expriment les retardemens causés
à la force projectile par la pésanteur,
donnera la courbe $M r q$, c'est-à-

dire , deux demi - paraboles femblables à celle de la *Figure* 22. qui fe joignent au fommet *r.*

Avant que de mettre ceci en expérience, il eſt à propos d'avertir qu'on
ne doit pas s'attendre à des effets parfaitement conformes à la théorie ; les
Géométres énoncent les chofes avec
exactitude , parce qu'ils n'ont qu'à
fuppofer les élémens qui doivent entrer dans leurs calculs ; mais quand il
faut que la Phyfique s'en mêle, il y a
prefque toujours à rabattre , parce
que l'on a le plus fouvent fuppofé
trop ou trop peu ; la force projectile
& la péfanteur ne peuvent produire
enfemble un mouvement vraiement
parabolique , que quand elles ne
fouffrent aucune altération ; quand,
par exemple, la premiere eſt toujours uniformément égale dans tous
les inſtans, & que la feconde eſt toujours exactement accélerée, felon la
progreffion que nous avons établie ;
& cela n'eſt point dans l'état naturel , parce que la réſiſtance de l'air
retarde l'une & l'autre , & les retarde
irréguliérement.

Il y auroit bien encore quelque
chofe

chose à dire en faisant attention que
la direction de la pésanteur n'est point
parallele à elle-même, c'est-à-dire,
que toutes les lignes perpendiculaires à l'horizon, par l'extrémité desquelles le mobile passe pour décrire la
courbe *Faceg*, ne font point paralleles comme on le suppose, puisqu'elles tendent toutes au centre de la terre; mais la force projectile que nous
sommes capables d'imprimer à un
corps, a si peu d'étendue, que cette
cause n'a lieu que dans la rigueur
géométrique, & ne produit aucun
effet sensible.

V. EXPERIENCE.

PREPARATION.

La *Figure* 24. représente une cuvette plus longue que large, qui
porte sur un de ses grands côtés un
plan vertical, & sur un de ses petits
côtés, un gros tuyau de verre au
bas duquel est une espéce de robinet,
dont la clef en tournant porte dans
toutes sortes de directions le petit
ajutage *A* que l'on ouvre en tournant une autre petite clef *B*; on met
du mercure dans le tuyau jusqu'à une

hauteur convenable ; & le robinet est percé de façon que les frottemens sont diminués le plus qu'il est possible.

EFFETS.

1°. L'ajutage *A* étant vertical, lorsqu'on laisse échapper le mercure, il se fait un petit jet dans la même direction, qui après s'être élevé un peu moins haut que la surface supérieure du réservoir *C*, retombe sur lui-même, & s'épanouit comme les jets d'eau qu'on voit dans les jardins.

2°. Lorsqu'on met l'ajutage dans la direction horizontale *A D*, & que le mercure est à une hauteur convenable dans le tuyau, le jet se fait vis-à-vis de la parabole *A E D*.

3°. Quand l'ajutage est oblique, comme dans la direction *A F* ou *A G*, le jet décrit l'une ou l'autre des paraboles *A I K*, ou *A L M*.

EXPLICATION.

Lorsque le mercure sort par l'ajutage, il est poussé par une force projectile qui lui vient de la pésanteur de celui qui est dans le tuyau, & cette

force peut être regardée comme uniforme, si le jet dure peu, & que la
surface C du réservoir ne baisse point
sensiblement. Le mercure s'élève jusqu'à ce que sa pésanteur qu'il faut
vaincre, ait consommé entiérement
sa force projectile; & cet effet arrive
avant qu'il parvienne à la hauteur de
la surface C, parce que les frottemens
& la résistance du milieu affoiblissent
un peu cette force qui le fait monter.

Quand le jet de mercure s'échappe
dans une direction horizontale, il
continueroit dans la même ligne,
s'il n'obéissoit qu'à la force qui le
pousse dehors; mais dès qu'il est sorti,
la gravité s'en empare aussi, & son
action qui croît comme les nombres
impairs 1, 3, 5, &c. fait voir à l'œil
ce que nous avons supposé dans la
Figure 22.

Enfin l'on peut dire la même chose
de la ligne que décrit le mercure lorsqu'il s'échappe par *A F* ou *A G* : sa
pésanteur ne lui permet pas d'y continuer son mouvement ; elle l'en
écarte par des quantités qui sont
conformes aux loix de son accélération, & la ligne qu'il suit est sensible-

ment une parabole, parce que vers la fin, où la réfiftance de l'air fait le plus d'obftacle, le jet en s'épanouiffant, devient plus large, & la partie fupérieure ne fort prefque pas de la parabole géométrique qui eft tracée fur le plan.

On peut encore appeller ici en preuves les expériences fur le mouvement compofé, où nous avons fait entrer la péfanteur pour une des puiffances compofantes ; telles font celles que nous avons repréfentées par les *Figures* 11. & 13. Car dans l'une & dans l'autre, la courbe que trace le mobile par fon mouvement, & que nous n'avons pas nommée alors, eft encore une parabole, comme on le peut voir en y appliquant les régles que nous avons établies ci-deffus.

APPLICATIONS.

Toute la *balliftique*, c'eft-à-dire, cette partie de l'artillerie qui confifte à mefurer avec jufteffe le jet d'un corps fort péfant, comme une bombe, un boulet de canon, &c. confifte dans la combinaifon qu'il faut faire de la force projectile, & de la péſanteur du mobile. On conçoit aiſément par la ſeule inſpection des *Figures* 22. & 23. que la direction d'un boulet de canon ou d'une bombe étant une fois réglée , l'amplitude *H g* ou *M q* eſt d'autant plus grande, que le mobile eſt pouſſé avec plus de vîteſſe ; car s'il pouvoit parcourir dans le premier inſtant toute la diſtance qui eſt entre les deux paralleles *F H*, *G g*, ou *M C*, *P q*, la parabole paſſeroit au point *k*, & ne différeroit pas beaucoup d'une ligne droite : ainſi un mortier qui a une certaine inclinaiſon , chaſſe donc la bombe d'autant plus loin , que la force projectile imprime plus de vîteſſe ; mais cette force projectile vient de l'exploſion de la poudre , & c'eſt une choſe très-difficile que d'eſtimer avec quelque juſteſſe la valeur de cette impulſion. Elle dépend principalement de la qualité de la poudre & de la quantité , non pas que l'on y employe , mais qui s'enflamme ; car il ne faut pas croire que dans ces grandes charges, le feu prenne par-tout avant le départ : l'expé-

rience a fait voir qu'une grande partie tourne en pure perte ; ainſi l'on
voit qu'une des quantités les plus
eſſentielles à connoître, pour juger le
mouvement d'une bombe , eſt ſujette à beaucoup de variation ; * auſſi
quoiqu'on exige avec raiſon que les
Officiers d'Artillerie ſoient inſtruits
des principes , on a encore plus de
raiſons pour vouloir qu'ils ſoient bien
exercés aux Ecoles établies dans cette vue.

* *Mém. de*
l'Acad.
des Sc.
1716. pag.
75.

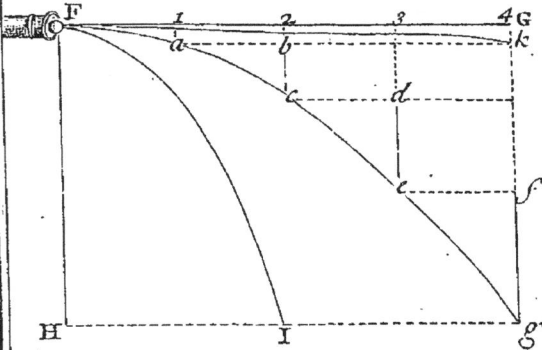

Fig. 22.

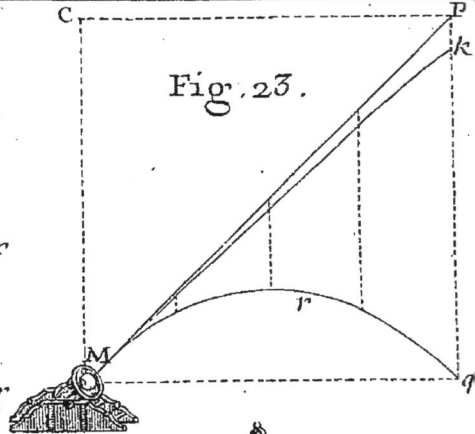

Fig. 23.

Fig. 24.

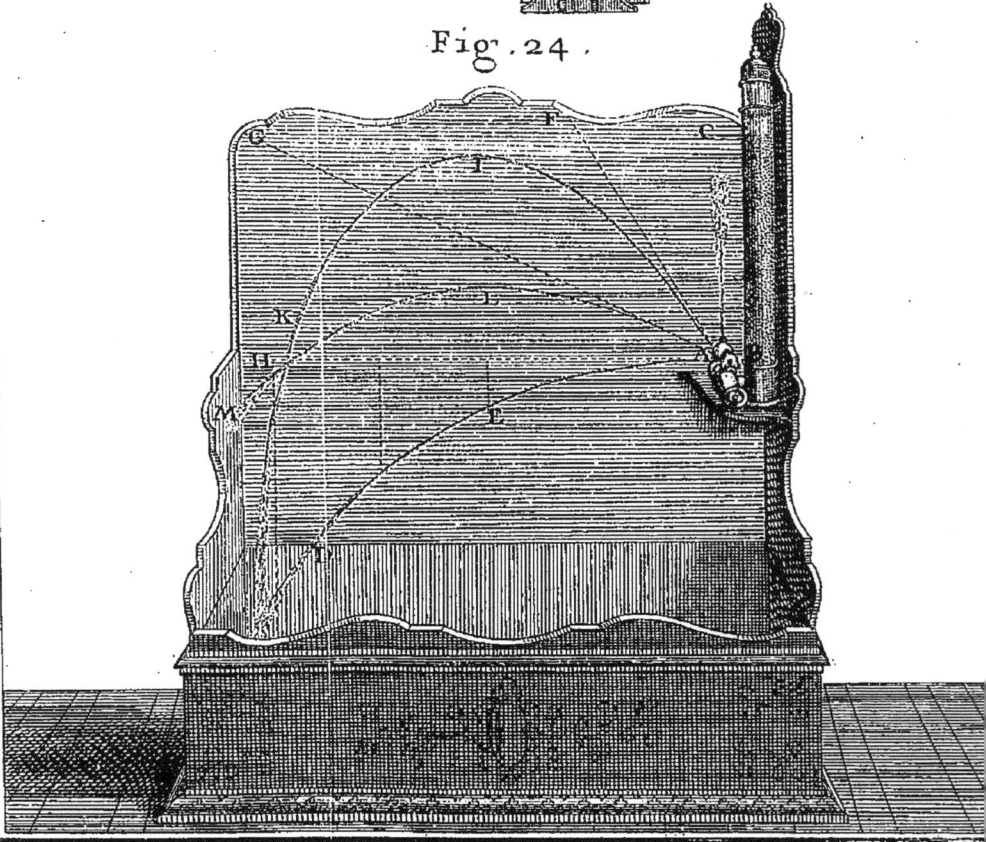

Brunet fecit

VII. LEÇON.

Sur l'Hydrostatique.

ON appelle *Hydrostatique* la scien-ce qui a pour objet, la pésan-teur & l'équilibre des liqueurs. Quoi-que la gravité de ces corps soit la même que celle des autres, & qu'elle soit soumise aux mêmes loix que nous avons enseignées dans la Leçon pré-cédente, l'état de liquidité donne lieu à des phénoménes particuliers qu'il est important de connoître, & qui méritent d'être traités à part.

Archiméde parmi les anciens Phi-losophes, est celui qui paroît avoir fait le plus de progrès dans cette étu-de; on lui fait encore honneur au-jourd'hui de la maniere ingénieuse par laquelle il reconnut qu'une cou-ronne d'or n'étoit pas au titre au-quel elle devoit être, en la pésant dans l'eau. Parmi les modernes Gali-lée, Toricelli, Descartes, Paschal, Guillelmini; & dans ces derniers

tems M. Mariote, ont ajouté beaucoup de belles connoiſſances à celles
que l'on avoit déja ; & leurs expériences auſſi convaincantes que cu-
rieuſes, nous ont mis en état de ſçavoir ce que nous devons craindre ou
attendre de la force des eaux qui a-
giſſent par leur poids, & comment
nous pouvons la tourner à notre
utilité, en l'employant par le
moyen des machines hydrauliques.

Les liqueurs, ſuivant l'idée que
nous en avons donnée dans notre
premiere Leçon, *page* 44. ſont des
matieres dont les molécules, extrêmement petites & mobiles entre elles, n'ont point une cohérence bien
ſenſible, de façon que chacune obéit
librement à ſon propre poids, tout
au contraire des corps ſolides, dont
les parties liées & adhérentes les unes
aux autres, réſiſtent plus ou moins
fortement à leur ſéparation, ne ſe
meuvent que toutes enſemble, &
exercent leur péſanteur en commun.

Nous ne cherchons point ici quelles ſont les cauſes de la liquidité, ni
les différentes propriétés qui con-

viennent à cet état des corps : ces questions trouveront leurs places dans la fuite. Il ne s'agit maintenant que de la maniere dont les liqueurs péfent ; & comme tout ce qui eft liquide, ne l'eft pas également, il eft bon d'avertir que ce qu'exigent les loix de l'hydroftatique, s'exécute d'autant moins exactement, que les corps s'éloignent davantage de la parfaite liquidité. L'eau & l'huile fe répandent fi leurs vaiffeaux viennent à fe caffer ; mais l'entiére effufion de celle-ci eft plus lente.

Les fluides dont les parties font auffi fubtiles, auffi mobiles que celles des liqueurs, ont les mêmes propriétés qu'elles ; mais s'ils font compofés de molécules groffiéres & capables de s'accrocher fortement les unes aux autres, leur gravité a des effets un peu différens : l'air prend auffi exactement que l'eau, la forme du vaiffeau qui le contient ; mais la fumée ne fe répand pas de même, ni auffi promptement, dans le lieu où elle eft.

Pour fe former de la péfanteur des liqueurs ou des fluides une idée jufte, une idée qui facilite l'intelligence des phénoménes que nous avons à expliquer, il faut confidérer les matieres qui font en cet état, comme un amas de petits corps folides, très-durs, indépendans les uns des autres, péfans féparément & à proportion de leurs petites maffes. Mais une chofe fur-tout qu'on ne doit jamais oublier, c'eft l'extrême petiteffe de ces molécules, qui les rend non-feulement impalpables, mais qui les fouftrait aux yeux les plus perçans, lors même qu'ils empruntent le fecours des meilleurs microfcopes. C'eft principalement de cette derniere qualité, que dépendent les effets les plus finguliers de l'hydroftatique, ceux dont l'explication a peine à fe concilier avec une démonftration rigoureufe.

Nous comprendrons en trois fections ce que nous avons à dire touchant l'hydroftatique. Dans la premiere, nous examinerons de quelle maniere s'exerce la péfanteur d'une liqueur dont les parties font homogénes, ou confidérées comme telles; dans la feconde, nous ferons voir

comment se comportent ensemble
plusieurs liqueurs dont les densités
sont différentes ; & dans la troisiéme ,
nous comparerons les corps solides
avec les liqueurs, en les y plongeant.

PREMIERE SECTION.

De la pésanteur & de l'équilibre des liqueurs, dont les parties sont homogénes.

SELON l'idée que nous nous sommes faite des liqueurs , celles qui
sont homogénes sont composées de
particules qui sont semblables, tant par
la figure , que par la grandeur & le
poids ; une certaine quantité d'eau ,
par exemple , sera donc un amas de
très-petits corps mobiles , qui auront
des forces égales pour se mouvoir de
haut en bas ; sur ces principes on peut
établir les propositions suivantes.

PREMIERE PROPOSITION.

*Les liqueurs pésent , non - seulement
quant à leur masse totale , mais encore en
elles-mêmes , c'est-à-dire , quant aux parties qui les composent.*

La premiere partie de cette proposition n'a pas besoin d'autre preuve,
que l'expérience qu'on en a tous les
jours, en portant un verre plein d'eau
ou de vin à la bouche ; on sent bien
que quand il est vuide, il ne pése pas
autant. Comment donc se pourroit-
il faire qu'une somme de petits corps
pésans n'eussent point de poids ?

L'autre partie est une suite nécessaire de la premiere, & ne semble pas
avoir plus besoin qu'elle d'être prouvée. Car si la masse totale pése, d'où lui
peut venir cette pésanteur, sinon des
parties matérielles qui la composent ?
Cependant la plûpart des Physiciens
s'y arrêtent, parce qu'il s'en est trouvé quelques - uns qui ont prétendu
que les liquides ne pésoient point
dans leur propre élément; mais par cette
expression, vouloient-ils dire que les
parties d'une liqueur ne pésent point
dans la masse qu'elles composent ;
qu'elles n'ont plus de pésanteur absolue ? Ou bien seulement, qu'elles
sont en équilibre entre elles ? Si ce
dernier sens est celui qu'ils ont attaché à leur proposition, c'est combattre un phantôme, que de s'amu-

ser à prouver qu'une certaine quantité d'eau , par exemple , est encore
pésante , quand elle est mêlée avec
d'autre eau , ou qu'elle contribue au
poids de la masse dont elle fait partie. Quoi qu'il en soit , voici la preuve qu'on en donne.

PREMIERE EXPERIENCE.

PREPARATION.

La *Figure* 1. représente un fleau de
balance , qui tient en équilibre dans
un vase plein d'eau , une petite bouteille de verre fort épaisse , vuide &
bouchée.

EFFETS.

Aussi-tôt qu'on débouche la bouteille , elle s'emplit d'eau , & elle va
au fond du vase.

PREPARATION.

On sçait que de deux corps attachés aux bras d'une balance , celui
qui enléve l'autre a le plus de poids ;
si la bouteille en se remplissant d'eau
enléve le bassin qui la soutenoit en
équilibre , c'est que cette eau la rend

plus péſante qu'elle n'étoit , & pour preuve que l'augmentation de ſon poids n'eſt autre choſe que celui de l'eau qu'elle reçoit , il n'y a qu'à rétablir l'équilibre, en ajoutant du poids dans le baſſin oppoſé ; ce poids ajouté ſera égal à celui d'une pareille quantité d'eau péſée hors de la maſſe dont elle fait partie : ce qui fait bien voir , à quiconque en voudroit douter , qu'une certaine quantité de liqueur a toujours ſa péſanteur abſolue, ſoit qu'elle faſſe partie d'une plus grande maſſe de la même liqueur, ſoit qu'elle ſe prenne ſéparément.

APPLICATIONS.

Des exemples ſans nombre nous mettent tous les jours ſous les yeux des effets ſemblables à celui que nous venons de voir dans l'exemple précédent. De même qu'une bouteille, quand on la débouche , devient plus péſante par l'eau qui la remplit , un ſceau qui flotte, ou une barque s'enfoncent & ſe perdent , lorſqu'il s'y fait quelque ouverture qui lui fait faire eau. La matiére qui compoſe ces ſortes de vaiſſeaux , eſt ordinairement plus péfante que le fluide qui les foutient, s'il peut s'y introduire & remplir leurs capacités, le tout enfemble fait une maffe dont le poids excéde celui d'un égal volume d'eau; & par cette raifon, le vaiffeau tombe au fond.

Les corps bien poreux ou fpongieux, qui demeurent quelque tems expofés à un air humide, comme les bois, les pierres tendres, la terre même, n'en deviennent-ils pas plus péfans? & tout au contraire ne perdentils pas dans un air plus fec, une partie de leur poids avec leur humidité? Ceux qui vendent au poids des marchandifes qui font fufceptibles de féchereffe & d'humidité, comme le tabac, l'indigo, le fucre, &c. ont grand foin de les tenir dans des lieux frais, pour prévenir ou réparer une évaporation qui leur cauferoit un déchet réel.

On eft dans l'ufage de conferver dans l'eau les bois qu'on deftine à la conftruction des vaiffeaux. Quand on les a jettés dans le baffin, on les voit furnager d'abord, mais peu-à-peu ils s'enfoncent, & demeurent cachés fous la furface de l'eau : c'eſt que ce liquide les pénétre avec le tems , ſoit qu'il rempliſſe des vuides , ſoit qu'il prenne la place d'autres matiéres plus légéres qui cédent à ſon effort , & alors la piéce compoſée de bois & d'eau , égale ou ſurpaſſe même en péſanteur le liquide qui l'environne ; car c'eſt un fait conſtant, que les parties propres du bois le plus léger péſent plus que l'eau. Le liége même ne ſurnage plus , lorſqu'ayant été longtems macéré , ſes parties ſe déſuniſſent , & ne compoſent plus , comme d'ordinaire , un volume où il y a beaucoup plus de vuide que de ſolide.

L'eau qui pénétre les corps , ajoute donc à leur poids , en qualité de liqueur péſante , non-ſeulement lorſque ces corps ſont hors d'elle , mais lors même qu'ils y ſont entiérement plongés; & cela parce que les parties des liquides , comme celles des autres corps , ſont de petites portions de matiére , & que toute matiére eſt péſante.

II, PROPOS.

II. PROPOSITION.

Les parties d'une même liqueur exer-
cent leur pésanteur, indépendamment les
unes des autres.

Cette propriété leur vient de ce
qu'elles n'ont point de cohérence
sensible, de ce qu'elles peuvent se
séparer presque sans effort, tout au
contraire des corps solides, dont les
parties sont liées, adhérentes & difficiles à défunir. Si l'on veut enlever
une pierre, ou un morceau de bois,
par quelque endroit qu'on le prenne,
on soutient toute sa masse, il est bien
naturel qu'on en sente aussi tout le
poids : mais si l'on met le bout du
doigt sous le fond d'un vaisseau percé & plein de liqueur, pour arrêter
l'écoulement, on n'a à vaincre que
le poids de la colomne qui répond
perpendiculairement au trou ; car
pourquoi porteroit-on les autres, si
celle-là peut tomber sans les entraî-
ner avec elle ? L'expérience rendra
ceci évident.

II. EXPERIENCE.

PREPARATION.

Au fond d'un grand vaiffeau cylindrique de verre, repréfenté par la Fig. 2. on a pratiqué un trou & une virole cylindrique d'un pouce de diamétre, que l'on bouche avec un morceau de liége bien arrondi & graiffé, afin qu'il puiffe céder à une médiocre preffion; le canal commencé par la virole, eft continué dans le vaiffeau par un tube de verre *A*, de même diamétre, qui peut s'ôter quand il en eft befoin; & le tout eft porté fur un trépied, au-deffus d'un plat ou d'un baffin, pour recevoir l'eau qui s'écoule.

EFFETS.

Après avoir verfé doucement de l'eau dans le tuyau *A*, on remarque à quelle hauteur elle eft, quand fon poids chaffe le bouchon *B*; on ôte le tuyau, on remet le bouchon, comme il étoit avant, & fi l'on emplit le vafe jufqu'à ce que le bouchon forte de fa place, on pourra ob-

ferver que l'eau eſt préciſément à la
même hauteur qu'elle étoit précédemment dans le tuyau.

EXPLICATIONS.

On ne peut diſconvenir que le
bouchon *B* ne ſoit chaſſé de ſa place
par le poids de l'eau. Il réſiſte autant,
lorſqu'on emplit le grand vaiſſeau,
que quand on ne charge que le tube, pourvû que ce ſoit à même hauteur : il eſt donc évident que ce tuyau
ne change rien à la preſſion du fluide, & que la colomne qui péſe ſur
le bouchon, agit de même, ſoit qu'on
la ſépare du reſte par une enveloppe
ſolide, ſoit qu'elle ait communication avec la maſſe totalè. Ne diſſimu-
lons pas cependant que le frottement
cauſe quelque petite différence, parce que cette réſiſtance eſt plus grande, quand la colomne d'eau ſe meut
dans un tuyau dont la ſurface eſt ſolide, que quand elle n'eſt contenue
que par une maſſe d'eau dont les parties ſont roulantes.

Pour prendre une idée juſte de ces
ſortes d'écoulemens, & pour concevoir avec facilité pourquoi les flui-

des exercent leur péfanteur autrement que les folides, il faut fe repréfenter, comme on le voit par la *Fig.*
3. toute la maffe d'eau contenue dans
notre grand vafe, divifée en plufieurs
colomnes, 1, 2, 3, 4, 5, dont chacune eft compofée d'un égal nombre
de parties; fi le fond du vaiffeau qui
fert de bafe & d'appui à toutes ces
colomnes, vient à s'ouvrir en *a*, la
partie inférieure de la colomne 3 n'é-
tant plus foutenue, doit tomber par
l'ouverture, & après elle toutes les
autres qui font pofées deffus. Cette
colomne entiére gliffera donc de
haut-en-bas, entre la feconde & la
quatriéme, qui font foutenues aux
points *b* & *c*, & dont toutes les parties mobiles, fur leur propre centre,
deviennent autant de petits rouleaux
qui facilitent fa defcente. Si la feconde & la premiére colomne d'une part,
la quatriéme & la cinquiéme de l'autre part, étoient compofées de parties liées & cohérentes, elles fubfif-
teroient de toute leur longueur, &
par la chûte de la troifiéme, il fe feroit un vuide entr'elles. Mais comme ces particules font extrêmement

petites, extrêmement mobiles les unes sur les autres, dès que le haut de la troisiéme colomne vient à descendre, & qu'elles cessent d'être soutenues en cet endroit, elles s'écroulent à proportion de l'écoulement ; & de cette maniére la superficie de la masse totale baisse toute ensemble, quoiqu'il n'y ait qu'une des colomnes qui fournisse à l'écoulement par sa chûte.

Quand les parties ont une cohérence sensible, comme celles des liqueurs grasses ou visqueuses, ou que la masse du fluide qui s'écoule, a beaucoup de largeur par rapport à sa hauteur, on s'apperçoit assez bien du vuide que laisse au-dessus d'elle la colomne qui s'écoule ; la superficie, au lieu d'être plane comme à l'ordinaire, est plus creuse dans le milieu, parce que les parties voisines n'arrivent point avec assez de vîtesse, pour remplacer celles qu'une pésanteur directe fait descendre.

APPLICATIONS.

On voit par l'explication que nous venons de donner, combien la flui-

dité des corps apporte de changement aux effets de leur péfanteur. Si
l'on tiroit avec un fil, ou qu'on pouf-
* Fig. 2. sât de bas-en-haut le bouchon B, *
on n'auroit à foulever que le poids de
la colomne dont il eft la bafe, parce
que cette portion d'eau étant indé-
pendante du refte, peut fe mouvoir
librement dans la maffe. Mais fi cette
maffe venoit à fe convertir en glace;
par la feule raifon qu'elle ne feroit
plus liquide, & que fes parties feroient liées & cohérentes, la main
qui foutiendroit la colomne qui répond au bouchon, dès l'inftant de la
congélation, auroit à porter tout ce
qui eft contenu dans le vaiffeau.

Le frimât, la neige, & toutes les
congélations aqueufes qui s'atta-
chent aux arbres & aux plantes, les
affaiffent & les fatiguent bien davantage que l'eau qui les mouille, parce que les branches ont à porter non-
feulement les parties humides qui les
entourent, & qui font adhérentes à
leur écorce, mais encore celles que
la gelée attache à celles-ci, & que
leur propre poids feroit tomber de
côté, fi elles étoient fluides.

Ceux qui ont eu occafion de vifiter
les cavernes & les grottes naturelles
qui fe rencontrent en différens pays,
ont pû remarquer fouvent certaines
concrétions pierreufes qui fe forment
goute à goute, & qui pendent aux
voûtes, à peu près comme les glaçons qu'un faux dégel fait naître au
bord des toits, & de tous les endroits où il s'eft fait quelque fonte
un peu lente de la neige ou de la
glace. Ces fortes de pierres que l'on
nomme *ftalactites*, font originaire-
ment liquides comme l'eau qui en
charrie les parties ; la première goute
qui demeure fufpendue à la voûte,
n'a que l'adhérence qu'il lui faut, pour
foutenir fon propre poids, mais à
mefure que fon humidité s'évapore,
elle devient folide & capable d'en
porter d'autres à qui la même chofe
arrive, de manière qu'une maffe affez
confidérable demeure fufpendue malgré fon poids, par la feule raifon
qu'elle eft folide, & qu'une partie
tient à la voûte.

Cette opération de la Nature eft
imitée d'affez près par les ouvriers
qui fabriquent la bougie & la chan-

delle ; les méches font enfilées parallélement fur des baguettes , & on les
plonge à plufieurs reprifes dans des
baquets qui contiennent le fuif fondu, ou bien on fait couler par en-
haut la cire toute chaude le long de
la méche ; cette derniére pratique
eft fur-tout en ufage pour les cier-
ges, qui doivent être plus gros par
en-bas; car on conçoit bien que la matiére en fe refroidiffant coule moins
vîte vers la fin de fa chûte, & l'on a
grand foin auffi de ne la point employer trop chaude, afin qu'il en
refte davantage à chaque immerfion,
ou chaque fois qu'on la verfe.

Ne quittons point cet article fans
obferver un fait qui trouve encore
fon explication dans notre feconde
propofition. Les liqueurs ne touchent pas à la maniére des folides;
leur choc, à quantités égales de matiére, ne fe fait pas fentir de même;
en un mot, on craint la chûte d'un
glaçon du poids d'une livre, & l'on
n'appréhende point d'être bleffé par
une pareille quantité d'eau.

Indépendamment de ce que les liqueurs font divifées en tombant par
des

des milieux réſiſtans, & que leur ſuperficie augmentée par cette diviſion, retarde aſſez conſidérablement
la vîteſſe de leur chûte ; indépendamment, dis-je, de cette raiſon, les
corps en cet état s'appliquent à une
plus grande ſurface, & diviſent leur
effort total en une infinité de petites
impreſſions peu ſenſibles. Suppoſons,
par exemple, qu'on préſente le plat
de la main à la chûte d'une livre d'eau
qui ait une figure ſphérique, on peut
concevoir cette boule fluide comme
un aſſemblage de petites colomnes,
paralléles entr'elles & à la direction
de leur chûte commune ; la plus longue de toutes, à cauſe de la ſphéri-
cité de la maſſe, portera ſon effort
ſeul au milieu de la main, & les autres, par la même raiſon, arriveront
un peu plus tard & frapperont les
parties voiſines, chacune en raiſon
de ſa maſſe particuliére, ainſi tout
le coup ſera partagé à toute la largeur de la main qui le reçoit. Mais ſi
cette boule eſt de glace, ce ne ſera
pas la même choſe, la main ne ſera
frappée qu'en un très-petit eſpace,
qui recevra l'effort non-ſeulement de

la colomne qui lui répond, mais encore de toutes les autres qui font unies à celle-ci, & qui exercent leur péfanteur en commun avec elle. De-là vient qu'un corps anguleux, ou pointu, fait plus de mal en tombant, qu'un autre qui feroit plat, parce que fon effort eft réuni fur une plus petite place ; & par la raifon du contraire, on rifque moins de fe bleffer quand on tient la main creufe, pour recevoir une boule qui tombe, que lorfqu'on l'étend.

III. PROPOSITION.

Les liqueurs exercent leur péfanteur en toutes fortes de fens.

C'eft-à-dire, que non-feulement elles péfent de haut-en-bas, comme tous les autres corps, mais elles preffent auffi latéralement tous les obftacles qui les retiennent ; & elles tendent à s'élever de bas-en-haut, lorfqu'elles communiquent avec des quantités plus hautes, & par-là plus péfantes qu'elles.

On conçoit aifément comment les liquides péfent de haut en-bas, puifqu'ils font compofés de parties qui participent à la gravité, qui est commune à tous les corps. Mais il n'est pas aussi facile de comprendre leur pression latérale. Cependant si l'on fait attention que leurs molécules sont dans le vase qui les contient, comme un amas de petits globules, on pourra bien imaginer qu'elles ne sont pas toutes arrangées réguliérement les unes sur les autres, comme dans la *Fig.* 3. mais que le plus souvent une colomne exerce sa pression entre deux autres, & tend à les écarter, comme on le peut voir en la *Fig.* 4. où la pression perpendiculaire, qui se fait vis-à-vis du point *d*, est transportée par les colomnes latérales vers les côtés *e*, *f*, du vase. De la même maniére, quand la colomne *d f* agit contre les deux parties *g*, *h*, la première fait une résistance suffisante à cause des parois du vase qui l'appuyent : mais la partie *h* souffre un effort qui la souléve de bas en-haut, & qui aura son effet, à moins qu'une colomne égale à *i k*, ou quelque chose d'équivalent, ne pése dessus pour la contenir.

Cette pression qui se communique

ainſi à la partie *b*, & qui tend à la
ſoulever, a donné lieu à cette expreſſion, *les liqueurs péſent de bas-en-
haut* ; mais ce ſeroit en abuſer, &
prendre de la péſanteur des liquides
une idée très-fauſſe, ſi l'on préten-
doit en effet qu'elles ont en elles-mêmes une tendance à s'élever ; une
colomne de liqueur eſt portée de
bas-en-haut, par la preſſion d'une autre qui s'exerce de haut-en-bas avec
avantage, comme une livre de
plomb au bras d'une balance, juſqu'à
ce que toutes deux ſoient également
élevées au-deſſus de l'horizon. Venons maintenant à la preuve de notre propoſition.

III. EXPERIENCE.

PREPARATION.

Dans un grand vaſe plein d'eau
colorée, *Fig.* 5. on plonge ſucceſſivement trois tubes de 6 à 7 lignes
de diamétre, ouverts des deux bouts,
mais dont on tient le haut bouché
avec le pouce pendant le tems de
l'immerſion.

EFFETS.

Quand chacun de ces tubes eſt plongé, & qu'on le débouche par le haut en ôtant le pouce, l'eau s'é-léve dedans à la même hauteur où elle eſt dans le grand vaſe, quelque figure qu'ait le tube.

EXPLICATIONS.

Le tube que l'on plonge perpen-diculairement dans le vaſe, contient une colomne d'air qui remplit ſa ca-pacité, & qui ne peut en ſortir tant qu'on le tient bouché par en-haut ; car ce fluide étant plus léger que l'eau, ne peut plus ſortir par en-bas, dès que le bout du tube eſt plongé. Mais ſi-tôt que le pouce eſt ôté de deſſus l'orifice ſupérieur, & que l'air ceſſant d'être appuyé en cette partie, ne fait plus un obſtacle invincible à l'eau, elle y eſt portée par le poids de celle qui reſte dans le grand vaſe, en la maniére qui ſuit.

Lorſque le tube *C* eſt plongé, l'eau par ſa péſanteur naturelle tombe de *D* en *E*, & coule d'*E* en *F*, par-ce qu'elle eſt compoſée de parties

mobiles & roulantes , & que cette
partie du tube forme un plan incliné. L'effet en demeureroit là , s'il y
avoit en *F* un obstacle invincible , ou
que ce qui est contenu dans la sinuo-
sité *E F*, ne pût s'y mouvoir facilement. Mais c'est un fluide pressé par
la colomne *G D* , qui répond perpendiculairement à l'orifice du tube , &
qui est continuée jusqu'en *E* , l'eau
s'éléve donc dans la branche *C F*,
non qu'elle ait une tendance réelle
de bas-en-haut , mais parce qu'elle
obéit au poids d'une colomne *G E*,
qui pése de haut-en-bas ; & elle continue de s'élever jusqu'en *c* , c'est-à-
dire , à telle hauteur où elle est en
équilibre avec *G E* qui la pousse.

En quelque endroit du vase que
l'on plonge le tube *H* , son orifice
inférieur , de quelque côté qu'il se
présente , reçoit toujours un volume d'eau pressé latéralement par la
colomne perpendiculaire , à laquelle
il répond , & qui porteroit son effort
contre la paroi du vase , comme on
le voit en *e* & en *f* , *Fig.* 4. ainsi l'eau
étant poussée dans l'orifice *I* , avec
une pression égale au poids de la co-

fomne *IK*, elle s'éléve à la même hauteur dans le tuyau, & de la même maniére que dans le précédent.

Enfin si le tube n'est point recourbé, & qu'il se présente comme *LM*, dans l'instant où il est débouché par le haut, l'eau qui se présente à son orifice *M*, est dans le cas du globule *h*, *Fig.* 4. appuyée sur la colomne perpendiculaire *M k*, par les colomnes latérales *l o*, *l o*, qui ont leur point d'appui contre les parois du vase, & pressée par le poids des colomnes voisines *n o*, *n o*; elle est donc obligée de s'échapper par le tube où elle trouve moins de résistance, jusqu'à ce que son propre poids, augmentant avec sa hauteur, soit enfin égal à celui qui la force.

IV. EXPERIENCE.

PRÉPARATION.

P Q, *Fig.* 2. font deux viroles de la même largeur que celle qui est en *B*, & propres à recevoir le même bouchon; mais quand il est placé à l'une des trois viroles, il faut que les deux autres soient fortement bouchées.

EFFETS.

A telle virole que soit placé le bouchon mobile, il céde toujours à l'effort de l'eau que l'on verse dans le vase, quand elle parvient à une même hauteur.

EXPLICATIONS.

Cette expérience prouve la même chose, & s'explique de même que la précédente ; l'effort que l'eau fait perpendiculairement, en pésant sur le fond du vase, comme tout autre corps pourroit faire, se distribue contre les parois mêmes, & en toutes sortes de sens, à cause de la mobilité, de la figure & de la petitesse des parties ; mais comme cet effort vient de la pésanteur, & que la direction naturelle de cette puissance est perpendiculaire au fond du vaisseau, le bouchon ne céde que quand la liqueur a une certaine hauteur, & la même quantité d'eau ne suffiroit pas, si le vase, étant plus large, tenoit la superficie du fluide moins élevée.

APPLICATIONS.

On rencontre à tout inftant des preuves de la preffion latérale des fluides ; un pot, une bouteille incli- née, un tonneau que l'on met en perce, ne fe vuideroient jamais, fi la liqueur qu'ils contiennent ne les pref- foit que de haut-en-bas, à la maniére des corps folides : un navire percé d'un coup de canon, fait eau par le côté, & rifque de fe perdre, fi l'on n'y met reméde, comme fi le mal étoit au fond vers la quille ; & l'eau y entre avec d'autant plus de vîteffe, que la mer a plus de hauteur au-def- fus du trou.

Quand on bâtit des digues, des réfervoirs, & autres ouvrages hydrau- liques, on a grand foin de les pro- portionner aux efforts de l'eau. On a vû quelquefois des provinces fub- mergées, & quantité d'autres acci- dens funeftes, parce qu'on n'avoit point oppofé des réfiftances fuffifan- tes à la preffion latérale des eaux.

On doit porter ces fortes de pré- cautions jufques dans les travaux où les matiéres font tant foit peu fluides, soit par la petiteſſe de leurs parties, soit par leur peu de liaiſon ; ſi, par exemple, on éléve une digue avec de la terre, ou avec du cailloutage, on la voit bien-tôt s'écrouler, ſi l'on ne donne à ſes côtés une pente ſuffiſante qu'on appelle *talus* ; & les murs qui retiennent les terraſſes, ne réſiſtent à la pouſſée, que quand ils ont une ſolidité proportionnée à la hauteur & à la nature des terres.

Creuſer un puits, c'eſt former dans la terre un canal perpendiculaire à l'horizon. Ce canal eſt dans le cas du tuyau LM s'il y a dans le voiſinage, des eaux dont la ſurface ſoit plus élevée que le fond du puits, elles doivent le remplir juſqu'à ce qu'il en contienne aſſez pour leur faire équilibre. Il arrive aſſez ſouvent que l'on creuſe fort profondément, avant que de trouver une terre de nature à laiſſer paſſer l'eau ; c'eſt comme ſi l'on enfonçoit beaucoup le tube, ſans ôter le pouce qui le bouche par en-haut : ſi on le débouche alors, les colomnes latérales étant fort longues & fort péſantes, chaſſent l'eau dans le tube avec précipitation ; de même il eſt

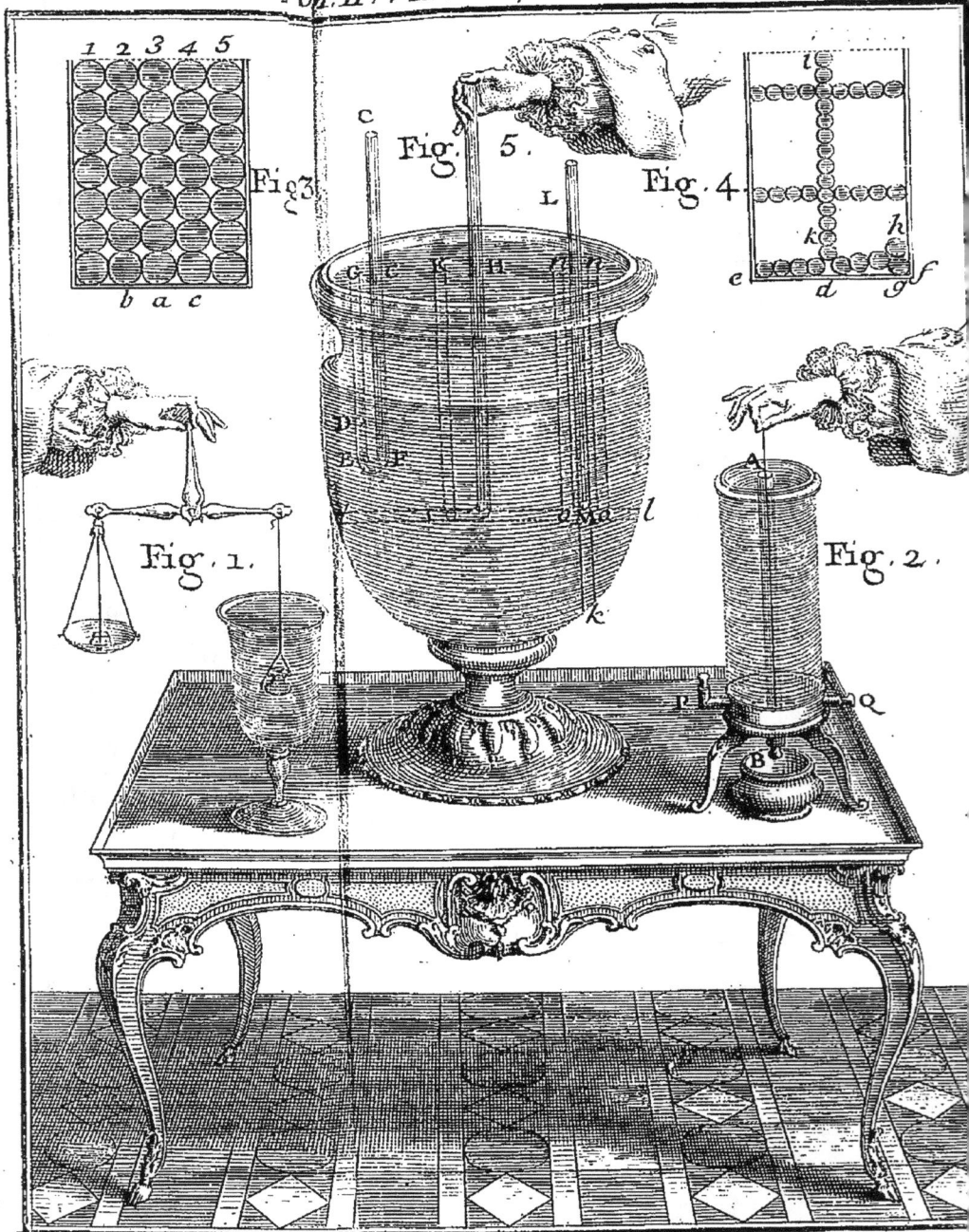

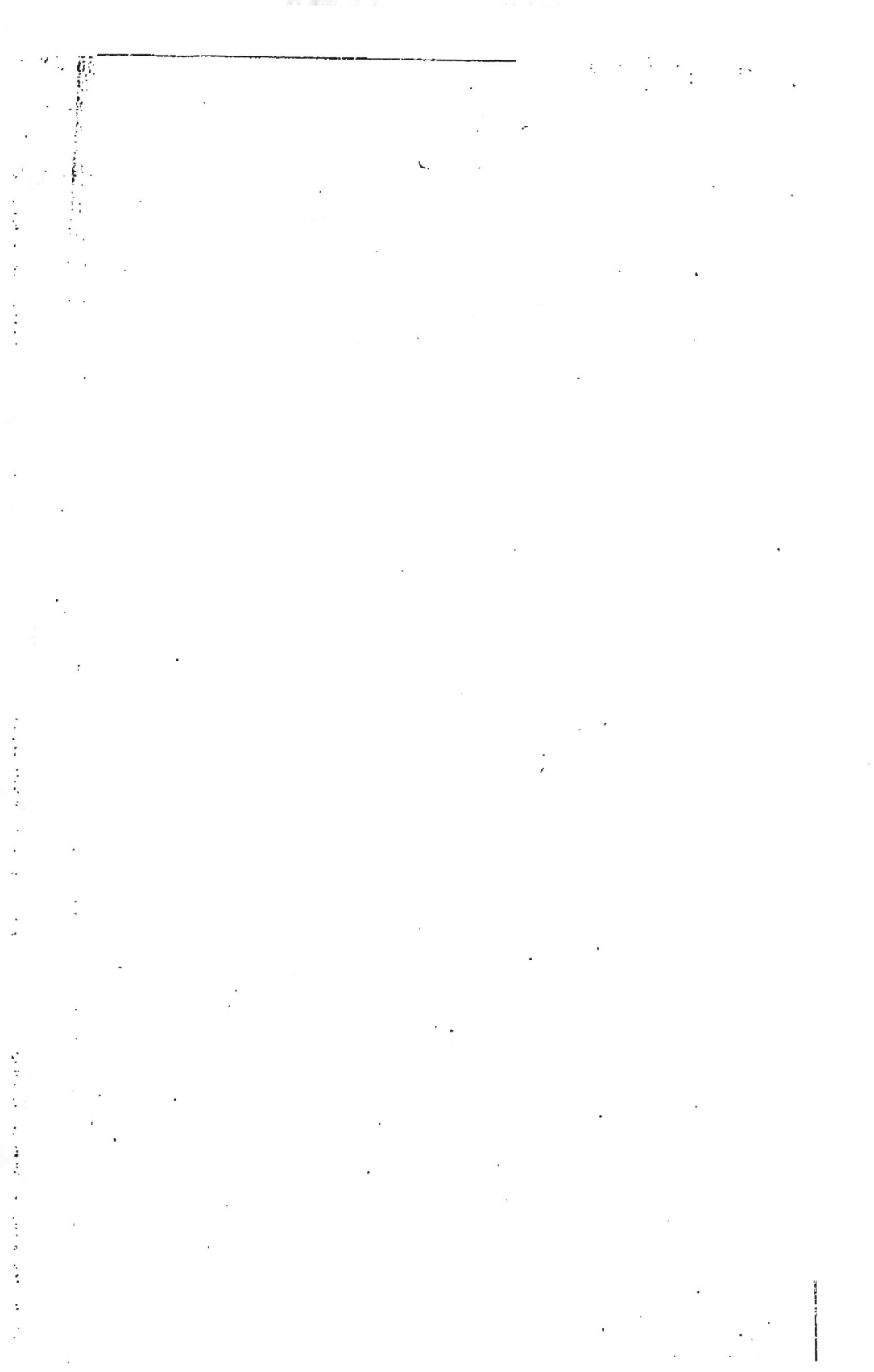

arrivé souvent que des ouvriers ont
été surpris par l'abondance de l'eau
au fond d'un puits neuf, parce que
la nature du terrain leur avoit fait
chercher trop avant un passage à la
source, & qu'il s'étoit trouvé tout-à-
coup trop libre.

De ce qu'une liqueur peut être élevée de bas-en-haut par le poids des
colomnes voisines, il suit qu'on peut
indifféremment remplir un vaisseau
par le fond, s'il est percé, en le plongeant perpendiculairement, ou bien
par son embouchure en l'inclinant;
& ce choix est d'un avantage considérable en plusieurs occasions, je
n'en citerai qu'une.

Pour tirer l'eau des puits qui sont
fort profonds, on se sert quelquefois
de deux sceaux attachés aux deux
bouts d'une même corde, qui em-
brasse un tambour qu'on fait tourner, de maniére que l'un descend
pendant que l'autre monte; c'est, à
mon avis, la meilleure machine connue qu'on puisse employer en pareil
cas, c'est-à-dire, quand une grande
profondeur rend l'application des
pompes très-difficile; mais comme

ces fceaux font ordinairement fort grands, & qu'on eft fouvent obligé de leur donner de la longueur aux dépens de la largeur, pour s'accommoder au diamétre du puits, on prend le parti de les emplir par le fond, & pour cet effet on y pratique une ou plufieurs foupapes, qui laiffent entrer l'eau, & qui ne lui permettent pas de retomber.

IV. PROPOSITION.

Toutes les parties d'une même liqueur font en équilibre entr'elles, foit dans un feul vaiffeau, foit dans plufieurs qui communiquent enfemble.

Pour ôter toute équivoque, j'entens ici par le mot de *parties*, des volumes égaux & en tout femblables; car comme les molécules changent felon le degré de liquidité, il pourroit fe rencontrer des cas où la denfité ne feroit point uniforme dans toute la maffe, & alors on devroit confidérer la liqueur comme plufieurs mêlées enfemble.

En fuppofant donc toutes les parties parfaitement femblables, comme on a tout lieu de croire qu'elles le font dans la plûpart des liqueurs, je dis qu'il y a équilibre entre elles, ou qu'elles se meuvent jusqu'à ce qu'elles soient parvenues à cet état, parce qu'elles ont des forces égales ; car la force d'un corps qui tend à tomber, n'est autre chose que cette tendance, & sa quantité de matiére. Or la tendance à tomber, est égale dans tous les corps, comme nous l'avons prouvé dans la Leçon précédente ; & dans toutes les parties d'une liqueur homogéne, la masse est la même selon notre supposition ; ainsi les couches supérieures ne peuvent déplacer celles qui font au-dessous, parce que celles-ci ont autant de force pour rester où elles sont, que celles-là peuvent en employer pour les déplacer.

Qui dit équilibre, dit repos ; cependant je ne prétens exclure ici d'autre mouvement que celui qui viendroit de la pésanteur plus grande d'une part que d'une autre. Plusieurs Physiciens prétendent que les parties des liquides se meuvent continuellement ; s'ils entendent par ce mouvement celui que la chaleur entretient dans tous les corps, il n'eſt guéres poſſible de le leur conteſter; & nous ferons voir ailleurs qu'il eſt très-compatible avec l'équilibre dont il s'agit maintenant : mais ſi l'on veut que ce ſoit une qualité affeᴄtée aux liqueurs en tant que telles , j'avoue que je ne connois aucun phénoméne qui m'oblige à recevoir cette ſuppoſition ; & je penſe qu'on ne doit pas ſans de bonnes raiſons ſuppoſer un mouvement aᴄtuel, où peut ſuffire une mobilité de parties inconteſtable. Paſſons aux preuves de notre propoſition.

V. EXPERIENCE.

PREPARATION,

Dans un ſcyphon renverſé , tel qu'il eſt repréſenté par la *Fig.* 6. il faut verſer de l'eau colorée , du vin, ou du mercure , &c. & poſer le ſupport ſur un plan bien horizontal.

EFFETS,

La liqueur s'éléve également dans les deux branches en même tems,

La partie inférieure du scyphon étant pleine, s'il s'élève dans l'une des deux branches une colomne de liqueur comme *A B*, son poids s'exerce sur la partie *B C* qui est mobile, la sollicite à s'élever dans l'autre branche, & cet effort est vaincu par le poids d'une colomne semblable *C D*; ainsi puisque *C D* & *A B* qui sont de même longueur, se soutiennent mutuellement, on peut conclure que les parties semblables d'une même liqueur, sont en équilibre.

VI. EXPERIENCE.

PREPARATION.

Le canal *E F*, *Fig. 7.* par le moyen d'un robinet qui est au milieu, ouvre une communication entre le grand vaisseau *G H*, & le tuyau montant *E I*. Ce tuyau est ajusté en *E*, de façon qu'on peut l'ôter, & mettre en sa place un autre tuyau *K* qui s'élève obliquement, ou *L* qui a plusieurs sinuosités, & l'on emplit le grand vase jusqu'en *G H*, avec une liqueur colorée.

EFFETS.

Dès qu'on a tourné le robinet pour ouvrir la communication entre le grand vaiffeau *G H*, & le tuyau montant *E I*, la liqueur s'éléve jufqu'en *I*; & cet effet eft toujours le même, foit que le tuyau foit droit & perpendiculaire, foit qu'il foit oblique ou tortu.

EXPLICATION.

Quand on compare des liqueurs par rapport à leur poids dans des vaiffeaux qui communiquent, ce ne font point les quantités contenues de part & d'autre qu'il faut comparer, mais les colomnes qui fe touchent par leurs bafes au trou de communication. Dans notre expérience, par exemple, c'eft le trou de la clef du robinet qui mefure la bafe de ces colomnes; or comme ce trou eft commun aux deux, quelque quantité de liqueurs qu'il y ait dans le grand vafe, il n'y a jamais qu'un filet capable de paffer par ce trou, qui y exerce fa preffion : le refte eft porté tant fur le fond, que fur les parois inclinées du vafe;

vafe ; il n'eft donc point étonnant qu'une petite colomne d'eau contrebalance cette preffion dans le tuyau , & ne s'éléve pas plus haut que la furface *G H.* *

* Fig. 7.

Si le tuyau montant eft incliné en un fens comme *K* , ou en plufieurs comme *L* , il faudra une plus grande quantité de liqueur pour faire équilibre à la preffion qui vient du grand vafe , parce que tous les corps qui péfent par des plans inclinés , perdent une partie de leur poids , & que le filet de liqueur qui péfe en *E* , eft capable d'en porter un femblable à la hauteur *E I* , quelque chemin qu'il tienne.

APPLICATIONS.

Quand l'eau d'une riviere , d'un étang , d'un lac , &c. pénétre par fon propre poids dans la terre , fi les canaux qu'elle y trouve , ou qu'elle fe pratique avec le tems , prennent une forme femblable à la *Figure* 6. quelque diftance qu'il y ait entre *A D* , quelque difpofition que prenne le terrain entre *B C* , l'eau remonte auffi haut que le lieu d'où elle eft defcendue. On ne doit donc pas regarder comme un phénoméne inexplicable, une fource qui fait naître ou qui entretient une piéce d'eau confidérable fur une montagne fort élevée ; c'eft qu'elle vient de quelque endroit encore plus haut ; & quoiqu'on n'en connoiffe point de tels à 40 ou 50 lieues de diftance, ce n'eft point une raifon pour rejetter cette explication.

Si l'on a deffein de conduire l'eau par fa propre péfanteur, il ne faut pas, comme l'on voit, fe flatter d'y réuffir, fi le lieu où elle eft, fe trouve plus bas que celui où l'on veut qu'elle vienne ; il ne fuffiroit pas même que les deux lieux fuffent de niveau, parce qu'il faut de la pente pour vaincre la réfiftance des frottemens. C'eft pourquoi dans tous les aquéducs, dans les tuyaux de conduite, dans les canaux où l'on veut qu'il y ait écoulement, on donne ordinairement ½ ligne d'inclinaifon par toife.

On ne doit pas non plus défefpérer de conduire l'eau où l'on veut, quoiqu'on foit obligé de la faire paffer par des endroits beaucoup plus pas que celui où l'on a deffein qu'elle aille, pourvû que celui-ci ne foit pas auffi élevé que la fource d'où elle part. L'eau qui fe diftribue dans les jardins, dans les maifons de Paris, & que l'on fait monter jufques dans les appartemens pour l'ufage des garderobes, vient par des tuyaux enterrés fous le pavé des rues; mais cette eau qu'ils aménent, arrive de quelque édifice public, des réfervoirs du Pont Notre-Dame, de la Samaritaine, &c. qui font plus élevés que les lieux de fa deftination, foit par eux-mêmes, foit par la difpofition du terrain.

Tout le monde fçait que la furface des liqueurs eft un plan horizontal, quelque forme que puiffe avoir le vaiffeau qui les contient. C'eft une fuite néceffaire de l'équilibre de leurs parties; car fi les colomnes *G M, O P, H N*, * exercent l'une contre l'autre des preffions égales, à la hauteur *M N*, où elles rencontrent les parois du vaiffeau, étant d'une même matiere, il faut qu'elles ayent, à compter de là, des volumes égaux, & par conféquent que leurs extrémités d'en-

* *Fig. 7.*

Y ij

haut fe trouvent dans la même ligne
G H.

Mais ce plan que repréfente la fuperficie des liqueurs, n'en eft un que
pour nos fens. Car lorfque la furface
des eaux a beaucoup d'étendue, par
le même principe il eft prouvé qu'elle eft convexe, & l'expérience eft
parfaitement d'accord avec la théorie.

Il n'y a perfonne qui ait été dans
un port, ou qui ait voyagé fur mer,
qui n'ait dû remarquer qu'on apperçoit les mâts d'un vaiffeau qui abor-
de, avant qu'on puiffe voir le corps
du bâtiment; comme auffi en appro-
chant d'une ville on découvre les clo-
chers & les toits avant que d'appercevoir le rez-de-chauffée des
maifons. C'eft que nous ne pouvons
voir qu'en ligne droite, & que la
convexité de la mer interrompt le
rayon vifuel qui vient du corps du vaiffeau à l'œil du fpectateur, à une diftance où le rayon qui vient du mât eft libre, comme on le peut voir par la
Figure 8.

Et en effet, fi les colomnes d'eau
qui compofent la mer, en vertu de
leur péfanteur égale, doivent avoir

leurs extrémités supérieures *a*, *b*, *c*,
également diftantes du centre de la
terre *d*, qui eft le centre commun de
tous les corps graves, elles ne peuvent pas fe ranger dans un plan repréfenté par la ligne *e f*; il faut né-
ceffairement qu'elles compofent une
furface convexe, qui ait fon centre
en *d*, *Fig.* 9.

Enfin il fuit encore de cet équilibre des parties d'une même liqueur,
que de plufieurs réfervoirs qui communiquent, il n'en faut voir qu'un
pour juger à quelle hauteur eft la liqueur dans les autres. Car quand on
me cacheroit une des deux branches
du fcyphon de la *Figure* 6. ou le grand
vaiffeau de la *Figure* 7. en conféquence du principe établi, la liqueur
élevée en *A* ou en *I*, m'apprendroit
infailliblement qu'elle eft à une femblable hauteur de l'autre part. Je
fçaurai donc combien il refte de vin
dans un tonneau, fi je puis feulement joindre au robinet un tuyau
montant comme *E I*.*   * *Fig.* 7.

Non-feulement on peut connoître
de cette maniere à quelle hauteur eft
une liqueur dans des vaiffeaux opa-

ques ou inacceſſibles, mais on peut auſſi s'en ſervir pour les emplir. Car ſi l'on verſe de la liqueur dans le tuyau *I*, elle ne pourra s'y ſoutenir que par le contrepoids d'une colonne ſemblable dans le grand vaſe *G H*. Mais cette colonne ne peut s'y élever, & ſe ſoutenir toute ſeule; à meſure qu'elle commencera, elle s'écroulera par ſon propre poids & par la fluidité de ſes parties, & elle ne parviendra à la hauteur *O*, qu'autant que le vaſe s'emplira pour la ſoutenir latéralement.

V. PROPOSITION.

LES liqueurs exercent leur preſſion tant perpendiculaire que latérale, non en raiſon de leur quantité, mais en raiſon de leur hauteur au-deſſus du plan horizontal, & de la largeur de la baſe qui s'oppoſe à leur chûte.

C'eſt-à-dire, que ſi l'on conſerve la hauteur & le fond du vaiſſeau toujours les mêmes, on pourra changer indifféremment ſa forme & ſa capacité; de ſorte qu'une certaine quantité d'eau, par exemple, pourra faire un effort 200 ou 300 fois plus ou

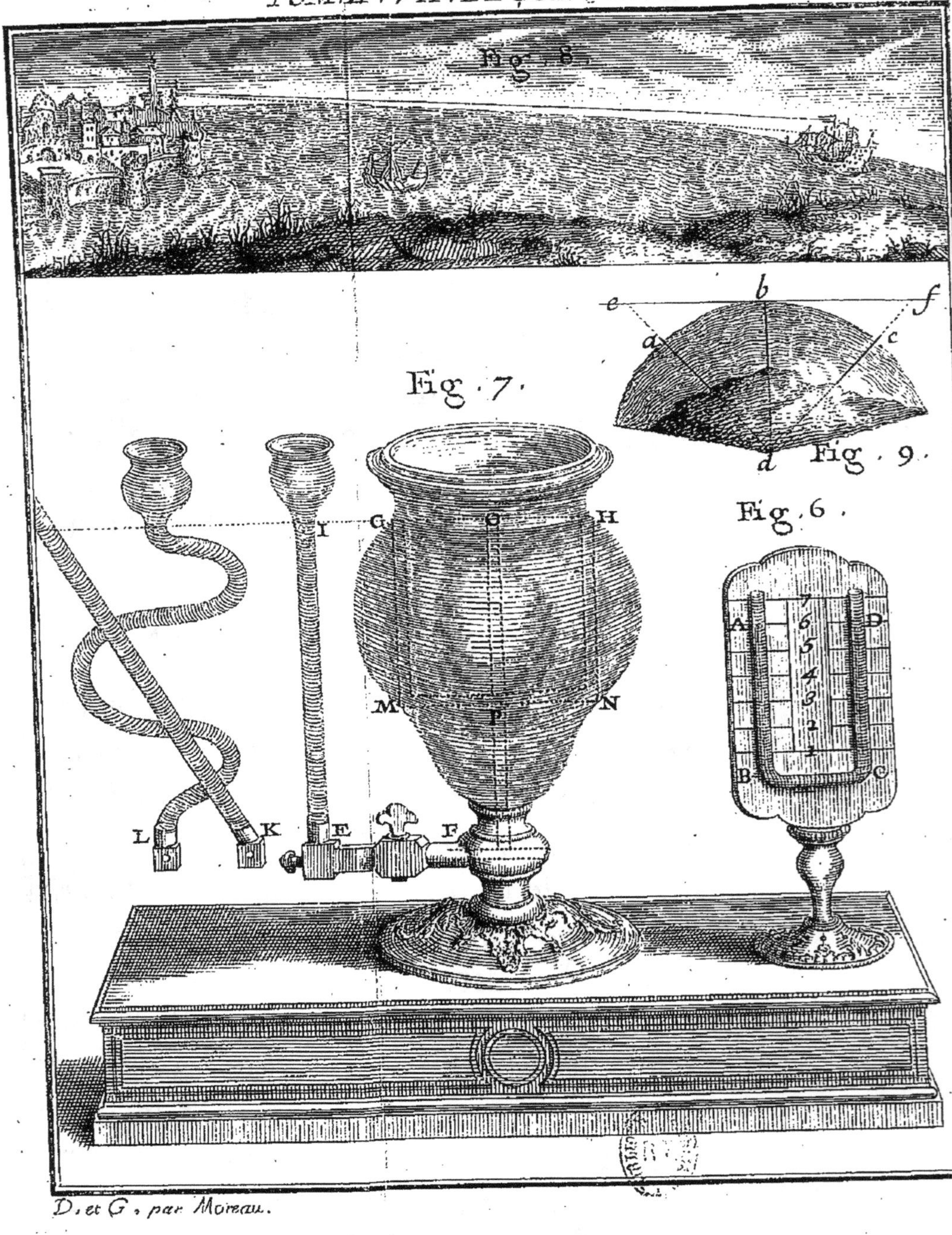

Fig. 8.

Fig. 7.

Fig. 9.

Fig. 6.

moins grand, selon la maniere dont elle sera employée : proposition paradoxe, mais très-certaine, & d'autant plus importante, qu'elle influe sur presque toutes les machines hydrauliques.

VII. EXPERIENCE.

PREPARATION.

Sur les deux petits côtés de la cuvette *A B*, *Fig*. 10. s'élévent deux montans *A C*, *B D*, creusés par dedans en coulisses, pour recevoir les deux pieds de la piece *E F*, qui, par ce moyen, hausse & baisse, & se fixe où l'on veut avec les deux vis *C, D*. En *E* & en *F*, sont deux petits piliers ouverts par le haut en fourchettes, pour recevoir deux leviers *G H*, terminés de part & d'autre par deux portions de poulies, dont les gorges ont pour centre celui du mouvement dans la fourchette.

Au fond de la cuvette est attaché un trépied de fer, qui porte un cylindre creux de métal *I K*, dans lequel glisse un piston qui a peu de frottemens. Ces deux pieces ensemble font repréfentées par la *Figure* 11.

Le cylindre reçoit à vis plufieurs vaiffeaux de verre, repréfentés par les *Figures* 10. 12. & 13. garnis par le bas, d'une virole de cuivre, & par le haut, d'une large cuvette. La hauteur de tous ces vaiffeaux eft égale, mais leurs figures & capacités font, comme l'on voit, fort différentes.

Quand un de ces vaiffeaux eft adapté au cylindre, comme on le peut voir par la *Figure* 10. deux poids *L*, *M* qui tirent fur les leviers, tendent à élever perpendiculairement le pifton, par le moyen d'une verge de métal *N*, & d'un double cordon attaché en *G* & en *H*, & qui traverfe une mortaife pratiquée à la piece *E F*.

La *Figure* 14. repréfente une efpéce de lanterne cubique de métal, garnie de glaces, à laquelle s'ajufte le cylindre de la *Figure* 11. & quelqu'un des vaiffeaux de verre dont nous avons parlé; au fond de la lanterne eft fixée une poulie *O*, qui renvoye un bout de chaine du pifton à la tige *N*, de forte que cette piece étant placée fur le trépied dans la cuvette, le jeu des leviers fait mouvoir le piston dans une direction horizontale.

La cuvette *A B* est doublée de plomb; les pieces qui font en fer, font vernies; celles qui fe joignent à vis, ont des anneaux de cuirs gras interpofés; le piston est le plus libre qu'il est poffible; & les poids *L* & *M*, font deux petits fceaux ou deux baffins de balances, que l'on peut charger plus ou moins; & l'on a pratiqué en *K* une efpéce de robinet pour l'écoulement de l'eau.

E F F E T S.

Si l'on remplit d'eau le vaiffeau cylindrique, quand il est monté à la machine, comme on le voit par la *Figure* 10. & que les poids *L*, *M*, foient tels, qu'ils enlévent à peine le piston; le même effet fubfifte, quoiqu'on fubftitue à ce vaiffeau ceux des *Figures* 12. & 13. dont les capacités font très-différentes.

Les mêmes poids font encore néceffaires & fuffifans, fi l'on place fur le trépied les pieces qui font repréfentées par la *Figure* 14. & que l'on

mette de l'eau à la même hauteur
que dans les expériences précédentes , à compter du deſſous de la petite poulie de renvoi O.

Explication.

Pour mouvoir le piſton de bas en-
haut , il y a deux ſortes de réſiſtances
à vaincre ; ſçavoir , celle de ſon frottement dans le cylindre , & celle du
poids de l'eau. La premiere ne doit
point varier quand on fait les expériences de ſuite , puiſque c'eſt le même piſton & le même cylindre. Si
l'on n'eſt point obligé d'augmenter ,
& qu'on ne puiſſe pas non plus diminuer les poids , lorſqu'on employe le
plus grand ou le plus petit des trois
vaiſſeaux , pourvû que l'eau ſoit toujours à même hauteur ; c'eſt donc
que les liquides , comme nous l'a-
vons énoncé dans notre propoſition,
ne péſent pas ſur le fond de leur vaſe
en raiſon de la quantité , mais ſelon
la largeur de ce fond , & leur hauteur perpendiculaire.

Et puiſqu'il faut pour tirer le piſton horizontalement , autant de force que pour ſoulever la même quan-

Fig. 11.

Fig. 13.

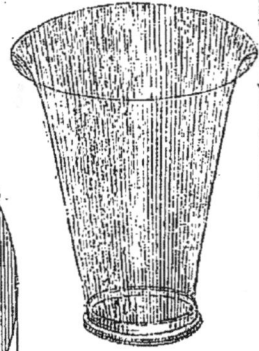

Fig. 10.

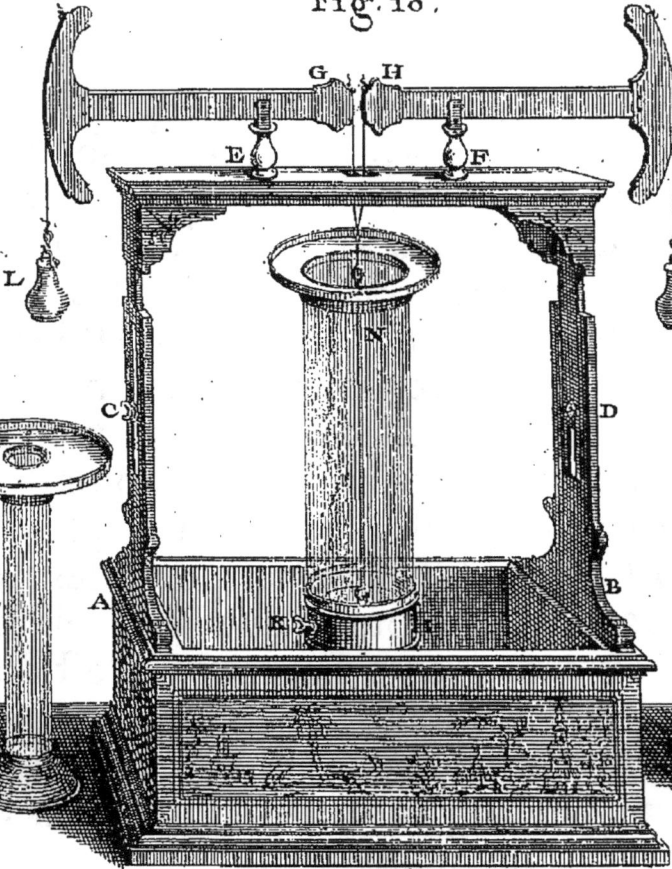

Fig. 14.

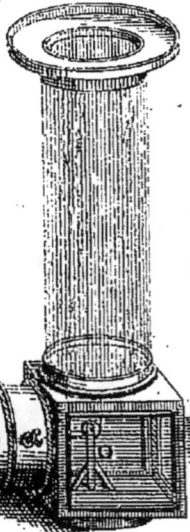

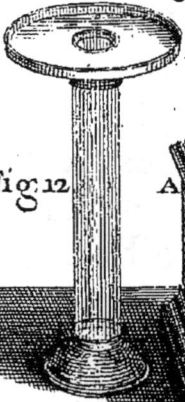

Fig. 12.

Dessiné & Gravé par Moreau.

tité d'eau dans une direction verticale, c'eſt une preuve que la preſſion latérale des liqueurs équivaut à celle qui ſe fait perpendiculairement à même hauteur.

Ces faits, tout ſurprenans qu'ils paroiſſent, ſont inconteſtablement prouvés par les expériences que nous venons de rapporter ; mais ils ne ſont point expliqués. S'il eſt utile de les ſçavoir, il n'eſt pas moins cu-rieux d'en connoître la cauſe, & c'eſt pour tâcher de la dévoiler, que nous allons examiner comment la choſe ſe paſſe dans chacun des vaiſſeaux ; commençons par le plus ſimple.

La maſſe cylindrique d'eau qui eſt dans le vaiſſeau *I K N*, peut être conſidérée de deux manieres, ou comme un faiſſeau de petites colom-nes contenues ſous une enveloppe commune, ou comme des tranches orbiculaires poſées en pile les unes ſur les autres ; voyez la *Fig.* 15. de quelque façon qu'on la conſidére, il eſt évident que la baſe *a b* eſt char-gée de la ſomme totale, ou des co-lomnes ou des tranches, & que ſi l'on connoît ſeulement le poids d'une d'entre elles , on fçaura le poids de toute la maffe , parce que la largeur de la bafe donne le nombre des colomnes , ou bien la hauteur de l'eau au-deffus de la bafe , détermine celui des tranches. D'où il fuit que dans un vaiffeau cylindrique pofé perpendiculairement à l'horizon, les liqueurs , eû égard à la bafe , ne péfent pas autrement que les folides.

Dans le vafe repréfenté par la *Fig.* 13. dont la coupe , felon l'axe , fe voit en la *Fig.* 16. il eft encore facile de voir que la bafe *c d* ne porte que les colomnes qui repofent perpendiculairement deffus , les autres étant foutenues par les parois, comme par des plans inclinés. Si *c d* eft égal à *a b* de la *Fig.* 15. il eft donc vifible que ces deux bafes font également chargées. La fluidité fait ici quelque chofe ; car c'eft parce que la partie *c e f d* peut fe mouvoir , & exercer fa péfanteur indépendamment du refte de la maffe, qu'elle charge la bafe de fon poids. Si cette maffe totale étoit compofée de tranches orbiculaires, mais folides, comme *g h*, *i k*, &c. il eft aifé de voir qu'elle feroit

toute soutenue sur les côtés du vase,
& que le fond *c d* ne porteroit que la
derniere tranche infiniment mince.

Enfin, comment se fait-il que la
base du vase représenté par la *Fig.* 12.
soit aussi chargée que celle des deux
autres? Puisqu'il n'y a que la petite colomne *n n*, * qui ait toute sa hauteur,   * *Fig.* 17.
les parties voisines *o o*, doivent-elles
être également comprimées?

Que ces parties du vase soient pressées, cela s'entend facilement, puisqu'elles portent une partie du fluide
qui est pésant, & nous avons expliqué
par la *Fig.* 4. comment non-seulement celles-ci, mais encore toutes
les autres *p p*, *q q*, * participent à   * *Fig.* 17.
cette pression; mais qu'elles soient
autant pressées que la partie *n*, c'est
ce qu'on a peine à concevoir. On
voit bien en effet que la colomne *n n*
doit communiquer sa pression en *o* &
en *q*, par les globules qu'elle tend à
écarter; mais comme la force avec
laquelle elle agit sur ces deux parties,
a une direction oblique sur l'une &
sur l'autre, & qu'une force qui s'e-
xerce obliquement, n'est point égale
à celle qui est directe, il semble que

la preffion en *p* & en *q* ne peut jamais égaler celle qui fe fait en *n*.

Il faut convenir auffi que cette égalité n'eft pas démontrée à la rigueur ; mais l'expérience n'y laiffe appercevoir aucune différence , & l'on concevra que celle qui peut y être , eft infiniment petite , fi l'on fait attention à ces deux chofes : 1°. Que les molécules des corps liquides font très-petites. 2°. Qu'elles ne fe touchent point d'auffi près , que quand les caufes de la liquidité viennent à ceffer : avec ces deux principes , je crois qu'on peut rendre raifon du fait en queftion. Car ces parties des liquides étant infiniment petites , quand bien même elles ne feroient qu'infiniment peu écartées les unes des autres , l'action d'une de ces particules pouffée entre deux autres , devient infiniment peu oblique , c'eft-à-dire , prefque directe ; voyez la *Fig.* 18. Ce qui rend cette idée fort probable , c'eft que la preffion latérale , qui ne différe pas fenfiblement de la preffion perpendiculaire dans les liqueurs , eft notablement moins grande dans les flui-

des groffiers, comme le fable, les
menus grains, le plomb à giboyer,
&c. & qu'elle diminue & cesse entiérement dans les matieres qui paf-
sent de l'état de liqueur, à celui de
corps folides. Ce qui n'arrive, fans
doute, que parce que les parties fe
rapprochent, fe pelotonnent en molécules plus groffieres, & qu'au lieu de
continuer d'agir les unes fur les autres, comme le globule 1 fur les deux
qu'il touche, elles exercent une action plus oblique, comme le globule 2.

APPLICATIONS.

Les expériences que nous venons
d'expliquer, nous conduisent naturellement à dire quelque chofe des
pompes ; ce font de toutes les machines hydrauliques, celles dont l'ufage
eft le plus fréquent & le plus généralement utile : il eft à propos d'en connoître au moins les principales parties, les principes fur lesquels on
doit régler leurs dimenfions, &
comment la force qu'on employe,
s'applique par leur moyen à vaincre
la réfiftance du fluide qu'on éleve,

afin de n'être point la dupe de son imagination, ou des fausses promesses de certaines gens, dont le génie naturel n'est point assez éclairé par les lumieres de la théorie.

Les principales parties des pompes, sont pour l'ordinaire des cylindres creux AB, ou CD, *Fig.* 19. faits le plus souvent de métal ; des pistons EF qui remplissent une portion du cylindre, & que l'on y fait mouvoir alternativement d'un bout à l'autre par le moyen d'une tige G ou H, au bout de laquelle on applique le moteur immédiatement, ou bien à l'aide d'un levier I, ou de quelque autre machine ; des tuyaux montans comme K, L, pour conduire l'eau à la hauteur qu'on désire ; & enfin des *valvules*, *soupapes*, ou *clapets*, qui laissent passer l'eau dans un sens & qui l'empêchent de revenir en sens contraire, comme on le peut voir à chaque fond des deux cylindres B ou D.

On peut distinguer en général deux sortes de pompes, composées des parties que nous venons de nommer ; sçavoir celles qu'on appelle as-

pirantes, & celles qui se nomment *foulantes* ; nous ne dirons rien ici des premiéres, parce que pour les entendre il faut connoître quelques propriétés de l'air, dont nous n'avons point encore parlé ; il ne s'agit donc maintenant que des derniéres, de celles où le piston pousse immédiatement l'eau de haut-en-bas, ou de bas-en-haut.

Dans le cylindre *A B*, par exemple, lorsqu'on éléve le piston de *B* vers *A*, il laisse un vuide entre lui & le fond de la pompe, & l'eau du bassin dans lequel elle est plongée, s'y éléve par la pression des colomnes voisines, comme dans les tuyaux de la *Fig.* 5. & par une autre cause, que nous ferons bien-tôt connoître ; lorsqu'ensuite on vient à baisser le piston, l'eau retenue par un clapet qui est au fond du cylindre, passe à travers le corps même du piston où l'on a pratiqué un canal, & un autre clapet en-dessus, pour l'empêcher de retomber ; ainsi quand on éléve le piston pour la seconde fois, le dessous s'emplit de nouveau, & l'eau qui étoit passée au-dessus, est portée plus

haut ; en continuant ainſi, l'on parvient à remplir le tuyau montant, &
ce qu'on fait après, eſt autant d'eau
dont on peut diſpoſer. Dans l'autre
pompe *CD*, dont le corps eſt entiérement plongé, l'eau tombe d'elle-même, & paſſe à travers du piſton,
pour remplir l'eſpace qu'il laiſſe vuide quand on l'éléve ; & lorſqu'on
vient à le preſſer en en-bas, le trou
ſe bouche par un clapet qui eſt à ſa
baſe; & l'eau eſt obligée de paſſer dans
le tuyau *K*, d'où elle ne peut retomber, parce qu'il y a en bas une autre
ſoupape qui la retient. En réitérant
donc les coups de piſton, ce tuyau
montant ſe remplit, & fournit enſuite
de l'eau à la hauteur où il finit.

Dans l'une & dans l'autre de ces
deux machines, il eſt facile d'évaluer la réſiſtance qui vient du poids
de l'eau qu'on éléve ; car ſelon les
principes établis ci-deſſus, & les expériences que nous avons employées
pour les prouver, quelque forme
que prenne la colomne du fluïde, on
aura ſa juſte valeur, en multipliant la
largeur de ſa baſe ; qui eſt celle du
piſton même, par la hauteur perpen-

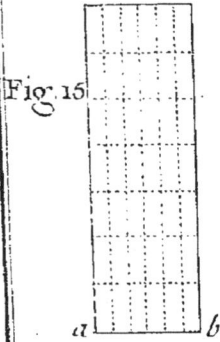

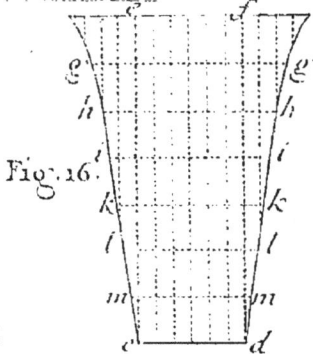

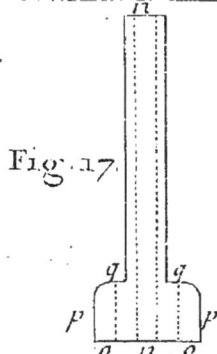

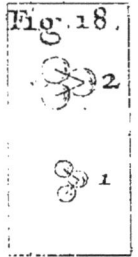

Fig. 15

Fig. 16

Fig. 17

Fig. 18

Fig. 19

Dessiné & Gravé par Moreau.

diculaire du tuyau montant. Dans l'u-
ne de nos deux pompes la colomne
d'eau repofe fur le pifton que l'on tire, dans l'autre elle réfifte au pifton
que l'on pouffe, & c'eft précifément
la même chofe, quant à la force qu'il
faut employer. En fuppofant donc un
pifton de telle largeur, que la colomne d'eau, dont il eft la bafe, péfe 20 livres par pied, le tuyau montant, ne fût-il que d'un pouce de diamétre, s'il a 20 pieds de haut, la fomme de la charge contre le pifton fera
400, produit de 20 multiplié par 20,
comme fi la colomne d'eau étoit dans
toute fa longueur d'un diamétre égal
à celui de fa bafe.

On ne gagne donc rien, comme
l'on voit, à faire des tuyaux menus
pour conduire l'eau d'une pompe;
on y perd au contraire par l'augmentation des frottemens; car nous avons
fait voir dans la troifiéme leçon*, que   * Pag. 251.
cette efpéce de réfiftance, toutes cho-
fes égales d'ailleurs, croît comme les
furfaces, & que la fuperficie intérieure d'un petit tuyau, par rapport à la
folidité du contenu, excéde celle
d'un plus gros.

Puisqu'une colomne de liqueur fort menue peut exercer une grande pression, lorsqu'elle aboutit à une large base, on ne doit pas s'étonner que quelques pintes d'eau fassent crever un tonneau plein, quand on les éléve perpendiculairement sur le trou de la bonde dans un tuyau fort long: car alors cette colomne ayant la largeur du tonneau pour base, elle a la même force, que si dans toute sa longueur elle avoit cette même largeur. Mais ceux qui seroient curieux de répéter cette expérience, doivent être avertis que les tonneaux ordinaires, dans lesquels on met le vin à Paris & aux environs, sont capables d'une résistance beaucoup plus grande qu'on ne le pourroit croire; 20 pieds de tuyaux ne m'ont quelquefois point réussi pour faire crever un demi-muid; le muid créve plutôt, parce qu'il fournit une plus large base.

Les écoulemens qui se font de vaisseaux percés au-dessous de la superficie de la liqueur, à ouvertures égales, ont d'autant plus de vîtesse, que la liqueur est plus haute au-dessus du trou, parce que la partie du fluide

qui s'écoule actuellement, est pressée
par le poids d'une colomne plus longue ; c'est pourquoi les jets d'eau s'é-
lévent & dépensent d'autant plus,
que leurs réservoirs sont plus hauts ;
& la hauteur du jet diminue aussi à
mesure que ces réservoirs se vuident.
De-là vient encore qu'un vaisseau
dont la capacité est uniforme, comme un cylindre, un prisme, &c. posé sur sa base, ne se vuide point également en tems égaux, si l'écoulement se fait par en-bas. Les quantités
pour chaque tems vont en diminuant,
comme la hauteur de la superficie
du liquide qui s'écoule ; c'est par cette raison que dans les réservoirs pu-
blics, où l'eau se distribue selon les
concessions faites aux particuliers, on
doit avoir soin que le bassin d'où elle part, soit toujours également plein.

Avant que l'horlogerie fût aussi
parfaite, & d'un usage aussi commun
qu'elle l'est présentement, on étoit
fort dans l'usage de mesurer le tems,
par l'écoulement de quelque liqueur,
ou de quelque fluide ; la *clepsydre* & le
sable ne sont autre chose que des vaisseaux dont une partie se vuide d'eau,

ou de quelque poudre fine, pendant un certain tems ; mais ces fortes d'inſtrumens ne peuvent jamais être bien parfaits, parce qu'en général la vîteſſe des écoulemens dépend non-ſeulement de la hauteur perpendiculaire du fluide, qui eſt ce que nous avons principalement en vûe ici, & qu'on peut aiſément meſurer, mais encore de la quantité des frottemens, du degré de fluidité & de denſité, qui ſont variables, & qu'il eſt difficile d'évaluer.

II. SECTION.

De la péſanteur & de l'équilibre de pluſieurs Liqueurs, dont les denſités ſont différentes.

NOus avons donné au commencement de la premiére ſection une idée des liqueurs en général, en les repréſentant comme un amas de petits corps ſolides, très-durs, indépendans les uns des autres, péſans ſéparément & à proportion de leurs petites maſſes ; tout ce que nous

avons à ajouter à cette defcription,
pour faire entendre comment fe comportent dans le même vaiffeau deux
liqueurs de denfités différentes, c'eft
que ces petits corps qui les compofent, font eux-mêmes des affembla-
ges de parties plus fubtiles, fortement liées & adhérentes entr'elles ;
la denfité de ces petites maffes étant
plus ou moins grande, leurs figures
& leurs grandeurs occafionnant plus
ou moins de vuide dans leur affemblage, on conçoit bien qu'il en doit
réfulter des fluides ou des liqueurs
plus ou moins denfes.

Quand on compare plufieurs liqueurs par rapport à leur poids, ou
la comparaifon fe fait entre des volumes d'une grandeur fenfible, comme lorfqu'on péfe de l'eau contre de
l'huile, ou contre du mercure, dans
des vaiffeaux féparés ; ou bien ce font
les parties mêmes que l'on compare
enfemble, comme lorfqu'on mêle de
l'eau avec du vin, ou avec de l'air ;
de quelque façon que cela fe faffe,
la péfanteur exerce fes droits comme
ailleurs ; mais la fluidité donne lieu
à des effets particuliers que nous allons examiner.

Première Proposition.

La différence du poids, ou de la denfité, fuffit pour féparer les parties de deux liqueurs qu'on a mêlées enfemble, fi d'autres caufes plus fortes n'empêchent cet effet.

PREMIERE EXPERIENCE.

PREPARATION.

Dans un vafe de verre divifé en deux parties, qui communiquent par un petit canal d'une ligne & demie de diamétre, *Fig.* 20. il faut mettre d'abord du vin rouge jufqu'en *A*, & achever de l'emplir avec de l'eau, & l'expofer en quelque endroit où il ne foit point agité.

EFFETS.

De l'extrémité du canal *A* on voit auffi-tôt s'élever une petite colomne de vin, qui fe répand enfuite fur la fuperficie de l'eau; & peu-à-peu tout le vin paffe ainfi à la place de l'eau, & celle-ci à la place du vin.

Explication

EXPLICATIONS.

Les particules qui compofent la maffe d'eau, étant plus péfantes que celles du vin, font plus d'effort pour occuper le fond du vafe, que celles-ci n'ont de force pour leur réfifter ; de-là il arrive qu'une colomne d'eau, capable d'occuper à-peu-près la moitié du canal *A*, prend fon cours de haut-en-bas, & qu'une pareille quantité de vin s'éléve en même tems de bas-en-haut : & comme ces colomnes d'eau & de vin, à mefure qu'elles paffent, fe réparent continuellement aux dépens de la maffe dont elles font partie, à caufe de fa fluidité ; il arrive enfin que toute l'eau fe trouve où étoit le vin avant l'expérience, & que le vin eft obligé d'occuper la partie du vafe la plus élevée : parce que deux corps ne peuvent pas être en même tems dans le même lieu, comme nous l'avons fait voir dans la troifiéme Leçon *, en parlant de l'impénétrabilité de la matiére.

* 3. *fect.* p. 71. & f.

II. EXPERIENCE.

PRÉPARATION.

La phiole cylindrique qui est représentée par la *Fig.* 21. contient 5
fluides différens ; sçavoir , 1. du mercure, 2. de l'huile de tartre, 3. de l'esprit de vin , 4. de l'esprit de térébenthine , 5. & de l'air.

EFFETS.

Quand le vase est en repos , toutes
ces matiéres occupent les places qui
conviennent à leur pésanteur spécifique, c'est-à-dire , que le mercure se
tient au fond, l'huile de tartre immédiatement au-dessus, après celle-ci
l'esprit de vin , l'esprit de térébenthine ensuite , & l'air au-dessus de tout;
& si l'on renverse plusieurs fois la
phiole en l'agitant , dès qu'on la repose , chacune de ces liqueurs re-
prend sa place , mais le mercure &
l'huile de tartre plus promptement
que les autres.

EXPLICATIONS.

Ces cinq fluides différent plus entr'eux , que le vin & l'eau de l'expé-

rience précédente , non-feulement
par leurs péfanteurs fpécifiques , mais
encore par leur nature ; ce qui fait ,
fans doute , qu'en les agitant enfemble , ils ne fe divifent point , & ne fe
mêlent point autant que d'autres liqueurs qui feroient plus analogues ;
c'eft par la même raifon , que le mercure & l'huile de tartre fe démêlent
plus vîte que les autres.

Applications.

Les vaiffeaux propres à exécuter
ces fortes d'expériences , peuvent recevoir différentes formes , & fe difpofer de diverfes maniéres. On peut,
par exemple , cacher la capacité inférieure qui contient le vin de la premiére expérience , dans un petit pied-
d'eftal , ou autrement , *B* , *Fig.* 20.
en ne laiffant ainfi appercevoir que
la partie du vafe où l'on met l'eau,
il femble à ceux qui ne connoiffent
point ces effets , que l'eau fe change
en vin ; c'eft ainfi que l'on trompe
quelquefois les yeux par de petits ar-
tifices , qui perdent tout leur merveilleux quand on en connoît les caufes. Nous n'en parlons que pour ap-

prendre à suspendre son jugement dans les choses que l'on ne conçoit pas d'abord, & à ne pas regarder comme surnaturels des effets qui surprennent, & dont la cause physique ne s'apperçoit pas.

Les matiéres grasses, animales, végétales ou minérales, étant pour l'ordinaire composées de molécules moins denses que celles de l'eau, s'en dégagent lorsqu'elles y sont mêlées, & le plus souvent l'on n'employe pas d'autre moyen pour les en séparer, que de leur donner le tems de surnager ; c'est ainsi qu'on sépare la crême du lait.

On voit souvent des eaux croupies, à la superficie desquelles on remarque des taches luisantes, qui font paroître des couleurs d'iris quand on les regarde dans certains sens ; ce sont des parties grasses, ou sulfureuses, qui se sont élevées du fond, comme il arrive dans les terrains bitumineux; ou qui se sont démêlées de l'intérieur de l'eau, ce qui ne manque guéres d'arriver dans les bassins où l'on va laver le linge. Mais si une goute d'huile, une parcelle de graisse, s'é-

léve au-deſſus de l'eau, la même choſe doit arriver, & arrive en effet, quand
il y en a une plus grande quantité ;
ainſi plus un animal eſt gras, toutes
choſes égales d'ailleurs, plus il a d'a-
vantage pour nager. Un bœuf, ou un
cochon, à cet égard, court donc
moins de riſque de ſe noyer, qu'un
lévrier, ou tout autre animal maigre.

Nous pourrions encore citer ici
pour exemple, l'aſcenſion des vapeurs
& des exhalaiſons ; mais nous avons
prévenu cette application, en faiſant
connoître dans la leçon précédente,
que la fumée & la flamme ne s'élévent dans l'air que par une légéreté
reſpective, qui n'eſt, à proprement
parler, qu'une moindre péſanteur,
comme l'air s'éléve dans l'huile, l'huile dans l'eau, l'eau dans le mercure.

Quoiqu'une liqueur plus légére
ſoit capable de s'élever au - travers
d'une liqueur plus péſante, il y a
pourtant telle circonſtance où cet effet n'a point lieu. L'eau & le vin, par
exemple, que nous avons employés
dans notre premiére expérience, ne
ſe ſéparent point, quand on les a ver-
ſés bruſquement l'un ſur l'autre. L'hui-

le & l'eau battues enfemble avec l'air qui s'y mêle, perdent leur fluidité, le blanc d'œuf & la crême fouettée font la même chofe, & ces fortes de mélanges fubfiftent affez long-tems.

Tous ces exemples prouvent feulement, qu'il y a des caufes qui s'oppofent aux effets de la péfanteur dans la féparation des fluides mêlés, & que ces caufes peuvent devenir prédominantes ; mais elles ne détruifent point notre propofition. Il faut fe fouvenir ici de ce que nous avons dit des frottemens dans la troifiéme leçon. Cette forte de réfiftance s'augmentant comme les furfaces, les liqueurs mêlées peuvent être divifées en fi petits volumes, que l'une touche l'autre par trop d'endroits, & que la différence de leurs péfanteurs, qui feroit la caufe de leur défunion, n'égale pas le frottement, où (ce qui eft la même chofe) la difficulté qu'elles ont à fe féparer. C'eft par cette raifon que le vin, prefque auffi péfant que l'eau par lui-même, quand il eft fort divifé par une chûte trop brufque, demeure dans l'eau comme il s'y trouve ; au lieu que fi par la forme

du vafe, ou par la façon de le verfer,
on met en oppofition des volumes
plus confidérables, & qui ayent
moins de furface par rapport à leur
folidité, il arrive le plus fouvent que
le frottement céde à la péfanteur de
l'eau. C'eft encore par la raifon des
frottemens augmentés par la divifion
des parties, que l'huile & le vin deviennent *onguent*, que le blanc d'œuf,
la crême, &c. demeurent en mouffe;
car l'air y eft fi divifé, & fon mélange avec ces liquides eft fi intime, que
fa légéreté ne fuffit plus pour l'en dé-
gager. Ajoutez à ces raifons deux autres caufes qui rendent encore la féparation des parties difficiles; c'eft la
vifcofité qui eft plus ou moins grande dans une matiére que dans une autre, mais dont aucune n'eft parfaitement exempte; & l'analogie qui fe
trouve fouvent entre deux liqueurs,
& qui confifte vraifemblablement
dans une certaine convenance de figures, de grandeur, ou de furface.
L'efprit de vin mêlé avec l'eau ne
s'en fépare plus; & l'huile de térébenthine, qui n'eft guéres plus légére, ne fait pas la même chofe.

II. Proposition.

Plusieurs liqueurs ou plusieurs fluides, quoique de natures différentes, pésent les uns sur les autres en raison de leurs densités & de leur hauteur.

Cette proposition n'a besoin ni d'explication, ni de preuves ; car si toute liqueur est pésante, par la raison seule qu'elle est matiére, ajouter une liqueur sur une autre, c'est ajouter un poids à un autre poids, & quand l'un des deux seroit plus petit que l'autre, il n'a pas moins une valeur réelle qui doit être comptée dans la somme. Si l'on a dessein de charger le fond d'un vaisseau cylindrique de deux livres de liqueur, & qu'on commence par y verser une livre d'eau, on pourra certainement achever la charge avec de l'huile ; celle-ci étant moins pésante, il en faudra un plus grand volume, mais son poids ne contribuera pas moins à la pression qu'on s'est proposée.

III. Proposition.

Deux liqueurs de densités différentes font en équilibre, lorsqu'ayant la même base,

base, leurs hauteurs perpendiculaires à
l'horizon sont en raison réciproque de leurs
densités ou pésanteurs spécifiques.

III. EXPERIENCE.

PREPARATION.

ECD, *Fig.* 22. est un scyphon renversé , dans lequel on verse du mercure , jusqu'à ce que la surface de
part & d'autre soit d'une demi - graduation plus élevée que la ligne
CD ; après quoi l'on verse de l'eau
colorée dans la branche CE.

EFFETS.

Lorsque la colomne d'eau mesure
14 graduations, le mercure se trouve
d'une graduation plus élevé dans la
branche D , que dans l'autre.

EXPLICATIONS.

Le mercure chargé d'un côté par
la colomne d'eau , s'éléve dans l'autre branche jusqu'à ce qu'il soit en
équilibre avec la liqueur qui le presse;
quand il cesse de monter , sa hauteur
au-dessus de son niveau égale la quatorziéme partie de celle de l'eau , &

l'on fçait d'ailleurs que le poids de l'eau eſt à celui du mercure, comme 1 eſt à 14; il eſt donc évident que les hauteurs de ces deux liqueurs en équilibre, ſont en raiſon réciproque des denſités, puiſque l'eau ſe tient 14 fois auſſi haute, comme le mercure eſt 14 fois auſſi péſant.

Applications.

La propoſition que nous venons de prouver, étant une fois reconnue pour vraie, il ſera aiſé de connoître le rapport de denſités de pluſieurs liqueurs, en comparant ainſi leurs hauteurs lorſqu'elles ſeront en équilibre; car on conçoit bien qu'au lieu de mercure on pourroit mettre avec l'eau toute autre matiére liquide, comme de l'huile, de l'eſprit de vin, &c. & qu'on jugeroit de même par leur hauteur au-deſſus du niveau, de combien l'une ſeroit plus ou moins péſante que l'autre.

Comme on peut juger des denſités par la comparaiſon des hauteurs, on pourroit auſſi par l'élévation de la plus péſante des deux liqueurs, ſi l'on connoiſſoit les denſités, eſtimer

la hauteur de la plus légére en tel cas
où l'on ne pourroit la mefurer. Si,
par exemple, un plongeur avoit au
fond de l'eau un fcyphon renverfé avec
du mercure, fur lequel la preffion
de l'eau agît feule, & feulement par
une des deux branches, dès qu'il
verroit le mercure élevé d'un pied,
il pourroit conclure en toute fûreté
que la colomne d'eau qui preffe, a 14
pieds de hauteur.

Nous fommes fur la terre comme
les poiffons qui rampent au fond de
la mer, plongés dans un vafte fluide
qui nous environne de toutes parts,
& dont nous ne fçavons pas au jufte
la hauteur: accoutumés dès l'inftant
de notre naiffance à la preffion de
l'air qui eft égale & uniforme fur toute l'étendue de nos corps, nous ne
la fentons point, parce qu'elle eft
continuelle; car fentir n'eft autre chofe que juger de notre état actuel, par
comparaifon à un autre qui a précédé : une fenfation qui n'eft jamais interrompue, à proprement parler, n'en
eft pas une. Auffi la connoiffance de
la péfanteur de l'air eft-elle une découverte qui a encore tout le goût

de la nouveauté. Il y a à peine un
siécle que l'on compte sur la preſſion
de ce fluide ; avant ce tems-là bien
loin de le croire péſant, pluſieurs
Philoſophes l'avoient mis au rang des
matieres à qui ils attribuoient une légéreté abſolue.

Ce n'eſt pas que la nature n'eût
parlé par des faits qui avoient fixé
l'attention des Sçavans ; mais ce
qu'elle avoit dit avoit été mal inter-
prété. On avoit vû avec admiration,
l'eau s'élever au-deſſus de ſon niveau
dans les pompes aſpirantes ; on avoit
remarqué que le piſton d'une ſeringue né pouvoit ſe tirer qu'à grande
force, quand elle étoit bouchée par
le bout. On voyoit avec ſurpriſe
qu'un ſoufflet n'avoit ſon jeu libre,
qu'autant qu'il étoit ouvert par ſon
canon, que deux corps durs & polis
comme le marbre appliqués l'un à
l'autre ſe ſéparoient très - difficilement, &c. « Mais c'eſt, diſoit - on,
» que la nature a un amour ſecret pour
» le plein ; dès qu'il y a quelque part
» défaut de matiére, elle s'empreſſe
» d'y en porter ; en un mot, *la nature*
» *abhorre le vuide.* »

Ces mauvaises raisons si peu res-
pectables, mais pourtant trop res-
pectées dans des tems où la raison
cédoit à l'autorité d'un nom célébre,
ont retardé long-tems les progrès de
la Physique. Galilée se paya comme
les autres de l'horreur du vuide, tant
qu'il n'en vit point les bornes; mais
s'étant assuré par des épreuves, que
l'eau ne montoit qu'à trente-deux
pieds dans les pompes aspirantes, &
que le reste du tuyau, s'il étoit plus
long, demeuroit vuide, se révolta
enfin contre cette maniere de philo-
sopher; & bien loin de penser, comme auroit pû faire quelqu'autre,
que l'horreur du vuide avoit ses limi-
tes, au-delà desquelles elle se tournoit en indifférence, il commença à
croire que ces sortes de phénoménes avoient une cause physique bien
différente de ce qu'on avoit imaginé
jusqu'alors pour les expliquer. Ce
qu'il avoit soupçonné, Toricelli son
disciple le mit en évidence. Ce Philosophe Italien fit voir le premier en
1643. qu'une colomne d'air prise
dans l'atmosphere, se met en équilibre avec une colomne d'un autre

B b iij

fluide qui a la même bafe. Cette expérience que nous allons répéter,
prouva invinciblement la péfanteur
de l'air, & reftitua authentiquement
à ce fluide un très-grand nombre
d'effets naturels que l'on avoit attri-
bués jufqu'alors à une caufe purement chimérique.

PROPOSITION.

L'air eft un fluide péfant, & qui exer-
ce fa preffion dans tous les fens à la ma-
niere des liqueurs.

Quoique nous ayons réfolu de
traiter à part des propriétés de l'air,
nous avons cru qu'il étoit à propos
de placer ici ce qui regarde fa péfanteur, parce que c'eft une dépendan-
ce de l'hydroftatique. Ce que l'air
opére en qualité de fluide péfant, il
le fait en conféquence des principes
de cette fcience, & nous ne faifons
mention de lui en particulier, que
parce que fa gravité eft une des plus
curieufes & importantes découvertes que l'on ait faites dans ces derniers tems. Mais nous n'y parlerons
que de fa péfanteur relative, remet-
tant à traiter avec fes autres proprié-

tés, de sa péfanteur abfolue, en ré-
pétant les expériences qui la prouvent *à priori.*

IV. EXPERIENCE.

PREPARATION.

On fait couler du mercure bien
net dans un tube de verre qui a environ 3 pieds de longueur, & qui eft
fermé par un bout. Quand le tube
eft entiérement plein, on met le
doigt deffus l'orifice pour le boucher,
& après l'avoir renverfé, on porte le
bout qui eft fermé avec le doigt,
dans un vafe qui contient du mercure, & l'on ôte le doigt. Voyez la
Figure 23.

EFFETS.

Le tube ainfi plongé & ouvert par
en-bas, fe vuide en partie dans le
vafe; mais il y refte une colomne de
mercure qui a environ 27 pouces $\frac{1}{2}$
de hauteur.

EXPLICATION.

L'air étant une matiere, a comme
tous les autres corps une gravité qui

a pour centre celui de la terre même ; un corps grave , comme nous l'avons vû précédemment , agit par son poids fur tout ce qui s'oppofe à fa chûte , ou qui lui fert de bafe ; ainfi quand une colomne d'air de l'atmofphere repofe fur quelque corps , elle le comprime felon toute la valeur de fon poids. La fuperficie du mercure dans le vafe de notre expérience , eft donc comprimée par le poids d'une colomne d'air , dont elle eft la bafe ; lorfqu'on applique à quelque endroit de cette fuperficie comprimée , un tuyau qui contient une colomne de mercure plus péfante que la colomne d'air dont fa bafe occupe la place , elle s'enfonce , & s'abbaiffe jufqu'à ce que fa hauteur diminuée , mette fon poids en équilibre avec la preffion qui s'exerce fur toutes les parties femblables de la furface du mercure où le tube eft plongé.

Cette expérience feule aux yeux d'un homme entêté de l'horreur du vuide , n'eût guéres eu plus de force que l'obfervation de Galilée fur l'impuiffance des pompes afpirantes au-deffus de 32 pieds ; il fe feroit encore fait illufion en limitant l'amour de la nature pour le plein ; mais quel fubterfuge peut-il refter quand on compare l'un & l'autre fait ? Quand on voit que les colomnes de liqueurs élevées ainfi au-deffus de leur niveau , diminuent comme leurs denfités augmentent ; quand on eft affuré que la caufe qui éléve l'eau à 32 pieds , ne peut foutenir le mercure qu'à 27 pouces ½ , & que l'on fçait d'ailleurs que ces deux colomnes fi différentes en longueurs , ont des poids parfaitement égaux , n'eft-on pas forcé de reconnoître que la caufe de leur fufpenfion n'eft point une qualité abftraite , puifqu'elle fe rapporte avec tant d'exactitude aux loix de la ftatique ? En un mot , cet effet n'a-t-il pas tout l'air d'un équilibre ? C'eft auffi le jugement qu'en porta Toricelli , & qu'en porterent après lui la plûpart des Phyficiens qui eurent connoiffance de cette belle & curieufe expérience. Mais perfonne ne contribua davantage à découvrir & à faire connoître la péfanteur de l'air , que M. Pafchal ; il avoit employé l'horreur du vuide, comme un langage reçû ; mais il l'avoit fait, de même que Galilée, avec toute la répugnance que peut fentir à s'exprimer obfcurément, un génie que la nature a formé pour ne recevoir & ne tranfmettre que des idées claires & diftinctes. Il entra avec toute l'ardeur & la fagacité dont il étoit capable, dans les vûes de Toricelli ; & tant par lui-même que par les foins de M. Perrier fon beau-frere, qui étoit à Clermont en Auvergne, & qui pouvoit tirer avantage d'une haute montagne connue fous le nom du *Puy de Dôme*, il mit dans la derniere évidence, ce que la colomne de mercure fufpendue au-deffus de fon réfervoir, indiquoit déja d'une maniere affez décifive, à ceux qui avoient abjuré les qualités occultes, & qui ne vouloient plus admettre que des caufes méchaniques pour expliquer les effets naturels.

Voici la méthode que fuivit M. Pafchal, pour s'affurer fi la fufpenfion des liqueurs au-deffus de leur niveau dans les pompes afpirantes, ou dans le tube de Toricelli, étoit un fait d'équilibre, & si la puissance opposée au poids du mercure, étoit véritablement une colomne d'air prise dans l'atmosphere, comme il y avoit toute apparence. «Si l'air, dit-il, « est la cause de ce phénoméne, c'est « parce qu'il est pésant & fluide ; sa « pression doit donc se faire comme « celle des liqueurs; elle doit diminuer « ou augmenter selon sa hauteur ; & « les colomnes de liqueur avec les- « quelles on le mettra en équilibre, « feront toujours plus ou moins lon- « gues, selon qu'elles feront plus ou « moins denses ; voyons ce que dira « l'expérience. »

Quelqu'étendue que puisse avoir l'atmosphere au-dessus de la surface de la terre, on ne peut guéres se dispenser de croire qu'elle forme autour du globe une enveloppe, dont la superficie est uniforme & sphérique, à peu près comme celle de l'eau paroît plane, quelque figure qu'ait le fond du vase qui la contient. Dans cette supposition, les colomnes d'air, à compter de l'extrémité de l'atmosphere jusqu'à l'endroit où elles rencontrent la terre, font plus ou

moins longues, felon le plus où le
moins d'élévation du lieu où elles
aboutiffent; elles ont donc plus de
longueur au bas d'une montagne,
& elles en ont moins au fommet; fi
l'air eft péfant, ces colomnes dans
un lieu bas, doivent faire une plus
grande preffion que dans un lieu plus
élevé.

M. Perrier ayant remarqué à quelle hauteur étoit le mercure dans le
tube de Toricelli, au pied du Puy
de Dôme, trouva qu'il baiffoit de
plus en plus & conftamment, à mefure qu'il s'avançoit vers le haut de la
montagne, & qu'il rémontoit au
contraire, & fuivant les mêmes proportions, à mefure qu'il defcendoit
vers la ville; & cette expérience
imaginée par M. Pafchal, & réiterée
plufieurs fois felon fes intentions, a
toujours donné le même réfultat; on
a donc conclu dès-lors que le mercure fe foutient au-deffus de fon niveau dans le tube de Toricelli, par
la preffion de l'air fur le réfervoir,
parce qu'on voyoit baiffer le mercure
dans le tube, lorfque la colomne qui
répondoit à ce réfervoir devenoit
moins longue.

Mais fi la preffion de l'air fur le réfervoir foutenoit 27 pouces ½ de mercure dans le tube, il falloit que cette colomne ainfi fufpendue, ne fût aucunement foumife au poids de l'air par fa partie fupérieure ; car alors étant entre deux preffions égales, elle doit tomber à fon niveau par fon propre poids. C'eft auffi ce qui arrive fi l'on ouvre le bout du tube par le moindre petit trou ; & pour faire voir par une même expérience qu'il eft également néceffaire que l'air agiffe fur la furface du réfervoir, & qu'il n'agiffe qu'en cet endroit, pour foutenir la colomne de mercure au-deffus de fon niveau, M. Pafchal imagina l'expérience qui fuit.

V. EXPERIENCE.

PREPARATION.

FG, Fig. 24. eft un tuyau de verre doublement recourbé en H, ayant environ 30 pouces de G en K, & autant de H en F. K eft un petit canal ouvert qui communique avec l'intérieur du tube, & que l'on bouche avec un morceau de veffie mouillée. On emplit tout le tuyau de mercure, & on le plonge dans le réservoir comme celui de Toricelli.

EFFETS.

1°. Le mercure descend en I, & se fixe à 27 pouces $\frac{1}{2}$ ou environ au-dessus du niveau. 2°. Si l'on pique avec une épingle la vessie qui bouche l'orifice K, aussi-tôt l'air y entre, & le mercure contenu depuis I jusqu'en G, tombe dans le réservoir; & celui qui est contenu dans le renflement H, s'éléve à peu près à la hauteur de 27 pouces $\frac{1}{2}$.

EXPLICATION.

Il paroît par cette expérience, 1°. que l'air est la cause de ces deux effets, puisqu'ils n'ont lieu que quand on pique la vessie. 2°. Que l'élévation du mercure de G en I, est véritablement causée par la pression de l'air extérieur sur la surface du réservoir, puisque le mercure retombe aussi-tôt que cette pression est contrebalancée par l'introduction d'une colomne d'air en K. 3°. Que cette pression de l'air extérieur est bien capable de soutenir le mercure à 27 pouces ½, puisqu'elle l'éleve à cette hauteur dans la partie *HF*.

Enfin M. Paschal répéta l'expérience de Toricelli avec de l'eau, du vin, de l'huile, &c. & il parut par tous ses résultats, que c'étoit à la pression de l'air qu'on devoit attribuer la suspension de toutes ces liqueurs au-dessus de leur niveau, parce que leurs hauteurs étant toujours plus ou moins grandes dans les tubes, à proportion de leurs différentes densités, il étoit palpable qu'elles se mettoient en équilibre avec un poids qui étoit toujours le même à peu près; & comme il n'y avoit que l'air qui répondît à leur base, ce fluide s'annonçoit lui-même comme la vraie cause de cet effet.

APPLICATIONS.

L'expérience de Toricelli ne fut pas plutôt connue, que les Physiciens s'empresserent de la répéter, & d'en étudier toutes les circonstances; chacun d'eux avoit dans son cabinet la colomne de mercure suspendue, & la visitoit souvent. Un examen auffi affidu ne devoit pas laiffer ignorer long-tems les variations qui arrivent à la hauteur du mercure dans le tube ; on s'en apperçût bien-tôt ; & nous voyons par des Lettres de M. Chanut chargé des affaires du Roi de France en Suede, que MM. Defcartes, Pafchal & Perrier, ne l'ont point ignoré, & que l'on a penfé dès ce tems-là à faire, au moyen de cette expérience, un nouvel inftrument météorologique ; on l'a nommé depuis, *barométre* ou *barofcope*, c'eft-à-dire, mefure ou obfervation de la péfanteur (de l'air). En effet, puifque c'eft le poids de l'air qui foutient le mercure dans le tube, lorfqu'il monte plus haut ou qu'il defcend plus bas que 27 pouces ½ fa hauteur moyenne, n'a-t-on pas raifon de conclure que la preffion de l'air eft augmentée ou diminuée ? & cette colomne de mercure qui hauffe & baiffe, n'eft-elle pas une indication de la péfanteur actuelle de l'atmofphere ?

Quand le barométre n'auroit que cet avantage, de nous avertir que le le fluide dans lequel nous vivons, agit plus ou moins fortement fur nos corps, il mériteroit déja d'occuper une place dans nos appartemens, par préférence à tant d'autres meubles fuperflus ou inutiles ; mais il en a un autre qui le rend encore plus important, il annonce d'avance les changemens de tems, fur-tout quand ils doivent être confidérables ; & l'on doit convenir que ces fortes de prédictions font importantes pour les travaux de la campagne, pour les voyageurs, & dans une infinité d'autres circonftances.

Cette propriété du barométre, eft conftatée par les obfervations de près d'un fiécle, faites en différens pays, & par diverfes perfonnes attentives & exactes : & fur-tout depuis l'établiffement des Académies, nous avons des tables d'obfervations météorologiques, par lefquelles il paroît conftant,

1°. Que la hauteur moyenne du mercure dans le barométre, eft de 27 pouces en France.

2°. Que le plus grand abbaiffement ne va pas tout-à-fait à 26 pouces, ni la plus grande élévation à 29.

3°. Que vers l'Equateur, les variations sont moins grandes, & qu'elles le sont plus dans les climats septentrionaux.

4°. Que quand le mercure baisse dans le baromètre au-dessous de 27 pouces ½, il annonce de la pluye ou du vent, ou en général ce qu'on appelle mauvais tems.

5°. Qu'au contraire, quand il excéde sa hauteur moyenne, il annonce le calme, le sec, le beau-tems.

6°. Que ces prédictions manquent quelquefois, sur-tout quand les variations de hauteur du mercure se font lentement, & en petite quantité.

7°. Qu'au contraire, elles sont presqu'infaillibles, quand le mercure monte ou descend d'une quantité considérable en peu de tems, comme, par exemple, de 3 ou 4 lignes en quelques heures.

8°. Qu'à Paris il est assez rare que les variations du baromètre s'étendent plus loin que de 27 à 28 pouces.

Cette derniere obſervation a fait naître l'envie d'avoir des baromètres dont les variations euſſent plus d'étendue, afin que les plus petites puſſent être obſervées ; de-là ſont venus les baromètres à deux branches, qu'on a nommés *doubles* par cette raiſon ; les baromètres coudés, les baromètres raccourcis, &c. dont nous ne donnerons point ici la deſcription, parce qu'ils ſont aſſez connus, & que cette digreſſion nous éloigneroit trop de notre ſujet. Nous dirons ſeulement que de tous les moyens qu'on a imaginés juſqu'à préſent pour perfectionner le baromètre, il n'y en a aucun qui ſoit aſſez avantageux, & qui n'ait trop d'inconvéniens, pour mériter qu'on le préfére à celui de Toricelli, c'eſt-à-dire, à celui qu'on nomme communément baromètre *ſimple*, & qu'on a repréſenté par la *Fig.* 25.

Mais ce dernier, tout ſimple qu'il eſt, doit être conſtruit avec des attentions que n'ont point ordinairement les Ouvriers qui les vendent. Il faut qu'il ſoit rempli d'un mercure parfaitement pur ; que le tube ait au

moins une ligne ½ de diamétre intérieurement, que le verre en foit parfaitement net, & qu'il ne refte aucune particule fenfible d'air entre le
mercure & lui. Il faut encore que le
petit vafe qui fert de réfervoir au bas
du tuyau, foit de telle largeur, que
la furface du mercure qu'il contient,
demeure fenfiblement à la même hauteur, pendant que celui du tuyau
monte ou defcend. On doit auffi
avoir attention que l'échelle de graduation foit bien exactement divifée;
car ce feroit un défaut confidérable,
s'il fe trouvoit quelques lignes de mécompte fur les 27 pouces ½ de hauteur
moyenne, ce qui n'eft que trop poffible, quand on fe contente de coller
fur une planche une impreffion toute
divifée, comme on fait le plus fouvent.

Si les Phyficiens conviennent entre eux, que le mercure du barométre eft foutenu à fa hauteur moyenne,
par le poids de l'air de l'atmofphere,
ils ne font pas tout-à-fait d'accord
fur les variations qu'on y remarque.
On fçait bien qu'une plus grande élévation du mercure, dénote une plus

grande preſſion de la part de l'air ;
mais par quelles raiſons l'air preſſe-t-il
davantage dans un tems que dans un
autre, & quelle affinité y a-t-il entre
cette preſſion plus ou moins grande,
& le changement de tems qui n'arrive quelquefois que 10 ou 12 heures après ? C'eſt ce que nous examinerons ailleurs, quand nous aurons
fait connoître plus amplement les
propriétés de l'air, & les différens
états de l'atmoſphere.

VI. EXPERIENCE.

PREPARATION.

On applique à la ſuperficie d'un
vaſe plein d'eau colorée, un tuyau
de verre ouvert par les deux bouts,
& l'on ſucce avec la bouche ou autrement, l'air qu'il contient, *CD*, *Fig.*
20.

EFFETS.

Dès que l'on ſucce l'air qui eſt dans
le tube, l'eau y monte & le remplit.

EXPLICATIONS.

Puiſque l'air eſt un fluide univer-

fellement répandu fur tous les corps
qui font à la furface de la terre, il
faut concevoir l'eau de notre vafe
comme ayant deux fortes de poids
qui la font péfer fur le fond ; fçavoir,
celui qui lui vient de fa propre maffe,
& celui d'une colomne d'air qui répond à fa furface , & qu'elle foutient.
Car nous avons vû ci-deffus que plufieurs liqueurs l'une fur l'autre , exercent leur péfanteur en commun fur
le même fond. Suppofons maintenant que l'eau foit divifée en un certain nombre de petites colomnes
femblables à celle qui répond à l'o-
rifice du tube ; chacune de ces colomnes répondra à une colomne d'air
femblable en diamétre, & l'on pourra dire d'elle ce que nous venons de
dire de la maffe totale , qu'elle péfe
ou qu'elle tend au fond du vafe par
elle-même , & par le poids de l'air
qu'elle porte.

Tant qu'on ne fucce pas l'air du tube , toutes les extrémités de ces colomnes d'eau font dans le même
plan , parce qu'étant également péfantes, & également chargées, il n'y
a pas de raifon qui oblige l'une ou

Fig. 22.

Fig. 25.

Fig. 24.

Fig. 20.

Fig. 23.

Barom. simple.

Dessiné & Gravé Par Moreau.

l'autre à se tenir ou plus haute , ou plus basse que le reste ; mais si l'une d'entre elles se trouve déchargée du poids de l'air qu'elle portoit, (& c'est l'en décharger que d'ôter l'air du tuyau de verre,) alors cette colomne doit s'élever au - dessus des autres , parce qu'elle n'est plus en état de leur faire équilibre. Et comme la fluidité de la masse ne permet pas que cette colomne ainsi élevée laisse aucun vuide dans le fond , elle se répare continuellement aux dépens des autres qui diminuent de longueur , & le vaisseau se vuide de cette maniere.

Si la pression de l'air sur la surface de l'eau étoit infinie , on pourroit ainsi avec un tuyau assez long élever l'eau, ou toute autre liqueur , à une hauteur non-limitée. Mais si le poids de l'air n'a qu'une certaine valeur , quand l'eau sera parvenue à telle hauteur, où son propre poids sera égal à celui de l'air qui la souléve , on aura beau succer celui du tuyau , la puissance de l'air extérieur épuisée , n'aura plus d'effet au-delà.

VII. EXPERIENCE.

PREPARATION.

Cette expérience se fait de même que la précédente ; mais on se sert de mercure au lieu d'eau , & le tube doit avoir au moins 30 pouces de longueur , & ne pas excéder une ligne de diamétre.

EFFETS.

Le mercure arrivé à 27 pouces ½ ou environ , ne s'éléve pas davantage , quoiqu'on continue de succer l'air du tuyau.

EXPLICATION.

Nous n'avons rien à ajouter à l'explication de l'expérience précédente , pour faire entendre celle-ci , sinon que , comme le mercure est beaucoup plus pésant que l'eau , la pésanteur de l'air extérieur qui sert à l'élever , se trouve en équilibre avec une colomne moins longue. S'il y avoit quelque fluide encore plus pésant que le mercure , on le verroit sans doute se fixer encore plus bas.

APPLICATIONS.

APPLICATIONS.

Vuider d'air un tuyau en le suçant avec la bouche, ou bien en traînant dedans, & de bas en-haut, un bouchon bien exact, c'est la même chose quant à l'effet qui doit s'ensuivre ; c'est toujours donner lieu à la pression de l'air qui répond au réservoir, & cela suffit pour élever le fluide. C'est précisément ce que l'on voit dans les seringues ou pompes aspirantes ; car le piston passant de bas en-haut du cylindre creux qui le contient, soulève la colomne d'air qui pése sur son plan supérieur ; il se fait au-dessous un vuide, où le poids de l'atmosphére fait monter l'eau, comme dans le tuyau de l'expérience précédente. Voyez la *Fig.* 27.

Mais comme le poids de l'atmosphére est limité, & qu'une colomne d'eau d'environ 32 pieds, lui fait équilibre dans nos climats, & dans les lieux qui ne font pas beaucoup élevés au-dessus du niveau de la mer, on conçoit bien qu'une pompe, telle que celle dont nous parlons, & qu'on nomme *aspirante*, ne peut point élever l'eau à toute hauteur. Quand celle-ci ne suffit pas, on employe celles dont nous avons parlé ci-deſſus, & que nous avons appellées pompes foulantes. Comme dans ces derniéres la colomne d'eau qu'on éléve eſt immédiatement portée par le piſton, & que ce piſton eſt mené par une puiſſance que l'on peut augmenter autant que l'on veut, il eſt évident que l'aſcenſion de l'eau n'eſt bornée à aucune hauteur.

Si les pompes foulantes ont l'avantage de porter l'eau à toutes ſortes de hauteurs, elles n'ont pas celui de pouvoir être placées hors du puits ou du baſſin d'où l'on veut tirer l'eau, comme les pompes aſpirantes. Et c'eſt une incommodité très-grande de placer & d'entretenir ces ſortes de machines dans des lieux fort profonds, ſouvent étroits, difficiles à épuiſer, & aſſez ordinairement dans des pays où la diſette d'ouvriers intelligens ajoute encore à la difficulté des réparations.

On évite ces inconvéniens, & l'on jouit d'un double avantage, en conſtruiſant les pompes de manière qu'elles foient en même tems aſpirantes & foulantes, telles que celles qui font repréſentées par la *Fig.* 28. Le piſton aſpire en montant, & foule en deſ-cendant. Le tuyau qui conduit l'eau de la ſource à la pompe, ne peut à la vérité avoir que 32 pieds tout au plus de hauteur perpendiculaire; mais cela ſuffit ſouvent pour placer la pom-pe dans un lieu commodément ac-ceſſible, & le tuyau montant, qui por-te l'eau refoulée, peut avoir autant de longueur que la force motrice le permet.

Quand on employe des pompes aſpirantes, il faut avoir égard à la ſi-tuation du lieu; car puiſqu'elles n'é-lévent les eaux qu'à l'aide de l'atmoſ-phére qui péſe ſur la ſurface de la ſource, plus cette ſource eſt élevée au-deſſus du niveau de la mer, moins la colomne d'air qui la preſſe eſt lon-gue. J'ai porté un baromêtre au plus haut des Alpes *, & j'ai trouvé que le mercure s'y tenoit d'environ un quart moins haut qu'en Piémont. Si j'y euſ-ſe porté une pompe aſpirante, & que je l'euſſe miſe en jeu, elle ne m'au-roit donc élevé l'eau tout au plus

Le 28. Juil. 1739.

Dd ij

qu'à 24 pieds; & par la raison du contraire, dans les souterrains très-profonds on pourroit attendre du poids de l'air des effets plus grands que ceux qu'il opére ailleurs.

C'est par une méchanique assez semblable à celle des pompes aspirantes, que les oiseaux à longs becs, comme les hérons, les cycognes, les bécasses, &c. & la plûpart des quadrupedes, les chevaux, les vaches, les cerfs, &c. élévent l'eau dans leur estomac : ces animaux boivent en suçant, & sucer n'est autre chose que raréfier l'air intérieur, en dilatant les capacités qui le contiennent, pour donner lieu à l'atmosphére d'agir par sa pression. La poitrine en s'élevant, semblable à un soufflet dont on écarte les panneaux, fait naître un nouveau vuide, que l'air du dehors va remplir ordinairement, (ce que l'on nomme *respirer* ;) mais si la bouche se trouve baignée ou remplie d'eau, quand ce dernier fluide seroit au-dessous de l'estomac où se fait le vuide, il y est porté par le poids de l'air dont il est toujours chargé.

S'il restoit encore quelque incerti-

Fig. 27.

Fig. 28.

tude après les explications que nous venons de donner de l'aspiration des pompes, & des autres effets de cette espéce, si l'on doutoit encore que la pression de l'air en fût la véritable cause, on pourroit achever de s'en convaincre par l'expérience que nous allons rapporter.

VIII. EXPERIENCE.

PRÉPARATION.

Sur la platine d'une machine pneumatique on place un petit gobelet qui contient du mercure, on le couvre d'un récipient surmonté d'une petite pompe aspirante, dont le tuyau, qui est de verre, plonge dans le petit vaisseau, & l'on fait le vuide le plus parfait qu'il est possible. *Fig. 29.*

EFFETS.

Quand on léve le piston de la petite pompe, on sent une résistance considérable, & le mercure ne s'éléve point dans le tuyau; mais si l'air vient à rentrer dans le récipient, la pompe alors a son effet ordinaire.

D d iij

Explications.

Nous prétendons que le poids de l'air fait monter les fluides dans les pompes aspirantes ; on le supprime en évacuant le vaiffeau fous lequel est placé le mercure, & la pompe n'a plus fon effet. Il est donc prouvé que ce que l'on a supprimé (l'air & fa preffion) est la vraie caufe de cette afcenfion des liqueurs dans les pompes.

La difficulté qu'on éprouve en élevant le piston, quand le récipient est vuide, est encore une preuve du poids de l'air. Que la feringue aboutiffe à un vaiffeau vuide d'air, ou qu'elle foit bouchée par en-bas, c'est la même chofe ; tant que le piston preffé en fa partie fupérieure par une colomne d'air qui péfe de haut en-bas, l'est en même tems par une autre colomne du même air qui foutient fa partie inférieure, foit immédiatement, foit par l'interméde d'un autre fluide qu'il pouffe, ce piston est en équilibre entre deux puiffances égales, & pour le mouvoir on n'a que fon frottement à vaincre ; mais quand on fup-

prime la colomne d'air qui le foutient
en-deffous, on ne peut plus le tirer
de bas en-haut, qu'on ne fouléve l'air
qu'il porte , & cet air eft un cylindre
qui a toute la hauteur de l'atmofphére, & dont le pifton même eft la bafe.

APPLICATIONS.

Qu'on fe rappelle ici le moyen que
nous avons employé dans la feconde
leçon * , pour forcer l'eau & le mercure de paffer à travers des pores du
bois & de la peau. Et l'on concevra,
par ce que nous venons de dire touchant la preffion de l'air , pourquoi
ces fluides ont pénétré le fond de
leur vafe, lorfqu'on a fait le vuide dans
les canons de verre fur lefquels ils
étoient établis. Car il eft aifé de comprendre qu'en fupprimant , comme
nous avons fait , l'air qui fait équilibre en-deffous, à celui qui preffe par-
deffus, celui-ci exerce tout fon poids
fur la liqueur , & la force de paffer.

ch. 1. & 2.
Experiences
Tom. I. p.
82. & f.

Un foufflet bouché de toutes parts
n'a plus le mouvement libre ; parce
que , comme le pifton de la feringue
de la derniére expérience, il porte une maffe d'air confidérable , à

D d iiij

quoi rien ne fait équilibre en-dedans.

Par la même raison, la poitrine des animaux ne peut plus se dilater, comme elle a coutume de faire pour la respiration, dès qu'on ferme tout accès à l'air qui doit y entrer ; & les Anatomistes conviennent que les animaux qui se noyent, meurent moins de la quantité d'eau qu'ils avalent, que par l'interruption du mouvement nécessaire pour respirer.

La pésanteur, ou la pression latérale de l'air peut se prouver par l'expérience qui suit.

IX. EXPERIENCE.

PREPARATION.

Il faut établir & fixer sur la platine de la machine pneumatique, un petit moulinet que l'on couvre d'un petit récipient, percé par le côté & garni d'un petit bout de tuyau, que l'on tient bouché avec le doigt, pendant qu'on raréfie l'air d'un coup de piston seulement. *Fig.* 30.

EFFETS.

Dès qu'on ôte le doigt pour laif-

fer le canal ouvert, on entend un'
foufflé, & l'on voit tourner le moulinet très-rapidement.

EXPLICATIONS.

Le foufflé qu'on entend, ne peut'
point être attribué à autre chofe, qu'à
l'air qui paffe avec beaucoup de vîteffe du dehors au-dedans du reci-
pient, pour remplacer celui qu'on a
pompé ; & comme le canal qui lui
donne paffage eft horizontal, on ne
peut fe difpenfer de reconnoître que
l'air, comme tous les autres fluides,
exerce fa péfanteur de côté, de même que de haut en-bas.

APPLICATIONS.

Tout le monde fçait qu'un tonneau
plein & percé par le bas feulement,
ne s'écoule point, à moins que le
trou ne foit fort grand ; c'eft que l'air
par fon poids foutient la liqueur qui
tend à fortir, & qui péfe moins que
lui, parce qu'elle n'a point une hauteur fuffifante : mais fi l'on fait une
ouverture à la partie fupérieure du
tonneau, l'air qui péfe fur la liqueur
par ce nouveau trou, fait autant d'ef-

fort pour la chaſſer de haut en-bas;
qu'une colomne d'air ſemblable en
fait pour l'empêcher de ſortir par en-
bas, & alors cette liqueur s'écoule
par ſon propre poids. Cette explication peut ſervir à rendre raiſon d'un
fait qui paroît d'abord aſſez ſingulier.
On emplit d'eau un flacon, *Fig.* 31.
percé en *A* d'un petit trou, que l'on
tient bouché avec une boulette de
cire ; à travers du bouchon qui ferme
exactement l'orifice, paſſe un tube
de verre *B*, qui eſt ouvert des deux
bouts ; & l'on emplit d'eau le flacon
& le tube. Si l'on débouche le trou
qui eſt en *A*, l'eau s'écoule juſqu'à ce
que le tube ſoit vuide ; & auſſi-tôt
après elle s'arrête.

Ce qui eſt contenu dans le tube
doit s'écouler par ſon propre poids,
parce que l'air preſſe autant en *B*,
qu'il réſiſte en *A*; mais quand ce tube eſt entiérement vuidé, l'écoulement doit ceſſer : car l'eau qui eſt
au-deſſous de *A C*, eſt retenue par ſon
propre poids, comme elle l'eſt ordinairement dans une taſſe ; & celle qui
eſt au-deſſus de cette ligne demeure
ſuſpendue, non-ſeulement par la preſ-

fion de l'air en *A*, mais encore par celle d'une colomne qui agit par *B* le long du tuyau.

Enfin tous les effets qui dépendent du poids de l'air, se font dans une chambre auſſi-bien qu'en dehors ; le barométre, par exemple, s'y tient auſſi haut, & les pompes élévent également l'eau dans des lieux couverts: ce qui prouve bien que les planchers ne bornent point la colomne d'air qui soutient le mercure ou les autres liqueurs, mais qu'elle emprunte ſon poids de l'atmoſphére avec qui elle communique, par les fenêtres ou par les portes.

Voici maintenant des preuves de la réſiſtance que l'air fait de bas en-haut.

X. EXPERIENCE.

PREPARATION.

Rempliſſez d'eau le canon de verre repréſenté par la *Fig.* 32. couvrez-le d'un morceau de papier qui touche bien les bords ; mettez la main deſſus, & renverſez le vaiſſeau dans une ſituation perpendiculaire à l'horizon.

EFFETS.

Quand on ôte la main qui tient le morceau de papier appliqué à l'embouchure du vase, l'eau demeure constamment suspendue, & le papier qui lui sert de base y demeure appliqué.

EXPLICATIONS.

L'eau contenue dans le vase ne peut descendre & s'échapper, qu'en refoulant une colomne d'air DE, appuyée contre la terre ou contre le plancher, mais cette colomne ne peut refluer latéralement, parce qu'elle est soutenue de tous côtés par l'atmosphére même, dont le poids seroit capable de porter une masse d'eau qui auroit 32 pieds de hauteur; ainsi la résistance de la colomne DE étayée par les colomnes voisines, est plus que suffisante pour empêcher l'eau du vaisseau de tomber.

Le morceau de papier dans cette expérience ne sert qu'à prévenir la division des deux fluides, qui auroient peine à se contenir à cause de la grande différence de leurs densités. Quand

l'air & l'eau se touchent par des bases
moins larges, cette précaution est
inutile, comme on l'a pû remarquer
dans les expériences précédentes.

APPLICATIONS.

On peut rappeller ici la fontaine
intermittente, dont nous nous sommes servis pour prouver la résistance
des corps par celle de l'air * ; & l'on
appercevra aisément d'où lui vient
l'intermittence de son écoulement.
Car tant que le canal, qui porte l'air
dans le réservoir, est bouché par en-
bas, l'air qui répond à l'orifice des
petits canaux dirigés vers le bassin,
est plus fort qu'il ne faut pour arrêter la chûte de l'eau, dont le poids
ne peut avoir son effet, que quand
elle est entre deux airs d'égale force ;
& cela arrive toutes les fois que l'eau
du bassin étant écoulée, l'ouverture
inférieure du canal reste à découvert.
Nous avons parlé aussi au même endroit d'une espéce de pompe, ou de
chalumeau renflé, en usage dans les
offices pour puiser l'eau qu'on met
rafraîchir dans des flacons d'étain.
Les liqueurs demeurent encore sus-

1. Leçon.
3. Section.
2. Exper.

pendues dans cet inftrument, par la réfiftance que l'air fait de bas en-haut, & qui ne manque pas d'avoir fon effet, quand on bouche avec le doigt l'orifice d'en-haut, pour empêcher que l'air qui y répond ne joigne fon poids à celui de la liqueur.

XI. EXPERIENCE.

PREPARATION.

FGHI, *Fig.* 33. eft un tuyau de verre recourbé, dont une jambe eft plus longue que l'autre, & que l'on nomme un *fcyphon* : on plonge la jambe la plus courte dans un vafe plein d'eau, & en appliquant en *I* la bouche, ou une petite pompe, on fuce l'air qu'il contient.

EFFETS.

Par la fuction que l'on fait en *I*, le fcyphon fe remplit d'eau; & dès qu'on ôte la bouche, il fe fait un écoulement qui continue, tant qu'il y a de l'eau dans le vafe.

EXPLICATIONS.

L'eau du vafe étant preffée en tou-

te sa surface, par le poids de l'atmosphére, doit s'échapper par l'endroit
où elle cesse d'éprouver la même pression ; c'est pourquoi elle remplit tout
le scyphon aussi-tôt qu'on en suce
l'air, & qu'on suspend son action en *F.*
Si les deux jambes étoient égales,
comme *F G*, *G H*, après la suction il
n'y auroit point d'écoulement, parce
que la colomne d'air qui résisteroit
en *H*, étant aussi haute que celle qui
presse en *F*, lui feroit équilibre, &
l'eau retomberoit par son propre
poids. Mais lorsque l'une des deux
jambes a son orifice au-dessous de la
superficie du réservoir, comme *G I*,
quoique la colomne d'air qui lui répond, soit plus longue que celle qui
pése en *F*, elle n'est pas en état d'empêcher l'eau de couler.

Pour saisir la raison de ceci, il faut
considérer la colomne totale d'air
I K comme divisée en deux parties,
dont une *K H*, fait équilibre à *L F*,
& seroit capable d'arrêter l'eau, si le
tuyau finissoit en *H*. L'eau qui remplit la partie *H I* du scyphon, ne
trouve donc d'autre résistance en *I*,
qu'une colomne d'air de même lon-

gueur qu'elle, & qui péfe beaucoup
moins. Cette portion d'eau s'écoule
donc par l'excès de fon poids : mais
pendant qu'elle tombe, rien ne foutient celle qui eft au-deffus; c'eft pourquoi elle eft continuellement rem-
placée : ainfi l'écoulement a lieu,
non parce que l'air ne réfifte pas,
mais parce qu'à hauteur égale, l'eau
péfe plus que lui. Et par cette derniére raifon, la réfiftance de l'air en
I, qui eft toujours vaincue, l'eft
d'autant plus, que la partie HI du
tuyau eft plus longue ; la preffion en
A en devient d'autant plus forte, &
c'eft ce qui fe voit évidemment par
l'expérience fuivante.

XII. EXPERIENCE.

PREPARATION.

AB, *Fig.* 34. eft un gros tuyau de
verre qui a environ 15 pouces de
longueur, fermé en B, & garni en A
d'une virole de métal, avec un fond
auquel font foudés deux tuyaux qui
peuvent avoir intérieurement 2 lignes $\frac{1}{2}$ de diamétre. Le plus court
des deux, qui eft coudé, s'éléve de
2 ou

2 ou 3 pouces, en forme d'ajutages dans le gros canon ; l'autre qui eft plus long , ouvert auffi des deux bouts , n'excéde point le fond auquel il eft foudé , mais il fe divife en deux parties qui peuvent fe féparer en D, & fe rejoindre à vis. On renverfe cet inftrument pour y faire couler par le plus long tuyau quelques pouces d'eau ; enfuite on le remet dans fa fituation naturelle , & dans le même inftant on plonge la jambe coudée dans un pot plein d'eau.

EFFETS.

Auffi-tôt l'eau s'écoule par la jambe la plus longue , & l'on apperçoit un jet d'eau dans le gros canon ; mais ce jet s'éléve beaucoup plus haut, quand le tuyau par où fe fait l'écoulement, eft compofé de fes deux parties , que lorfqu'on en retranche une.

EXPLICATIONS.

Les deux petits tuyaux , & le gros canon auquel ils aboutiffent , doivent être confidérés comme un fcyphon ; l'eau qui monte par la jambe la plus courte , & qui s'élance par son extrémité, est élevée par le poids de l'air qui agit sur la surface du pot; & puisque cet élancement de l'eau est d'autant plus grand, que l'autre jambe est plus longue, c'est une marque certaine que la pression qui le cause, croît à proportion de cet allongement, comme nous l'avons dit ci-dessus.

Applications.

Le scyphon que nous venons d'employer, peut être fait de façon que le réservoir & les branches soient cachés dans un pied-d'estal, ou autrement; & alors il fait voir un jet d'eau au-dessus de sa source. Voyez la *Fig.* 35.

En général les scyphons sont fort en usage dans les celliers, dans les laboratoires de Chymie, dans les offices, &c. pour tirer les liqueurs à clair; comme cet instrument les puise par la superficie, & qu'on l'employe sans être obligé de remuer les vaisseaux, c'est un moyen sûr pour tirer sans lie les vins, les ratafiats, &c.

La figure & la matiére du tuyau ne changent rien à l'effet du scyphon,

S'il se trouve dans une montagne une veine de sable, qui ait la forme de cet instrument, & qu'elle soit renfermée dans de la glaise, ou dans quelque autre matiére moins propre à filtrer l'eau, ce scyphon naturel épuisera une cavité remplie d'eau, à laquelle répondra sa jambe la plus courte ; & si les écoulemens qui fournissent au réservoir, se font plus lentement que son évacuation, l'extrémité de la jambe la plus longue sera une source ou une fontaine naturellement intermittente & périodique.

Le verre à scyphon représenté par la *Fig.* 36. rendra cette idée sensible. Sa coupe que l'on remplit d'eau, peut représenter la cavité que nous supposons dans la montagne : le tuyau recourbé, dont la jambe la plus longue passe à travers du pied, procure une évacuation qui commence dès que l'eau est parvenue au-dessus de la courbure, & qui, lorsqu'elle est finie, ne recommence que quand le verre a été rempli de nouveau.

Il faut convenir que pour tirer de cette expérience une explication complette des sources périodiques, on doit suppofer un épuifement parfait dans la cavité qui fert de réfervoir: car l'écoulement de notre verre à fcyphon, quand une fois il a commencé, ne finiroit point, fi l'on avoit foin d'entretenir de l'eau dans le vafe ; & l'on aura peine à concevoir que la fource qui fe fait au bout de la branche la plus longue du fcyphon, puiffe avoir des intermittences, fi les écoulemens qui fourniffent de l'eau à la plus courte, n'en ont point. Mais ces fortes d'effets naturels ont ordinairement plufieurs caufes à la fois, & c'eft toujours un avantage que d'en pouvoir indiquer quelqu'une.

Comme les liqueurs doivent monter dans la jambe la plus courte du fcyphon, avant que de s'écouler par la plus longue, & qu'elles y font élevées par le poids de l'air qui agit fur le réfervoir, on doit régler la hauteur de cette partie du tuyau, felon le poids actuel de l'atmofphére, & la denfité de la liqueur qu'il doit contenir. Car felon ce que nous avons enfeigné touchant les pompes afpirantes, l'eau commune ne s'éleveroit point dans un fcyphon, paffé 32 pieds, ni le mercure au-delà de 27 ou 28 pouces ; encore ne faudroit-il pas que ce fût dans un lieu fort élevé au-dessus du niveau de la mer.

Cette réflexion m'a fait penser qu'on pourroit comparer facilement & en peu de tems, les densités de deux liqueurs, par le moyen d'un scyphon ouvert en sa courbure, & surmonté d'une petite pompe aspirante, comme il est représenté par la *Fig.* 37. Car cet instrument étant fixé sur une planche graduée par pouces & par lignes, si les branches sont plongées également dans deux gobelets, dont l'un, par exemple, contienne du mercure, & l'autre de l'eau, en raréfiant l'air des tuyaux par le moyen de la petite pompe, chaque liqueur obéira à la pression de l'air extérieur qui est commune à toutes les deux, selon le rapport de sa densité ; si le mercure s'éléve d'un pouce, l'eau montera au quatorziéme. Mais si l'on faisoit usage de cet instrument, il faudroit que les tuyaux, de part & d'autre, eussent au moins 3 ou 4 lignes de diamétre intérieurement. Nous en dirons la raison à la fin de la leçon qui suit.

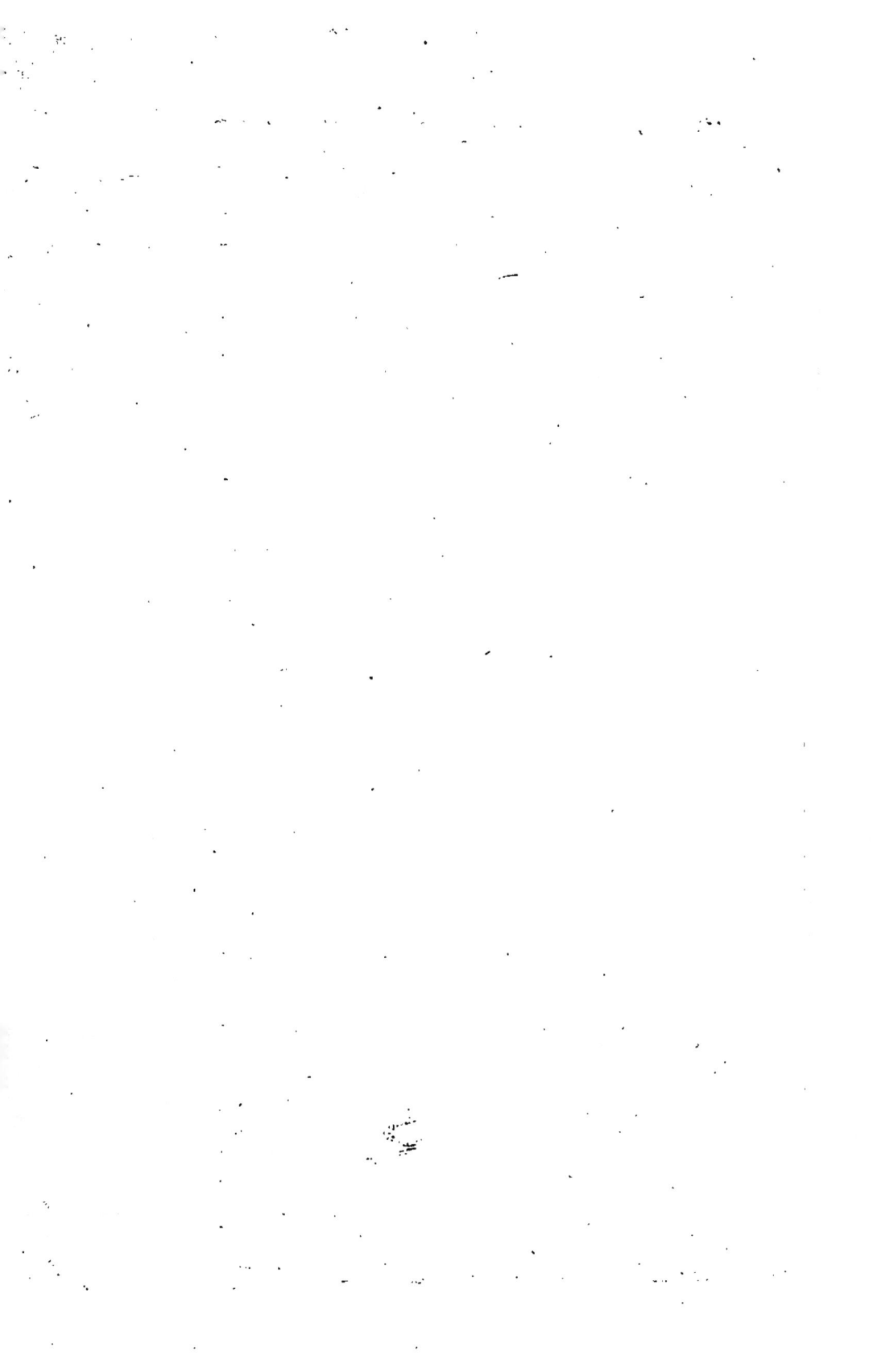

Fig. 29.

Fig. 32.

Fig. 30.

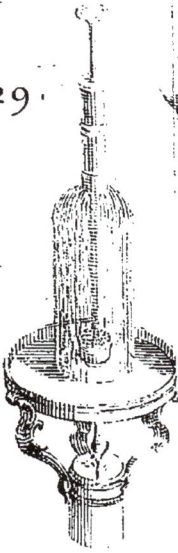

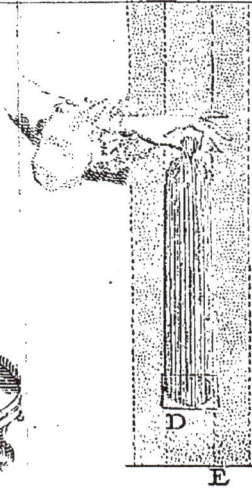

D

E

Fig. 37.

Fig. 35.

Fig. 34.

Fig. 33.

B

K

L

Fig. 36.

Fig. 31.

G

B

A

H

55

A

F

50

45

C

A

I

40

35

D

30

25

20

15

10

5

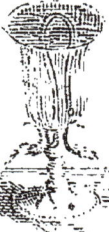

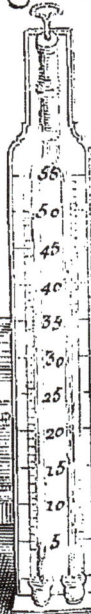

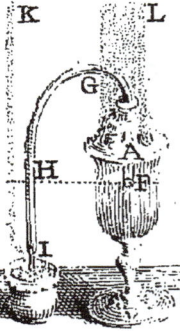

Moreau Sculp.

VIII. LEÇON.

Suite de l'Hydrostatique.

III. SECTION.

De la pésanteur & de l'équilibre des Solides plongés dans les liqueurs.

QUAND un corps solide est plongé, il occupe la place d'un volume de liqueur égal au sien ; à moins que ce ne soit quelque matiere spongieuse, qui admette une portion de la liqueur dans ses pores, ou un corps dissoluble, dont les parties désunies peuvent se loger dans les pores mêmes du dissolvant. Car dans ces deux cas, les volumes ou grandeurs apparentes, tant du solide que de la liqueur, se confondent un peu ; & lorsqu'ils sont mêlés, il arrive le plus souvent qu'ils occupent moins de place qu'il n'en falloit pour les contenir féparément : un vafe, par exemple, dont la capacité égaleroit une pinte, ne feroit pas plein fi l'on y mettoit une chopine d'eau, & une pareille mefure de fucre en poudre, ou de morceaux d'éponge. Nous n'avons pas maintenant ces fortes d'effets en vûe : nous confidérons les corps plongés comme entiers & impénétrables aux fluides qui les reçoivent ; telle eft une bille d'yvoire que l'on fait defcendre dans l'eau, & qui l'oblige de s'élever vers les bords du vafe dans lequel elle eft contenue.

Ce volume de liqueur déplacé par le corps plongé, où la quantité qui s'éléve au-deffus du plan dans lequel s'étoit fixée la furface de la liqueur avant l'immerfion, ce volume, dis-je, péfe plus ou moins felon fa denfité ; car les fluides, de même que les folides, différent entre eux, par la quantité de matiere propre qu'ils renferment fous un certain volume ; & la même liqueur n'eft pas toujours également denfe.

On peut faire ici deux fuppofitions : 1°. Que le volume de liqueur en

en queſtion, égale en denſités, &
par conſéquent en poids, le corps
ſolide qui a pris ſa place : 2°. ou bien
que l'un des deux péſe plus que l'autre. Nous appellerons *péſanteur reſ-*
pective, la quantité dont le plus péſant ſurpaſſera le plus léger ; de ſorte
que ſi un volume d'eau péſant une
livre, eſt déplacé par un ſolide qui
péſe une livre & demie, la péſanteur
reſpective de celui-ci, ſera une de-
mi-livre.

PREMIERE PROPOSITION.

Un corps ſolide entiérement plongé, eſt
comprimé de tous côtés par la liqueur qui
l'entoure ; & la preſſion qu'il éprouve,
eſt d'autant plus grande, que la liqueur
a plus de denſité, & qu'il eſt plus profon-
dément plongé.

Nous avons fait voir dans la premiere Section de la Leçon précédente, que le poids des liqueurs s'exerce dans tous les ſens. Nous avons
prouvé encore que cette preſſion
croît en raiſon de la hauteur du liquide ; & enfin, dans la ſeconde Section il a été démontré qu'il y a équilibre entre deux liqueurs dont les

hauteurs font en raison réciproque de leurs denfités ou péfanteurs fpécifiques. La propofition que nous venons d'énoncer, n'eft qu'une conféquence de celles-ci : de la premiere, il fuit qu'*un corps plongé, eft comprimé de toutes parts.* Il fuit de la feconde, que *la preffion qu'il éprouve, eft d'autant plus grande, qu'il eft plus profondément plongé.* Et de la troifiéme enfin, il fuit, qu'à profondeurs égales, *la charge eft d'autant plus grande, que le fluide a plus de denfité ou de péfanteur.*

PREMIERE EXPERIENCE.

PREPARATION.

La *Fig.* 1. repréfente un grand vafe de verre plein d'eau claire, dans laquelle on plonge une petite veffie remplie d'eau colorée, & liée à un tube de verre qui eft ouvert par les deux bouts.

EFFETS.

Quand la veffie eft entiérement plongée, l'eau colorée commence à monter dans le tube, & elle s'y éleve de plus en plus, à mefure que l'on plonge plus avant, de maniere qu'elle eſt toujours auſſi haute que la ſuperficie de l'eau contenue dans le grand vaſe.

EXPLICATION.

L'eau colorée qui s'éleve dans le tube pendant l'immerſion, prouve inconteſtablement que la veſſie eſt comprimée, & que ſa capacité eſt diminuée : quand on voit cet effet augmenter à meſure qu'on la plonge plus avant, on eſt forcé de reconnoître que la preſſion de l'eau qui en eſt la cauſe, augmente auſſi ; & comment n'augmenteroit-elle pas, puiſque le corps plongé ſe trouve alors chargé de colomnes plus hautes, & qui ont toujours, à peu de choſe près, des baſes auſſi larges ? Je dis à peu de choſe près ; car la compreſſion diminue le volume total de la veſſie, & ſa ſurface n'eſt pas tout-à-fait auſſi grande au fond du vaſe, qu'elle l'eſt à fleur d'eau.

L'eau colorée s'éléve dans le tube à meſure qu'il s'avance vers le fond, mais jamais elle n'excéde la ſuperficie de l'eau du grand vaſe ; parce que

les deux liqueurs étant de même densité, quand elles se mettent en équilibre, leurs hauteurs doivent être
égales. Il n'en seroit pas de même, si
la veſſie au lieu d'eau, contenoit de
l'eſprit-de-vin ou du mercure ; le dernier de ces deux fluides se tiendroit
beaucoup plus bas que l'eau du vaſe,
& l'autre s'éléveroit un peu au-deſſus.

Lorſqu'on se ſert d'une veſſie un
peu groſſe, on peut remarquer que
la compreſſion qu'elle éprouve, n'eſt
point égale de toutes parts, & qu'elle eſt plus preſſée de bas en-haut que
latéralement ; car ſa figure change,
& elle eſt un peu écraſée. Quoique
la réfraction de la lumiere change l'i-
mage de l'objet en pareil cas, on ne
pourra diſconvenir qu'il y ait quelque réalité dans cette apparence, ſi
l'on fait attention que les colomnes
d'eau qui répondent à la partie inférieure de la veſſie, ſont plus longues
& plus péſantes, que celles qui entourent ſes côtés, & que la fléxibilité
de ce corps plongé le met en état de
ſe prêter à ces différences.

EXPLICATIONS.

Tous les animaux qui appartiennent à la terre, vivent ou dans l'air,
ou dans l'eau ; par conféquent chacun d'eux eft expofé à la preffion
d'un fluide qui l'environne de toutes
parts, & dont la charge eft confidérable, eu égard à fa hauteur. Une colomne de l'atmofphere équivaut,
comme nous l'avons vû précédemment, à une colomne d'eau de même bafe qui auroit 32 pieds de haut.
Si c'eft feulement un cylindre d'un
pouce de diamétre, le poids en eft
affez confidérable ; mais combien
compteroit-on de bafes femblables,
ou de cercles d'un pouce de largeur
fur la furface entiere d'un homme ?
En appliquant le calcul à cette confidération, on trouve qu'une perfonne de moyenne taille répond à
une maffe d'air qui excéde le poids
de 20000.

Mais un poiffon au fond d'une riviere ou d'un lac, fupporte non-feulement la preffion de l'air, comme les
animaux terreftres, mais encore celle de l'eau, de forte que s'il eft à

32 pieds de profondeur, il est chargé de deux fois le poids de l'atmofphere. Quelle preffion fe feroit-il
donc fur un animal qui vivroit au fond
de la mer ?

Ces poids énormes appliqués continuellement à la furface des corps,
ne les détruifent pas cependant, parce que, comme la veffie de notre
expérience, ils font foutenus intérieurement par le même fluide qui
les environne. Nous refpirons le même air qui nous comprime au-dehors : & les poiffons font dans le
même cas à l'égard de l'eau ; car s'ils
refpirent de l'air avec l'eau, cet air
avant qu'il paffe dans leur corps, eft
en équilibre par fon reffort, avec la
preffion du fluide dont il eft chargé.
Le mouvement de la poitrine au tems
de la refpiration, n'eft libre qu'autant qu'il y a équilibre entre l'air extérieur, & celui du dedans ; tout accident qui rendroit celui-ci plus foible ou plus fort, feroit auffi qu'on
refpireroit avec difficulté.

Non-feulement la preffion extérieure des fluides ne détruit pas les
corps fur lefquels elle agit ; mais elle

les conserve au contraire dans leur
forme naturelle à cause de son égalité ; elle contribue souvent à la cohérence de leurs parties, & elle arrête dans plusieurs les progrès de la
fermentation ou de la corruption qui
tend à les dissiper. Nous en pouvons
trouver des preuves, sans sortir du
genre animal. Lorsqu'on applique la
ventouse, opération souvent plus
douloureuse que salutaire, & qui
n'est plus guéres d'usage en France,
il s'éléve une tumeur à la partie char-
nue du corps sur laquelle on fait cesser la pression de l'air, en y appliquant une petite pompe, ou une petite cloche de verre, dans laquelle
on allume un peu d'étoupes pour raréfier l'air. Cette élévation de la peau
est causée par l'affluence du sang &
des autres fluides, qui étant plus
comprimés par tout ailleurs, se portent à l'endroit où la pression est
moindre.

C'est encore par une suspension
du poids de l'air à peu près semblable, que les animaux nouveaux-nés
tirent le lait des mammelles de leurs
nourrices ; toute la partie où la nature

F f iiij

a raſſemblé cet aliment liquide, étant
comprimée comme le reſte du corps,
excepté l'endroit qui eſt ſuccé, il ſe
fait un écoulement, comme il arriveroit, ſi le mammelon reſtant expoſé
à la preſſion de l'air, le reſte étoit
plus comprimé que de coutume. Il
eſt donc évident par ces exemples,
que la preſſion égale des fluides am-
bians, & la réſiſtance qu'ils font intérieurement, contient les corps dans
leur état naturel, & qu'elle eſt néceſ-
ſaire pour cet effet.

Il eſt à préſumer cependant que
l'équilibre des deux preſſions tant intérieure qu'externe, ne ſuffiroit pas
toujours pour conſerver l'œconomie
animale en ſon entier. Il y auroit
ſans doute tel degré de compreſſion
qui la dérangeroit. Suppoſons, par
exemple, que la veſſie de notre expérience, au lieu d'être une mem-
brane mince & ſolide, ſoit un tiſſu
lâche & ſpongieux, il eſt certain
qu'étant plongé fort avant dans l'eau,
ſon épaiſſeur ſeroit fort preſſée de
part & d'autre, que ſes fibres ſe rap-
procheroient, & que l'ordre en ſeroit
changé. De même un animal qui eſt

à son aise dans son élément naturel, y souffriroit, si la pression à laquelle il est accoutumé venoit à s'augmenter considérablement, quoiqu'elle s'accrût également tant au-dedans qu'au dehors.

Ne seroit-ce point là la principale raison qui empêche les plongeurs de rester assez long-tems sous l'eau, à de grandes profondeurs ? Car on les y descend dans une grande cloche pleine d'air, que l'on a même trouvé le moyen de renouveller, depuis qu'on s'est apperçu que cela étoit nécessaire pour respirer sans danger & librement. Cependant malgré toutes les précautions qu'on a pû prendre jusqu'à présent, il paroît qu'un homme qui s'expose dans cette machine, s'y trouve presque toujours dans un état violent, & souvent on l'en a vû sortir les yeux fort gros, & perdant du sang par le nés ou par les oreilles, de maniere que cette invention éprouvée en différens pays, & de bien des façons, n'a point encore eu de grands succès. C'est qu'il ne suffit pas de procurer au plongeur un air nouveau ; il faudroit que cet air ne différât pas beaucoup de sa densité ordinaire ; & c'est ce qui ne paroît point praticable sous un volume d'eau considérable , dont il doit nécessairement supporter la pression. La plus belle épreuve de ce genre qui ait été faite, est celle de M. Halley, qui resta sous l'eau plus d'une heure, sans en être incommodé ; mais sa cloche ne fut plongée qu'à une profondeur d'environ 54 pieds de France, ce qui ne seroit pas suffisant dans bien des occasions ; d'ailleurs elle étoit fort grande, & si cette condition étoit nécessaire pour le succès qu'elle eut, comme on le peut croire, on ne pourroit s'en servir que rarement, & dans des cas d'une grande importance , à cause des grands frais & des embarras qu'on ne peut éviter dans l'usage d'une telle machine.

II. PROPOSITION.

Si le corps plongé est plus pésant que le volume de liqueur qu'il a déplacé , sa pésanteur respective le fait tomber au fond du vase , s'il est libre de lui obéir.

II. EXPERIENCE.

PREPARATION.

L'inftrument repréfenté par la *Fig.*
2. eft une balance hydroftatique, qui
a pour bafe une caiffe doublée de
plomb. Les trois vaiffeaux de verre
A, B, C, fe montent à vis fur leurs
pieds qui font creux, & qui communiquent avec un canal caché fous le
couvercle de la caiffe. Ce canal eft
garni de quatre robinets, fçavoir,
deux à fes extrémités, dont on voit
les clefs en D & en E; & deux autres
en F & G. Ces deux derniers ou-
vrent des communications entre les
trois vafes, de forte que celui du
milieu étant rempli d'eau ou de quelqu'autre liqueur, ceux des côtés enfemble, ou l'un fans l'autre, peuvent
s'emplir par le fond; les deux robinets D, E, fervent à évacuer dans la
caiffe, les vafes des côtés, & même
celui du milieu, fi les communications font ouvertes. Le chapiteau du
grand vafe porte un fleau de balance
avec deux petits baffins qui peuvent
s'ôter quand il le faut, & fous lef-

quels font deux petits crochets tour-
nans *h*, *k*, aufquels on fufpend les
corps qu'on veut péfer, dans les vafes des côtés aufquels ils répondent.

Cet inftrument afforti de toutes les
pieces qui en dépendent, s'employe
commodément & fans caufer aucu-
nes faletés, pour faire toutes les expériences qui ont rapport à cette derniere partie de l'hydroftatique. Mais
pour ne point répéter plufieurs fois
la même figure, nous ne rapporterons pour chaque expérience que les
chofes néceffaires au fait dont il fera
queftion, en fuppofant le refte comme nous venons de le décrire.

Pour la preuve de notre feconde
Propofition, le vafe *B* étant prefque
plein d'eau, on y fait plonger une
bille d'yvoire, fufpendue par un fil
au bras de la balance. Voyez la *Figure* 3.

EFFETS.

1°. Si l'on ne met rien dans le baffin oppofé à celui qui tient la bille
fufpendue, cette bille ne manque
pas de tomber au fond du vafe.

2°. Si l'on charge le baffin oppofé

pour tenir la bille en équilibre dans
l'eau, le poids que l'on employe est
toujours beaucoup moindre que celui de la bille péfée dans l'air.

EXPLICATIONS.

La bille d'yvoire de notre expérience, tient la place d'un volume
d'eau, qui, s'il y étoit, feroit parfaitement en équilibre avec toutes les parties femblables de la même maffe
fluide, felon la quatriéme propofition de la premiere Section ; ce volume ne pourroit ni déplacer par fon
poids celui de deffous, ni être déplacé par celui de deffus, parce que
celui-ci n'auroit pas plus de force que
lui pour aller au fond, & que celui-
là en auroit autant que lui pour réfifter à fa chûte ; mais lorfqu'en fa
place il y a un corps plus denfe ou
plus péfant, le volume d'eau qui eft
deffous doit céder, non pas à tout
fon poids, mais à l'excès qu'il a fur
lui ; c'eft pourquoi, pour empêcher
la bille plongée de tomber au fond,
il n'eft pas befoin de mettre dans le
baffin oppofé un poids qui foit égal
au fien, mais feulement une quantité

qui égale celle dont l'yvoire furpaffe un pareil volume d'eau.

Il ne faut pas s'imaginer qu'un corps qui s'enfonce fous l'eau, augmente en poids par l'accroiffement de la colomne qu'il laiffe au-deffus de lui. Car le poids de cette colomne eft toujours contrebalancé par la réfif-tance de celle qui eft deffous, & cette réfiftance eft foutenue par la preffion des colomnes voifines, qui égalent en hauteur celle qui péfe fur le corps plongé. Celui-ci eft donc toujours en équilibre, eu égard aux deux preffions de deffus & de def-fous; & s'il tombe, ce n'eft que parce qu'il a, par une plus grande quan-tité de matiere, la force de déplacer continuellement une quantité de li-queur, qui ne lui eft égale qu'en vo-lume.

L'accélération qu'on remarque dans la chûte des graves, ne peut donc pas être attribuée comme l'ont pré-tendu quelques Philofophes, au flui-de dont la hauteur s'augmente au-deffus d'eux, à mefure qu'ils tom-bent; d'ailleurs cet accroiffement de hauteur de la part du fluide, ne répond point aux progrès de l'accélération des corps qui obéissent à leur pésanteur, ni à la nature de la gravité, qui affecte les corps en raison de leur masse, & non en raison de leur volume.

CONSEQUENCE.

Il suit de la proposition que nous venons de prouver, qu'un corps tel qu'il soit, ne tombe ou ne tend jamais à tomber avec toute l'intensité de sa pésanteur absolue; car en quelque lieu que se fasse sa chûte, il est toujours plongé dans un milieu matériel, dont il déplace un volume semblable au sien; ainsi, comme à la bille de notre expérience, il ne lui reste, pour se porter de haut en bas, que sa pésanteur respective: les gouttes de pluye, les grains de gresle, les floccons de neige, ne descendent vers la surface de la terre, qu'autant qu'ils excédent en pésanteur la quantité d'air dont ils occupent la place. Comme l'air est un fluide fort léger, la pésanteur respective des corps qu'il environne de toutes parts, différe bien peu de leur pésanteur abfolue ; on en apperçoit cependant la différence lorfqu'on péfe un même corps fucceffivement dans l'air & dans le vuide, comme dans l'expérience fuivante.

III. EXPERIENCE.

PREPARATION.

Il faut difpofer dans un large récipient une balance fort exacte & fort mobile, de maniere qu'on puiffe élever le fleau en tirant la tige 1. *Fig.* 3. Avant que de faire le vuide, il faut avoir mis en équilibre une petite balle de plomb d'une part, & de l'autre une groffe boule creufe de papier ; & avoir foin que ces deux corps ne pofent fur rien d'humide ou de gras qui puiffe empêcher les effets naturels de la péfanteur, quand on léve la balance.

EFFETS.

La boule de papier qui étoit bien en équilibre dans l'air avec le plomb, fe trouve plus péfante que lui dans le vuide.

EXPLICATION

EXPLICATION.

La boule de papier dans l'air, n'a que sa péfanteur refpective à oppofer au plomb : dans le vuide elle jouit de sa péfanteur abfoluë, n'étant foutenue fenfiblement par aucun fluide. Or la péfanteur abfolue eft toujours plus grande que la péfanteur refpective, puifque celle-ci n'eft qu'un reftant de celle-là. On peut répondre que le plomb dans le vuide revient auffi à sa péfanteur abfolue ; mais on verra bientôt (& l'on pourroit déja l'entrevoir) que quand les volumes en équilibre différent entre eux, comme ceux que nous avons employés, ce qu'ils reprennent de leur péfanteur quand ils ceffent d'être plongés, n'eft point égal de part & d'autre.

APPLICATIONS.

Si l'immerfion réduit les corps à une péfanteur refpective toujours moindre que leur péfanteur abfolue, les forces qui les foutiennent n'ont plus befoin d'être auffi grandes qu'elles devroient l'être, s'ils n'étoient point plongés. Auffi s'apperçoit-on

bien de cette différence , lorfqu'on
tire hors de l'eau quelque maſſe d'un
volume un peu conſidérable. Les pé-
cheurs qui ont fait un bon coup de
filet , ne craignent de le rompre que
quand ils l'enlévent de l'eau dans l'air;
on ſauve ſans peine une perſonne qui
eſt en danger de ſe noyer , quand on
peut la ſaiſir par la partie la plus fra-
gile de ſes vêtemens ; pareil ſecours
ne ſuffiroit pas à quelqu'un qui ſeroit
prêt de tomber par une fenêtre : c'eſt
qu'un homme dans l'eau, n'a quelquefois pas une livre ou 'deux de péſanteur reſpective, & qu'il en a aſſez ſouvent plus de 130 dans l'air.

III. PROPOSITION.

Ce qu'un ſolide plongé perd de ſon
poids , eſt égal à celui du volume de li-
queur déplacé.

Nous avons vû par les preuves de
la propoſition précédente , qu'un
corps plongé perd une partie de ſon
poids pendant l'immerſion; par celle-ci nous voulons faire connoître
quelle eſt cette quantité de ſon poids
qui lui manque tant qu'il eſt plongé;
& ſelon notre énoncé, ſi le volume de

liqueur déplacé péfe deux onces , &
que le corps plongé en péfe quatre,
celui-ci perd la moitié de fon poids ,
& la force qu'on employera, pour
l'empêcher de tomber au fond du vafe, n'aura plus que deux onces à foutenir.

IV. EXPERIENCE.

PREPARATION.

L, *Fig.* 2. eft un petit cylindre folide de métal, capable de remplir
exactement le petit vaiffeau M fous
lequel il eft fufpendu. On attache le
tout, & on le met en équilibre avec
le poids N au fleau de la balance , &
l'on fait venir de l'eau dans le vafe A
jufqu'à ce que le petit cylindre foit
entiérement plongé.

EFFETS.

Par l'immerfion du corps L , le
poids N devient trop péfant, l'équilibre ceffe ; mais il fe rétablit, dès
qu'on emplit d'eau le petit vafe M.

EXPLICATIONS.

Le petit cylindre , dès qu'il eft

plongé, devient trop léger, parce
que l'immersion lui ôte une partie de
son poids ; mais comme cette quantité qui lui manque est égale en pésanteur au volume d'eau déplacé,
l'équilibre se rétablit lorsqu'on charge le bras de la balance, d'une quantité d'eau qui a la même grandeur que
le corps plongé. Cette proposition
que nous venons de prouver, a plusieurs conséquences que nous allons
déduire.

Première Conséquence.

Puisque le volume de liqueur déplacé, mesure la quantité que le
corps plongé perd de son poids, il
s'ensuit, qu'à quantités égales de matiere, plus les corps font grands,
plus ils perdent de leur poids par
l'immersion. Une livre d'yvoire seroit
donc plus soutenue dans l'eau qu'u-
ne livre de marbre, la pésanteur respective seroit différente de part &
d'autre, quoique ces deux matieres
fussent plongées dans le même fluide.

V. EXPERIENCE.

PRÉPARATION.

Mettez en équilibre aux bras de la balance une bille d'yvoire, & une balle de plomb, & faites venir l'eau dans les deux vases aufquels répondent ces deux corps. *Fig.* 4.

EFFETS.

Dès qu'il y a affez d'eau dans les vases pour plonger les deux balles, le fleau de la balance ne peut plus demeurer dans une fituation horizontale, le plomb emporte l'yvoire.

EXPLICATION.

Chacun de ces deux corps perd une partie de fon poids dans l'eau, mais ces quantités perdues font inégales entre elles; car elles font proportionnelles aux volumes d'eau déplacés, & le plomb en déplace moins que l'yvoire; celui-ci perd donc plus que l'autre de fa premiere péfanteur, ce qui rompt l'équilibre.

APPLICATIONS.

Le plomb, le fer fondu, le cuivre font les matiéres dont on se sert communément pour faire des poids de balance. Ces métaux ont pour l'ordinaire beaucoup moins de volume que les corps avec lesquels on les met en équilibre ; mais pour faire cet équilibre dans l'air où l'on pése toutes les marchandises, il faut suppléer par une plus grande quantité, à l'inégalité de la perte que font deux corps pésés dans le même fluide, quand leurs grandeurs font inégales; ainsi le marchand donne plus d'une livre de plume, quand il la pése contre une livre de plomb : car ces deux matiéres dans l'air n'ont que leur pésanteur respective, c'est-à-dire, que ce fluide leur ôte une partie de leur pésanteur absolue, & il en ôte plus à celle des deux qui a le plus de volume ; de sorte que si l'on rapportoit la balance toute chargée dans le vuide, il faudroit nécessairement ôter de la plume, pour conserver l'équilibre. Il y a donc à gagner pour le marchand, s'il réduit au plus petit volume qu'il eft poffible, ce qu'il vend au poids ; & fi les matiéres précieufes, comme le diamant, fe péfoient fous des volumes qui valuffent la peine d'y faire attention, on gagneroit plus à les vendre au poids de fer, qu'au poids d'or ou de plomb, fur-tout lorf-que l'air dans lequel feroit la balance deviendroit plus denfe.

II. Conséquence.

Il fuit encore de la troifiéme pro-pofition, que plus le volume de li-queur déplacé eft matériel, plus le corps plongé eft foutenu ; ainfi la pé-fanteur refpective d'un même corps après l'immerfion, doit être d'autant plus grande, que la liqueur a moins de denfité.

VI. Expérience.

Préparation.

On tient en équilibre aux bras de la balance deux billes d'yvoire bien égales en groffeur ; on emplit d'eau les deux vafes aufquels elles répon-dent ; enfuite l'un des deux ayant été vuidé, on fubftitue à l'eau qu'il con-

tenoit, de l'eau de vie ou de l'esprit
de vin , *Fig.* 5.

EFFETS.

1°. Tant que les deux vases font
pleins du même fluide , (d'air , ou
d'eau ,) l'équilibre subsiste entre les
deux billes plongées.

2°. Lorsque l'une des deux billes
plonge dans l'eau , & l'autre dans l'esprit de vin , ou dans l'eau de vie , celle-ci emporte la première.

EXPLICATIONS.

Les volumes de liqueurs déplacés
étant mesurés par des corps d'égales
grandeurs , & ces volumes étant pris
dans la même liqueur , ils font parfaitement semblables entre eux, eû égard
à leurs quantités de matiére , & par
conséquent ils résistent également
aux corps plongés qu'ils ont à soutenir; & comme d'ailleurs ces deux
billes ont des pésanteurs absolues fort
égales entre elles , leur immersion
dans la même eau ôte des quantités
égales à des quantités égales , les restans font égaux , & l'équilibre subsiste.

Mais

Mais quand l'une des deux billes
eſt plongée dans une liqueur moins
denſe que l'eau, elle eſt moins ſoutenue, elle perd moins de ſon premier
poids, ſa péſanteur reſpective eſt plus
grande, elle l'emporte ſur l'autre.

III. CONSEQUENCE.

Comme la denſité eſt plus ou
moins grande, non-ſeulement dans
différens fluides, mais qu'elle peut
auſſi varier dans le même par le froid,
par le chaud, ou autrement, & que
les ſolides que l'on plonge, ſont ſuſ-
ceptibles des mêmes variations, il
peut arriver que la péſanteur reſpective d'un même corps varie, quoique dans la même liqueur.

VII. EXPERIENCE.

PREPARATION.

La *Fig.* 6. repréſente une petite
phiole de verre pleine d'eſprit de vin,
& dans laquelle on a enfermé une
petite figure d'émail, qui ſe tient
pour l'ordinaire en-haut, parce qu'elle eſt plus légére qu'un pareil volume de la liqueur dans laquelle elle

eft : la phiole aboutit à un bain-ma-
rie qu'on fait chauffer, par le moyen
d'une petite lampe qu'on allume
deſſous.

Effets.

Quand l'eſprit de vin a reçû un certain degré de chaleur, on voit deſcendre la petite figure au fond de la
phiole, & elle remonte lorſque la liqueur eſt refroidie.

Explication.

La chaleur dilate tous les corps,
comme nous le ferons voir en parlant de l'action du feu. L'eſprit de vin
que l'on a chauffé, eſt donc moins
denſe qu'il n'étoit étant plus froid.
Mais ſi la maſſe totale de cette liqueur
occupe un plus grand eſpace qu'au-
paravant, il faut que ſes parties ſoient
plus rares, plus écartées les unes des
autres; en un mot, il y en a moins dans
le volume meſuré par la figure d'é-
mail ; & par conſéquent il n'eſt plus
capable de la ſoutenir, elle va au
fond de la phiole, & elle y demeure,
tant que les choſes ſont en cet état;
mais lorſque l'eſprit de vin ſe refroi-

dit, fes parties fe rapprochent, fe condenfent, & le volume qui répond à la petite figure, augmentant de matiére, & de poids par conféquent, devient en état de la foutenir & de la foulever. Il eft vrai que la même chaleur qui dilate la liqueur, dilate auffi la figure d'émail ; mais elle la dilate moins, & cela fuffit pour faire naître les effets que nous venons d'expliquer.

VIII. EXPERIENCE.

PRÉPARATION.

Le vaiffeau repréfenté par la *Fig.* 7. eft une efpéce de bouteille longue de verre, élevée fur une patte de même matiére; elle eft remplie d'eau, & fi l'on veut qu'elle ne fe géle point l'hyver, on y peut mettre un tiers d'efprit de vin. On la bouche avec un morceau de veffie mouillée, que l'on étend fur l'orifice, & que l'on arrête autour du col avec un fil. Dans cette bouteille, eft une petite figure creufe d'émail, plus légére que la liqueur, & au pied de laquelle on a pratiqué un petit trou, comme pour paffer une épingle.

H h ij

Effets.

1°. Lorsqu'on appuye avec le bout du doigt sur la vessie, la petite figure descend au fond de la bouteille, & y demeure tant que la même pression subsiste.

2°. Si l'on appuye moins fort, ou que l'on cesse d'appuyer, elle remonte aussi-tôt.

3°. Si l'on modére la pression lorsqu'elle est en chemin pour descendre, elle se tient à tel endroit que l'on veut.

4°. Si l'on presse la vessie, comme par secousses, la petite figure pirouette sur elle-même.

Ces effets sont les mêmes quand on renverse la bouteille, & que la pression se fait de bas-en-haut ; ainsi l'on peut donner à cette expérience un air de mystére, en arrangeant plusieurs tuyaux dans un chassis, & en faisant la pression nécessaire sur leurs orifices, d'une maniére cachée aux yeux des spectateurs, soit par des leviers de renvoi, soit par des cordons cachés dans l'épaisseur des bois, ou autrement. Voyez la *Fig.* 8.

EXPLICATIONS.

Les liqueurs, ou ne se compriment point, ou ne se compriment que très-difficilement, comme nous l'avons enseigné dans la seconde leçon. L'air au contraire est un fluide flexible, & que l'on peut comprimer avec beaucoup de facilité ; c'est ce que nous prouverons ailleurs. La petite figure creuse d'émail est remplie d'air, & elle est plongée dans l'eau. Elle est donc pleine d'une matiére compressible, & environnée d'une autre qui ne l'est point. Quand on appuye avec le doigt sur la vessie, on presse toute la masse de l'eau qui est dans la bouteille, la colomne qui répond au petit trou dont nous avons parlé, ne pouvant rentrer sur elle-même à cause de son inflexibilité, porte tout l'effort qu'elle reçoit de la pression, contre l'air qui est dans la figure ; & comme ce fluide se laisse comprimer & resserrer dans un moindre espace, il céde à l'eau une partie de celui qu'il occupe ; alors la figure d'émail est plus pésante qu'elle n'étoit, car on doit la considérer comme un com-

posé d'émail, d'air plus condensé, &
d'un peu d'eau qu'elle a reçue. Si le
tout enfemble eft plus péfant que le
volume d'eau correfpondant, il va
au fond ; il remonte au contraire
quand il eft plus léger, c'eft-à-dire,
quand une moindre preffion pouffe
moins d'eau dans la figure, ou qu'on
laiffe à l'air comprimé la liberté de
repouffer par fon reffort celle qui eft
entrée : & l'on conçoit aifément
qu'en ménageant cette preffion du
doigt, on retient dans la figure une
quantité d'eau, telle que le tout enfemble eft en équilibre dans la maffe.
Enfin comme le petit trou par où
l'eau peut entrer ou fortir, eft pratiqué à l'une des deux jambes, c'eft-
à-dire, fur le côté de ce petit corps
plongé, fi le fluide qui y paffe, eft
pouffé ou repouffé avec une grande vîteffe, l'impulfion oblique doit
faire tourner la figure fur elle-même ; car étant ainfi fufpendue dans
l'eau, c'eft comme fi elle étoit mobile fur deux pivots, ou fur un axe.

Cette figure devient donc tantôt
plus légére, tantôt plus péfante, que
la liqueur où elle eft plongée, non

parce que le volume d'eau correspondant change de densité ou de grandeur, mais parce que le corps plongé devient lui-même alternativement plus dense & plus léger de matière, sans changer de volume.

Applications.

Comme de tous les animaux qui respirent l'air, les uns se tiennent à la surface de la terre, pendant que d'autres s'élèvent dans l'atmosphère, & s'y meuvent à leur gré ; de même parmi ceux qui habitent les eaux il y en a quantité d'espéces qui ne quittent guéres le fond, & beaucoup d'autres au contraire qui s'élèvent de bas en-haut, & qui descendent avec une égale facilité, quand leurs besoins l'exigent. On trouve dans la plûpart de ces derniers une double vessie remplie d'air, qui porte à croire que le poisson, à l'aide de ce fluide à ressort, augmente ou diminue le volume de son corps, quand il veut ou s'élever, ou descendre ; car après ce qui a été dit ci-dessus, on conçoit bien que l'animal augmentant en grandeur, sans augmenter de matiére , peut devenir plus léger que le volume d'eau auquel il répond actuellement : & qu'au contraire s'il diminue fon propre volume , il déplace moins d'eau , & qu'il peut fe rendre de cette maniére, plus péfant que le fluide qui s'oppofe à fa chûte.

Ce qui rend cette explication encore plus vraifemblable, c'eft que fi l'on dilate l'air de la double veffie, en mettant le poiffon dans le vuide ; tant que cet état dure , il fait de vains efforts pour aller ou pour refter au fond de l'eau , il furnage malgré lui : & il éprouve un effet tout contraire , lorfqu'on l'a privé de cet air intérieur, foit en crevant la double veffie, foit en la vuidant en partie.

Les animaux qui fe noyent , vont d'abord au fond de l'eau , parce qu'ils font plus péfans qu'elle ; mais quelque tems après on les voit reparoître à la furface , & communément ces apparitions recommencent plufieurs fois. C'eft que ces cadavres deviennent alternativement plus péfans & plus légers que le volume d'eau auquel ils répondent. L'animal fuffoqué au fond d'une riviére fe corrompt en peu de

jours : la corruption n'eſt qu'un déplacement de parties , & lorſqu'il ſe
fait un mouvement général dans les
parties d'un tout , ſon volume augmente. Un tel corps ſurnage donc ,
parce que , ſans avoir plus de matiére , il a plus de grandeur, & qu'il répond à un volume d'eau plus péſant
que lui. C'eſt une choſe qui ne peut
être ignorée de ceux qui ont eu oc-
caſion de voir ces corps qui revien-
nent ainſi ſur l'eau. On a dû remarquer qu'ils ſont toujours gonflés &
tendus comme des ballons ; mais s'ils
reſtent quelque tems ainſi entre l'eau
& l'air, la corruption augmente , il
ſe fait des diſſolutions & des évacua-
tions , qui donnent lieu aux parties
les plus ſolides de s'affaiſſer & de ſe
rapprocher , le volume total diminue , & répond à une moindre quantité d'eau qui n'eſt plus en état de le
ſoutenir ; & ſi après cette nouvelle
immerſion, quelqu'autre fermentation
vient encore à gonfler le cadavre aſſez conſidérablement, on le voit reparoître de nouveau.

Un corps quelconque n'a pas beſoin que ſon propre volume ſoit aug-

menté pour furnager , il fuffit qu'il foit
uni à quelque autre matiére plus légére que le fluide où il eft plongé,
& que le tout enfemble péfe moins
que le volume correfpondant. Les
gens qui apprennent à nager fe gar-
niffent le corps de veffies pleines
d'air , ou de calebaffes. Ces volumes
auxiliaires les mettent en état de fe
foutenir plus facilement fur l'eau;mais
avec ces fortes de précautions,les mal-
adroits courent encore beaucoup de
rifques ; car pour fe noyer il fuffit d'a-
voir la bouche & le nés dans l'eau, &
celui qui ne fçauroit pas fe tenir toujours dans une fituation propre à lui
laiffer refpirer l'air , périroit avant
même que d'aller à fond.

Si , pour nager à l'impromptu, les
autres animaux ont quelque avantage
fur l'homme, je ne penfe pas qu'ils en
foient redevables , comme on le dit
quelquefois , à l'ignorance du danger
ou au défaut de réflexion. Quand un
cheval, un bœuf, un chien fe trouve
à la nage malgré lui , de quelque maniére qu'il juge de fa fituation , j'ai
peine à me perfuader qu'il n'en fente
point le péril. Je lui vois faire tout

ce qu'un homme voudroit imiter en
pareil cas, & quand il a pris terre,
il donne des fignes de joie, & fe comporte avec des précautions qui prouvent affez la peur qu'il a eue. Mais
ce qui fait qu'un quadrupéde fe fau-
ve plus facilement à la nage, c'eft,
je penfe, que fon poids qui tend à
l'enfoncer, ne change rien à fa pof-
ture naturelle, & que quand le refte
du corps feroit entiérement plongé
à fleur d'eau, fa tête fe trouve encore hors de l'eau fans un grand effort.
Il n'en eft pas de même d'un homme; l'endroit le plus péfant, ce qui
fe plonge le premier, eft vers la tête,
& quand il nage affez pour ne point
aller à fond, il a encore des foins
à prendre, & des efforts à faire, pour
éviter d'avoir le vifage dans l'eau :
auffi les nageurs font-ils plus à leur
aife fur le dos qu'autrement.

Cette explication dont je fais ufage depuis neuf ans dans mes leçons
publiques, me paroît d'autant plus
probable, qu'elle fe trouve affez conforme à celle d'un Sçavant qui n'a
point été à portée de m'entendre, &
qui eft trop riche de fon propre fond

pour être soupçonné de s'approprier les pensées des autres. M. Bazin, docteur en Médecine à Strasbourg, digne correspondant de M. de Reaumur, à l'Académie des Sciences, & l'auteur de plusieurs ouvrages de Physique, qui ont été justement applaudis, a fait imprimer en 1741. un volume *in*-8°. dans lequel on trouve une dissertation fort curieuse, sur la différence qu'il y a entre l'homme & les bêtes, par rapport à la facilité de nager. Le Lecteur qui voudra s'instruire amplement sur cette matiére, trouvera dans cet écrit de quoi se satisfaire.

Si des calebasses, ou des vessies pleines d'air empêchent un homme d'aller à fond, de pareils moyens employés d'une maniére convenable peuvent soulever, & amener à la surface de l'eau des corps submergés ausquels on les auroit joints. Lorsqu'un navire a échoué sur le sable, ou qu'il est envasé, pour le remettre à flot, on y attache, dans le tems de la marée basse, de grandes caisses très-fortes, & dont les volumes sont proportionnés au poids du vaisseau, & à l'effort qu'on juge nécessaire pour le déta-

cher. A la marée montante, ſi le volume d'eau qui répond à cet aſſemblage, péſe plus que lui, il ne manque pas de l'enlever, & de le mettre
en état d'être tiré à bord.

Quand cette opération doit ſe faire
dans des endroits où il n'y a point
de marée, c'eſt-à-dire, où la ſurface
de l'eau demeure toujours à même
hauteur, on emplit d'eau les caiſſes
que l'on veut joindre au vaiſſeau,
pour les faire enfoncer le plus profondément qu'il eſt poſſible, ſans cependant les ſubmerger, & lorſqu'elles ſont attachées, on les vuide avec
des pompes, pour leur rendre la premiére légéreté qu'elles avoient, &
qu'elles doivent partager avec le
corps engravé ; & ce procédé a le même ſuccès que le premier, ſi l'on a
obſervé les proportions néceſſaires.

Le plus difficile de ces ſortes d'o-
pérations, c'eſt de paſſer des cables
ſous le vaiſſeau engravé, ſur-tout
quand il l'a été long-tems, & que la
vaſe s'eſt durcie autour, & s'y eſt
conſidérablement accumulée. Cette
difficulté a été vaincue en dernier
lieu avec beaucoup de courage, &

fort ingénieusement, par M. Goubert, officier des vaisseaux du Roy, qui sçait joindre à la valeur la plus éprouvée, la sagacité des plus habiles ingénieurs, & qui est enfin venu à bout d'enlever un des vaisseaux qui ont péri en 1702, dans la rade de *Vigo* en Espagne ; entreprise qui avoit été tentée inutilement, & à grands frais, par plusieurs compagnies formées tant en France qu'ailleurs. C'est dommage qu'un succès aussi heureux n'ait valu à M. Goubert que des applaudissemens ; les espérances dont il pouvoit se flatter, avoient échoué sans retour avec le vaisseau : On avoit sans doute eu soin d'en ôter les effets à l'aspect du naufrage ; on n'y trouva rien qui pût dédommager les entrepreneurs des grands frais ausquels cet ouvrage les a engagés.

IV. Proposition.

Si le corps solide est moins pésant qu'un pareil volume de la liqueur dans laquelle il est plongé, il surnage en partie ; ce qui reste plongé mesure une quantité de liqueur qui pése autant que le corps entier.

IX. EXPERIENCE.

PREPARATION.

Le vafe repréfenté par la *Fig.* 9.
eft de verre, prefque cylindrique, &
garni par en-bas d'un robinet ; on y
met de l'eau à peu près jufqu'aux deux
tiers, où l'on fait une marque ; on
y plonge enfuite une boule de cire
bien ronde, & prefque auffi groffe
que le vaiffeau eft large ; cette immerfion éléve la furface de l'eau ; on
en ôte par le robinet, tant que la furface foit baiffée jufqu'à la marque où
elle étoit en premier lieu ; on retire
la boule de cire, on l'effuye, & on
la péfe contre la quantité d'eau qu'on
a tirée du vafe,

EFFETS.

La boule & cette quantité d'eau
fe font réciproquement équilibre ;
ou fi cela n'eft point à la rigueur, il
s'en faut de fi peu de chofe, qu'il eft
aifé de voir que cette petite différence vient d'un défaut d'exactitude dans
le procédé, car il fuffit pour cela qu'en
tirant l'eau du vafe, il en foit forti

quelques goutes de plus ou de moins qu'il ne faut.

EXPLICATION.

La boule de cire plongée ne s'enfonce point entiérement sous l'eau, parce qu'elle est un peu plus légére; mais la plus grande partie qui reste plongée, déplace une quantité d'eau qui s'éléve au-desfus de la marque. Lorfqu'on tire de l'eau par le robinet, jufqu'à ce que la furface revienne à cette même marque, on est fûr d'avoir la quantité déplacée par l'immerfion de la boule, & puifque cette quantité d'eau fait équilibre à la boule entiére, n'est-ce pas une preuve, que *la partie plongée mefure une quantité de liqueur qui péfe autant que le corps entier*, comme nous l'avons énoncé dans notre propofition ?

CONSEQUENCES.

Il fuit de la propofition précédente,

1°. Que d'un corps qui furnage, la partie plongée est d'autant plus petite, que la liqueur est plus denfe, ou que le corps plongé est moins péfant.

2°. Qu'il

2°. Qu'il y a toujours une partie plongée, lorsque le solide qui repose sur la liqueur, a une pésanteur & une épaisseur sensible. Car s'il est pésant, comme on le suppose, il faut quelque chose qui lui fasse équilibre ; & ce qui fait cet équilibre, c'est le volume de liqueur déplacé, comme nous l'avons prouvé dans la derniére expérience.

X. EXPERIENCE.

PREPARATION.

Dans un petit vase long & étroit, qu'on a rempli de quelque liqueur jusqu'aux trois quarts de sa capacité, Fig. 10. on plonge une petite bouteille de verre très-mince, qui a un long col gradué, & qui est lestée au fond avec un peu de mercure, afin qu'elle se tienne dans une direction perpendiculaire.

EFFETS.

Cette petite bouteille à long col, qu'on nomme communément *Aræo-métre*, ou *pése-liqueurs*, s'enfonce plus ou moins dans le vase, selon qu'il est rempli d'une liqueur plus ou moins dense, c'est-à-dire, qu'il descend plus profondément dans le vin que dans l'eau, & dans l'eau de vie encore plus que dans le vin. Et si l'on met au haut de sa tige quelque petite lame de métal, il s'enfonce plus avant, quoique dans la même liqueur.

Explications.

La partie plongée de l'aræométre souléve autant de liqueur qu'il en faut pour faire équilibre à l'instrument entier. S'il pése une once, par exemple, il souléve moins d'eau que de vin, quant au volume, parce qu'il faut plus de vin que d'eau pour le poids d'une once, & comme il ne fait monter la liqueur qu'en s'enfonçant, il doit donc plonger plus avant, dans celle qui est la plus légére.

Si l'on augmente le poids de l'aræométre, par l'addition de quelque lame de métal ou autrement, il s'enfonce plus avant, quoique dans la même liqueur, parce qu'alors il en faut une plus grande quantité pour lui faire équilibre.

A P P L I C A T I O N S.

Puifque tous les corps qui flottent,
comme nous venons de le faire voir
par l'expérience de l'aræométre, s'enfoncent plus ou moins, felon la denfité du fluide ; une barque chargée
en mer aura donc moins de parties
hors de l'eau, fi elle vient à remonter
une riviére ; car l'eau falée péfe plus
que l'eau douce, & les nageurs affû-
rent qu'ils en fentent bien la différence. On doit donc avoir égard à cet
effet, & ne pas rendre la charge auffi
grande qu'elle pourroit l'être, fi l'on
prévoit qu'on doive paffer par une
eau moins chargée de fel, que celle
où l'on s'embarque.

On a vû quelquefois des *ifles flot-*
tantes, c'eft-à-dire, des portions de
terre affez confidérables, qui fe dé-
tachant du continent, & fe trouvant
moins péfantes que l'eau, fe foutiennent à la furface, & flottent au gré
des vents. L'eau mine peu à peu certains terrains qui font plus propres
que d'autres à fe diffoudre ; ces fortes d'excavations s'augmentent avec
le tems, & s'étendent au loin ; le def-

fus demeure lié par les racines des plantes & des arbres , & le fol n'eſt ordinairement qu'une terre bitumineuſe , fort légére , de ſorte que cette eſpéce de croute eſt moins péſante que le volume d'eau ſur lequel elle eſt reçûe , quand un accident quelconque vient à la détacher de la terre ferme , & la met à flot.

L'exemple de l'arœométre fait voir encore qu'il n'eſt pas beſoin , pour ſurnager , que le corps flottant ſoit d'une matiére plus légére que l'eau. Car cet inſtrument ne ſe ſoutient point en vertu du verre ou du mercure dont il eſt fait , mais ſeulement parce qu'il a , avec peu de ſolidité , un volume conſidérable qui répond à une quantité d'eau plus péſante. Ainſi l'on pourroit faire des barques de plomb , ou de tout autre métal , qui ne s'enfonceroient pas. Et en effet les chariots d'artillerie portent ſouvent , à la ſuite des armées , des gondoles de cuivre , qui ſervent à établir des ponts, pour le paſſage des troupes.

e la Balance hydroſtatique , &
de ſes uſages.

La balance hydroſtatique que nous
avons employée pour les expériences précédentes, eſt un inſtrument
fort commode pour connoître la péſanteur ſpécifique des fluides & des
ſolides , qui peuvent être plongés
ſans ſe diſſoudre & ſans changer de
volume. Nous ne pouvons pas nous
étendre beaucoup ſur ſes uſages, parce que ces ſortes de détails paſſent
les bornes que nous nous ſommes
preſcrites dans cet ouvrage ; ceux qui
ſeront curieux de les ſçavoir , pourront lire ce qu'en ont écrit Boyle , &
après lui MM. Cotes , Deſaguilliers,
s'Graveſande, &c. nous nous contenterons de faire voir que les effets de
cette balance ne ſont que des applications des principes établis ci-deſſus , & nous nous bornerons à quelques exemples qui ſuffiront pour le
prouver.

***
**
*

Connoître la Pésanteur spécifique d'une Liqueur.

La pésanteur spécifique d'une matière, c'est le poids qu'elle a sous un volume connu : c'est ce qu'on nomme aussi sa *densité*. Un solide entièrement plongé déplace un volume de liqueur égal à lui. On aura donc la solution du problême, si l'on a un moyen de connoître le poids de ce volume déplacé : or la quatrième expérience nous a appris que ce poids est précisément celui que perd le solide par son immersion ; ainsi on procédera de la manière qui suit.

Ayez un corps solide qui puisse se plonger sans changer de volume, & sans admettre la liqueur dans ses pores, comme du verre, par exemple; ce corps peut être sphérique, cylindrique, cubique, &c. comme l'on veut. Suspendez-le avec un cheveu, ou un crin, au bras de la balance, pour connoître d'abord sa pésanteur absolue ; faites-le ensuite plonger entièrement dans la liqueur, l'équilibre

sera d'abord rompu par cette immersion, ce que vous serez obligé d'ajouter pour le rétablir, sera justement le
poids du volume de liqueur qui a été
déplacé par le corps plongé. Si ce
corps étoit un cube d'un pouce, &
qu'après l'avoir plongé on eût ajouté
4 gros, il faudroit conclure qu'un
pouce cube de la liqueur pése 4 gros,
ou une demi-once.

On peut objecter contre l'exactitude de ce procédé, que la gravité
de ce cube de verre, pésé en l'air,
n'est point sa pésanteur absolue, puisque l'air, en qualité de fluide ambiant,
lui ôte une partie de son poids ; mais
le plomb qui le tient en équilibre,
souffre une perte à peu près semblable ; & l'air est si léger, que la pésanteur respective & la pésanteur absolue font sensiblement les mêmes,
quand les corps qui y font plongés,
n'ont que des volumes peu considé-
rables.

Mais une attention qu'on ne sçau-
roit porter trop loin dans ces fortes
d'expériences, c'est que le solide
plongé, & la liqueur où se fait l'immersion, ne varient point de den-

fité pendant l'opération. Car fi celle-
ci fe raréfie ou fe condenfe, ou bien
que le volume de celui-là augmente
ou diminue, il en réfultera du mécompte ; & il n'eſt que trop poſſible
que cela arrive par le chaud, par le
froid, & parce qu'on jugera peut-
être de l'état d'une liqueur par ſon
nom, ſans faire attention que tout
ce qui s'appelle eau commune, eſprit-de-vin, &c. n'eſt pas toujours
d'une égale denſité.

Pour remédier à une partie de ces
inconvéniens, je voudrois qu'au lieu
de plonger un corps ſolide de verre,
on ſe ſervît d'une boule creuſe, ter-
minée par un tube capillaire, & remplie de mercure comme un thermo-
métre ; par ce moyen on pourroit
s'aſſurer du dégré de denſité de la liqueur, au moins de celui qui réſulte
du froid ou du chaud actuel ; & l'on
ſeroit ſûr en même tems, que le volume du corps plongé n'eſt point
changé. Car ſi la température de la liqueur venoit à changer, on en ſeroit
averti par l'aſcenſion ou l'abaiſſement
du mercure dans le tube capillaire.

II.

II. USAGE.

Comparer les pésanteurs spécifiques de deux liqueurs.

Lorsque l'on a connu la pésanteur spécifique de l'une des deux, par l'usage précédent, on répéte l'opération sur l'autre, & la différence des poids qu'il faut ajouter pour rétablir l'équilibre après l'immersion, est aussi celle de leurs pésanteurs spécifiques.

Dans ces sortes de comparaisons il faut bien prendre garde que le dégré de fluidité n'entre pour quelque chose. Il est des liqueurs plus visqueuses, plus difficiles à diviser, dans lesquelles l'immersion du corps solide se fait plus difficilement indépendamment de la densité ; quand cela est ainsi, il faut avoir recours à quelqu'autre procédé, pour connoître avec exactitude la pésanteur spécifique.

III. Usage.

Comparer les gravités spécifiques d deux corps solides.

Par la cinquiéme expérience nou avons prouvé que des solides dont le péfanteurs abfolues font égales, et perdent, par l'immerfion, des quantités qui font proportionnelles à leurs volumes.

Mettez donc en équilibre dans l'air deux morceaux des matiéres propofées; faites-les plonger enfuite entiérement dans deux vafes remplis de la même liqueur. Si leurs volumes font égaux, l'équilibre fubfiftera, parce que les pertes feront égales de part & d'autre; s'ils font inégaux, le plus petit emportera l'autre; & ce qu'il faudra ajouter à celui-ci, pour le remettre en équilibre, fera la différence qu'il y aura entre les gravités fpécifiques des deux.

Si les corps en queftion ne font point affez péfans pour fe plonger tout-à-fait par leur propre gravité, on pourra y joindre dés poids qui ne changeront rien à l'effet, s'ils font

parfaitement femblables de part &
d'autre. Mais il faut bien prendre garde qu'il ne s'attache à la furface des
corps plongés, des bules d'air, ou
quelque chofe de gras, qui empêche
la liqueur de s'y appliquer exactement de toutes parts ; car leurs volumes alors feroient augmentés, &
leur péfanteur en paroîtroit d'autant
diminuée.

IV. USAGE.

Comparer la gravité fpécifique d'un corps folide, avec celle d'une liqueur.

Quand on a péfé un corps folide
dans l'air, ce qui lui refte enfuite de
fon poids lorfqu'il eft plongé dans la
liqueur, eft la différence qu'il y a
entre les péfanteurs fpécifiques de ce
corps, & du volume correfpondant
de la liqueur. Si, par exemple, un morceau d'or péfe 19 gros dans l'air,
& qu'il n'en péfe plus que 18, étant
plongé dans l'eau commune, c'eft
une marque qu'une telle immerfion
lui ôte $\frac{1}{19}$ de fon poids, & que la pé-

ſanteur ſpécifique de l'eau eſt à celle
de l'or comme 1 à 19.

Remarques ſur l'aræométre, ou péſe-liqueurs.

L'ARÆOMETRE que nous avons repréſenté par la *Fig.* 10. eſt encore un
inſtrument avec lequel on peut connoître de deux liqueurs laquelle eſt la
plus péſante ; mais ſi l'on veut s'en
ſervir pour connoître au juſte le rapport des péſanteurs, il faut le conſtruire & l'employer avec des précautions dont on ſe diſpenſe pour
l'ordinaire, & ſans leſquelles cependant on n'en peut rien attendre
d'exact.

1°. Il faut que les liqueurs dans
leſquelles on plonge l'aræométre,
ſoient exactement au même dégré
de chaleur ou de froid, afin qu'on
puiſſe être ſûr que leur différence de
denſité ne vient point de l'une de ces
deux cauſes, & que le volume de
l'aræométre même n'en a reçû aucun
changement.

2°. Que le col de l'inſtrument ſur
lequel ſont marquées les graduations,

foit par-tout d'une groffeur égale ; car s'il eft d'une forme irréguliere, les degrés marqués à égales diftances, ne mefureront pas des volumes de liqueur femblables en fe plongeant ; il fera plus sûr & plus facile de graduer cette échelle relativement à la forme du col, en chargeant fucceffivement l'inftrument de plufieurs petits poids bien égaux, dont chacun produira l'enfoncement d'un degré.

3°. On doit avoir foin que l'immerfion fe faffe bien perpendiculairement à la furface de la liqueur, fans quoi l'obliquité empêcheroit de compter avec juft.effe le degré d'enfoncement.

4°. Comme l'ufage de cet inftrument eft borné à des liqueurs qui différent peu de péfanteur entr'elles, on doit bien prendre garde que la partie qui furnage ne fe charge de quelque vapeur ou faleté qui occafionneroit un mécompte, dans une eftimation où il s'agit de différences peu confidérables. Et lorfque l'aræométre paffe d'une liqueur à l'autre, on doit bien prendre garde que fa furface ne porte aucun enduit qui empêche que celle où il entre ne s'applique exactement contre sa surface.

5°. Enfin malgré toutes ces précautions, il reste encore la difficulté de bien juger le degré d'enfoncement, parce que certaines liqueurs s'appliquent mieux que d'autres au verre, & qu'il y en a beaucoup qui lorsqu'elles le touchent, s'élevent plus ou moins au-dessus de leur niveau.

Quand on se sert de l'aræométre dont il est ici question, il faut le plonger d'abord dans la liqueur la moins pésante, & remarquer à quelle graduation se rencontre sa surface : ensuite il faut le rapporter dans la plus dense, & charger le haut de la tige ou du col, de poids connus, jusqu'à ce que le degré d'enfoncement soit égal au premier. La somme des poids qu'on aura ajoutés, pour rendre cette seconde immersion égale à la premiere, sera la différence des pésanteurs spécifiques entre les deux liqueurs.

M. Homberg, & plusieurs Physiciens après lui, se sont servis pour

péser les liqueurs, d'un petit vaiſſeau
de verre mince que l'on voit repréſenté dans la *Fig.* 11. on a pratiqué à
côté du col un petit tuyau montant,
par le moyen duquel on a prétendu
emplir la bouteille toujours également, parce qu'il eſt plus facile d'eſtimer la hauteur juſte de la liqueur
dans un petit tuyau, que dans le col
de l'inſtrument où la ſurface eſt plus
étendue. De cette maniere on a
compté meſurer toujours des volumes égaux, dont il ſeroit aiſé de
connoître la péſanteur en les appliquant à une balance. Mais nous ne
pouvons diſſimuler que cette méthode eſt ſujette, comme les autres, à
pluſieurs inconvéniens; le plus grand
de tous, c'eſt que le petit tuyau montant eſt fort étroit, & que les liqueurs ne s'y mettent point de niveau; la plûpart s'y tiennent plus
élevées, comme nous le dirons bien-
tôt, & cet excès n'eſt pas le même
pour toutes.

PLUSIEURS Sçavants ſe ſont donné
la peine d'examiner les péſanteurs
ſpécifiques d'un grand nombre de
matieres, tant ſolides que fluides, &

K k iiij

de les rédiger en tables. On doit
affurément leur fçavoir gré de ce
travail, & l'on en fent toute la difficulté quand on penfe aux attentions
fcrupuleufes, & au tems qu'on eft
obligé de donner à ces fortes de recherches, lorfqu'elles deviennent néceffaires ; mais leurs expériences,
quelque exactes qu'elles aient été,
ne peuvent nous fervir de régles que
comme des à-peu-près. Car les indi-
vidus de chaque efpéce, varient entre eux, quant à la denfité ; & l'on ne
peut pas dire que deux diamants,
deux morceaux de cuivre, deux
gouttes de pluye, &c. foient parfaitement femblables. Ainfi quand il eft
queftion de fçavoir au jufte la péfanteur fpécifique de quelque corps, il
faut le mettre lui-même à l'épreuve ;
c'eft le feul moyen d'en bien juger. Il
y a à la vérité mille occafions où cette grande exactitude eft fuperflue,
& alors on peut s'en rapporter aux
recherches d'un Phyficien habile &
exact ; c'eft dans cette vûe que nous
avons placé ici une table dreffée fur
les expériences de M. Mufchenbroek,
dont on connoît fuffifamment la fagacité & l'exactitude.

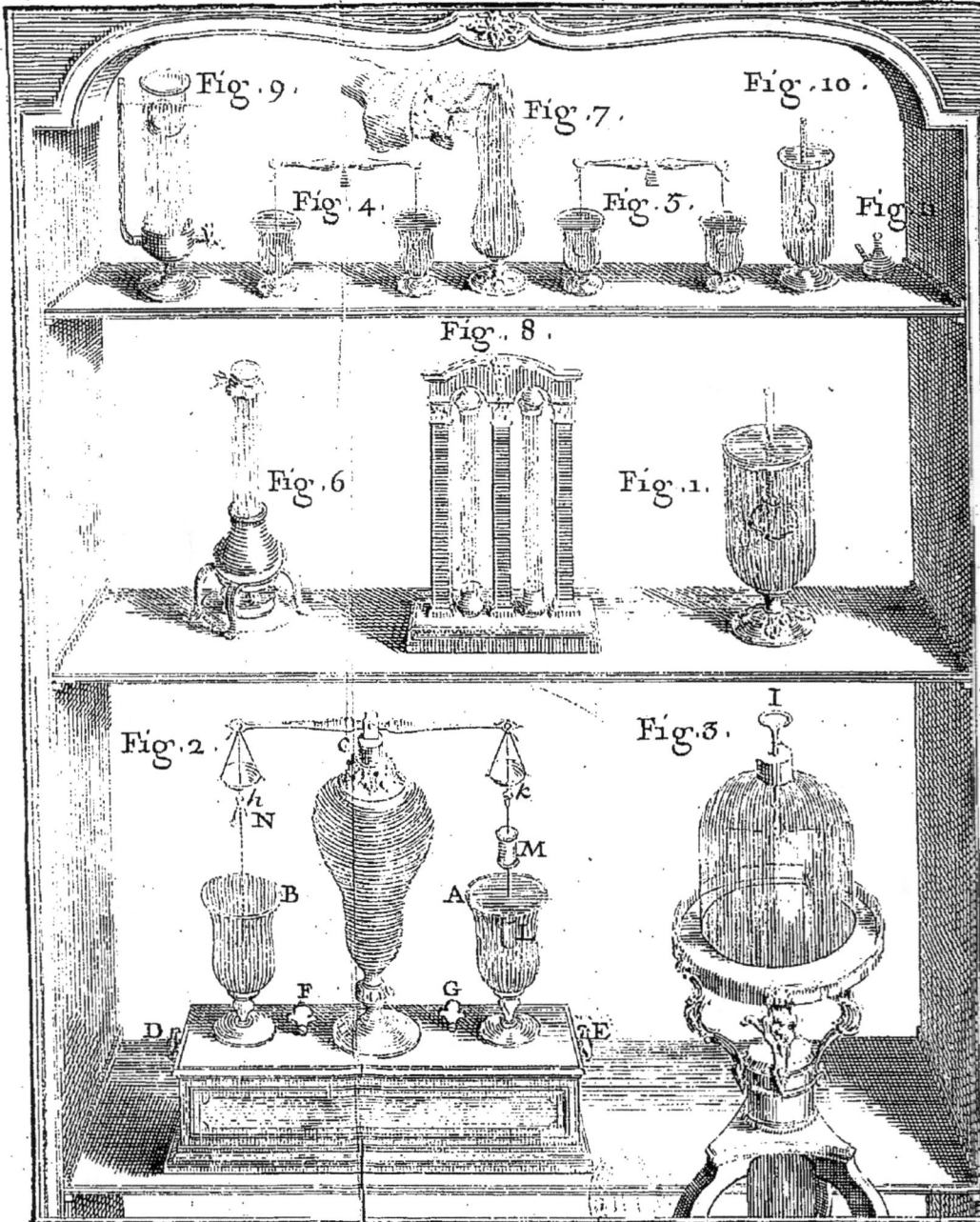

Fig. 9.

Fig. 7.

Fig. 10.

Fig. 4.

Fig. 5.

Fig.

Fig. 8.

Fig. 6.

Fig. 1.

Fig. 2.

Fig. 3.

I

c

h
N

k

M

B

A
L

F

G

D

E

Moreau Sculp.

Les péfanteurs fpécifiques de toutes les matières énoncées dans cette
table , font comparées à celle de
l'eau commune ; & l'on prend pour
eau commune celle de la pluye dans
une température moyenne. Ainfi lorfqu'on verra dans la table, eau de
pluye . . . 1 , 000 , or de coupelle 19,
640, air 0, 001 ¼, c'eft-à-dire, que
la péfanteur fpécifique de l'or le plus
fin, eft à celle de l'eau comme 19½
à peu près , à 1 ; & que la gravité de
l'air n'eft prefque que la millième
partie de celle de l'eau.

Table alphabétique des matiéres les
plus connues , tant folides que
fluides , dont on a éprouvé la pé-
fanteur fpécifique.

Acier flexible ou non trempé. 7, 738.
Acier trempé. . . . . 7, 704.
Agathe d'Angleterre . . . . 2, 512.
Air. . . . . 0, 001¼.
Albatre. . . . . 1, 872.
Alun. . . . . 1, 714.
Ambre. . . . . 1, 040.
Amiante. . . . . 2, 913.
Antimoine d'Allémagne. . 4, 000.

Antimoine d'Hongrie. . . . . 4, 700.
Ardoife bleue. . . . . 3, 500.
Argent de coupelle. . . . 11, 091.
Bifmuth. . . . . 9, 700.
Bois de Brefil. . . . . 1, 030.
——— Cedre. . . . . 0, 613.
——— Orme. . . . . 0, 600.
——— Gayac. . . . . 1, 337.
——— Ebenne. . . . . . . 1, 177.
——— Erable. . . . . 0, 755.
——— Frefne. . . . . 0, 845.
——— Bouis. . . . . 1, 030.
Borax. . . . . 1, 720.
Caillou. . . . . 2, 542.
Camphre. . . . . 0, 995.
Charbon de terre. . . . . . 1, 240.
Cinabre naturel. . . . . . . 7, 300.
——— artificiel. . . . . . 8, 200.
Cire jaune. . . . . 0, 995.
Corail rouge. . . . . 2, 689.
——— blanc. . . . . 2, 500.
Corne de bœuf. . . . . . . 1, 840.
——— cerf. . . . . 1, 875.
Cryftal de roche. . . . . . 2, 650.
——— d'Iflande. . . . . . 2, 720.
Cuivre de Suede. . . . . . 8, 784.
——— jetté en moule. . . 8, 000.
Diamant. . . . . 3, 400.
Ecailles d'huitres. . . . . . 2, 092.

Encens. . . . . 1, 071.
Eau commune ou de pluye. 1, 000.
———— diſtillée. . . . . 0, 993.
———— de riviere. . . . . . . 1, 009.
Eſprit-de-vin rectifié. . . . 0, 866.
———— de térébenthine. . . 0, 874.
Etain pur. . . . . 7, 320.
———— allié d'Angleterre. . . 7, 471.
Fer. . . . . 7, 645.
Gomme arabique. . . . . . 1, 375.
Grenat de Bohême. . . . . 4, 360.
———— de Suede. . . . . . 3, 978.
Huile de lin. . . . . 0, 932.
———— d'olives. . . . . . . 0, 913.
———— de vitriol. . . . . . . 1, 700.
Karabé ou ambre jaune. . . 1, 065.
Lait de vache. . . . . 1, 030.
Litarge d'or. . . . . 6, 000.
———— d'argent. . . . . . . 6, 044.
Maganéſe. . . . . 3, 530.
Marbre noir d'Italie. . . . . 2, 704.
———— blanc d'Italie. . . . . 2, 707.
Mercure. . . . . 13, 593.
Noix de Galles. . . . . . . 1, 034.
Or d'eſſay ou de coupelle. 19, 640.
———— d'une guinée. . 18, 888.
Os de bœuf. . . . . 1, 656.
Pierre ſanguine. . . . . . . 4, 360.
———— calaminaire. . . . . 5, 000.

APPENDICE,

Touchant les tuyaux capillaires, &
les caufes immédiates de la fluidité
& de la folidité des corps.

A R T I C L E P R E M I E R.

Des tuyaux capillaires.

JE place ici ce qu'il importe de
fçavoir touchant les tuyaux capillaires, comme des exceptions aux
loix de l'hydroftatique, qui ont été
établies précédemment. Ce n'eft pas
que je penfe qu'il foit abfolument
impoffible de rappeller à ces loix générales ce qu'il y a de fingulier en
apparence dans ces fortes de phénoménes : mais quoique cela ait été
tenté plufieurs fois, & par des Phyficiens du premier ordre, nous ne dif-
fimulerons point que le fuccès en eft
encore douteux, & que ce qu'ils ont
dit fur cette matiere, ne peut être
reçû que comme des probabilités,
ingénieufes pour la plûpart, mais

qui laiſſent toujours des difficultés à
réſoudre. D'autres peut-être plus heureux dans leurs recherches , trouveront le moyen de concilier avec des
principes généralement avoués , ces
effets à qui l'on feroit tenté d'imaginer des cauſes nouvelles & d'un
genre particulier, ſi l'on ne ſçavoit
qu'en Phyſique l'imagination n'a pas
grand poids , ſi l'expérience ne la
ſoutient.

On appelle *tubes* , ou *tuyaux ca-*
pillaires ceux qui ſont menus : ils peuvent être faits de verre , ou de toute
autre matiére capable de contenir les
liqueurs. Ce nom leur vient, ſans doute , de la reſſemblance qu'ils peuvent
avoir avec les cheveux , que l'on regarde communément comme de petits canaux creux dans toute leur longueur, & capables de tranſmettre certaines humeurs.

Cette comparaiſon néanmoins ne
limite pas la groſſeur des tubes capillaires à celle d'un cheveu ; ceux dont
on ſe ſert communément pour les expériences ſont beaucoup moins menus , & les effets qui ſont propres à
ces ſortes de tuyaux , ſe laiſſent en-

core appercevoir, quand leur diamétre égale deux lignes, & même deux lignes & demie. Leur forme eſt toutà-fait indifférente : deux morceaux de glace de miroir, dont les plans s'approchent parallélement à une diſtance convenable, produiſent les mêmes effets qu'une ſuite de petits tuyaux, & tous les corps ſpongieux, ou aſſez poreux, pour admettre les liqueurs, peuvent être auſſi conſidérés comme des aſſemblages de canaux capillaires. Nous allons expoſer dans les expériences qui ſuivent, ce qu'il y a de plus intéreſſant dans cette matiére. On verra dans les préparations les différentes dimenſions que peuvent avoir les tuyaux capillaires, & leurs propriétés ſe connoîtront par les effets réſultans de chaque procédé.

PREMIERE EXPERIENCE.

PREPARATION.

Dans un petit gobelet *A B*, *Fig.* 12. que l'on emplit ſucceſſivement de différentes liqueurs, on plonge le petit tuyau *C D*, dont les deux extrémités font ouvertes, & que l'on a attaché fur une petite bande de carton blanc divifé felon fa longueur en parties égales.

EFFETS.

Premiére propriété des tubes capillaires.

Dès que le tube eft plongé, la liqueur s'éléve vers *D* ; & fi l'on enfonce le tube plus avant dans le gobelet, la liqueur monte d'autant au-deffus de l'endroit où elle s'étoit fixée d'abord ; cet effet eft général pour toutes les liqueurs ; il en faut feulement excepter une, dont nous ferons mention ci-après.

II. EXPERIENCE.

PREPARATION.

On procéde dans cette expérience comme dans la précédente ; les liqueurs dont on emplit fucceffivement le petit gobelet, font l'urine, l'efprit de vin, l'efprit de nitre, l'eau falée, l'huile de vitriol. Il faut avoir foin de faire paffer de l'eau nette dans le petit tube, à chaque fois que l'on change

change de liqueur, faire enforte qu'elles ayent toutes la même température, & remarquer à quel dégré chacune s'éléve.

EFFETS.

Seconde propriété.

Ces liqueurs s'élévent dans le même tube à différentes hauteurs, felon l'ordre qui fuit, en commençant par celles qui montent le plus haut ; l'urine, l'huile de vitriol concentrée, l'eau falée, l'efprit de nitre & l'efprit de vin ; ce qui fait voir que les liqueurs ne s'élévent point dans les tubes capillaires, en raifon renverfée de leur denfité, puifque l'efprit de vin, qui eft le plus léger, eft celui de tous ces liquides qui s'éléve le moins.

III. EXPERIENCE.

PREPARATION.

Dans de l'eau colorée on plonge deux tubes de même longueur, mais dont les diamétres intérieurement différent de moitié. *Fig.* 13.

EFFETS.

Troisiéme propriété.

L'eau s'éléve une fois plus haut, dans celui des deux tubes qui a le diamétre une fois plus petit; & comme cet effet suit toujours de même le rapport que les diamétres ont entr'eux, on peut conclure en général que les liqueurs s'élévent dans les tubes capillaires en raison inverse de leur largeur, c'est-à-dire, qu'elle y monte d'autant plus haut, qu'ils sont plus étroits.

IV. EXPERIENCE.

PREPARATION.

Il faut répéter les expériences précédentes, en employant du mercure au lieu des liqueurs dont on s'est servi, ou bien verser du mercure dans un scyphon renversé, dont une des branches soit capillaire, comme le représente la *Fig.* 14.

EFFETS.

Quatriéme propriété.

On remarquera que le mercure se tient toujours plus bas que son niveau, & que son abaissement est d'autant plus grand, que le tube est plus étroit. Dans le scyphon renversé, par exemple, au lieu de s'élever en *G* dans la branche capillaire, pour être de niveau à celui de l'autre branche, il se tient en *H*, & se tiendroit encore plus bas, si ce tuyau qui le contient étoit d'un diamétre plus petit.

Jusqu'à présent on ne connoît que le mercure qui se comporte ainsi dans les tubes capillaires : il est reconnu que toutes les matiéres métalliques, qu'on tiendroit en fusion, feroient la même chose ; j'en juge par l'étain & le plomb fondus que j'ai mis à l'épreuve.

EXPLICATIONS.

Tous ces faits, comme l'on voit, paroissent contraires aux régles ordinaires de l'hydrostatique, par lesquelles nous avons vû qu'une liqueur se met toujours en équilibre avec elle-même, soit dàns un seul & même vaisseau, soit dans plusieurs qui communiquent enfemble;que fi elle obéït à une force qui l'éléve au-deffus de fon niveau , elle lui céde proportion- nellement à fa denfité , &c. Ce que l'on voit de différent dans les tubes capillaires , n'eft connu que depuis un fiécle tout au plus ; cette décou- verte s'eft faite dans un tems où l'on penfoit déja que tout ce qui fe pré- fente à expliquer en Phyfique , ne peut l'être que par des caufes mécha- niques , & qui fe préfentent à l'efprit d'une maniére intelligible ; les Phy- ficiens les plus habiles ont travaillé en conféquence ; mais le fuccès a-t- il répondu à leur zéle ?

On peut ranger en trois claffes les différentes opinions qui ont été pro- pofées fur cette matiére.

La premiére comprend celles qui attribuent ces phénoménes à la pref- fion inégale du fluide environnant, en fuppofant qu'il exerce fon poids plus librement, & d'une maniére plus complette, fur la furface du vaiffeau *A B*, que par l'orifice fupérieur du tuyau plongé. *Fig.* 12.

Ce fluide environnant , felon quel- ques-uns , eft l'air dont les parties rameufes s'embarraffent, & fe meuvent difficilement dans un canal étroit, tandis qu'il agit fans obftacle fur la furface du gobelet. Cette penfée eft tout-à-fait naturelle & fimple ; mais une feule expérience la rend prefque infoutenable : tout ce que les tuyaux capillaires font en plein air, ils le font de même fous le récipient d'une machine pneumatique où l'on a fait le vuide.

Que refte-t-il à répondre ? Dira-t-on que le vuide n'eft jamais parfait ? & que ce qui refte d'air, après les derniers efforts de la pompe la plus exacte, eft encore capable de foutenir quelques pouces d'eau au-deffus de fon niveau ?

On fent aifément que la réponfe ne fatisfait pas à l'objection. Cependant elle n'eft point abfolument fans force, tout l'air du récipient fe raréfie également, fi la preffion fur la furface du gobelet diminue, la réfiftance dans le tuyau décroît auffi par proportion ; & les caufes de l'inégalité d'action fubfiftent. Mais une feconde expérience fait voir qu'on ne peut guéres foutenir cette inégalité de preſſion , qui ſuppoſe que l'air n'agit pas librement dans le tuyau. Si cela étoit, il faudroit que la liqueur s'élevât proportionnellement à la longueur du tube ; car il eſt certain que ſi l'air y trouvoit de l'embarras, il en éprouveroit davantage dans un plus long que dans un plus court : cependant cela n'arrive point ; c'eſt le diamétre du tube qui régle le degré d'élévation , & quand l'eau eſt arrivée au point où elle doit monter, elle ne baiſſe point , quoiqu'on retranche la partie du tuyau qui eſt au-deſſus d'elle.

Ces raiſons ayant fait abandonner l'air groſſier, on s'en eſt pris à un autre fluide plus ſubtil, & tel qu'il ſubſiſte dans les vaiſſeaux où l'on fait le vuide de Boyle. On lui ſuppoſe des parties globuleuſes, & l'on démontre qu'une colomne d'un tel fluide ne remplit jamais bien exactement un tube , & qu'une preſſion dépendante de cette plénitude , doit diminuer à proportion que le tube eſt plus étroit; de-là vient , dit-on , le défaut d'équilibre entre la preſſion qui ſe fait ſur la liqueur dans le tuyau , & celle qui s'exerce fur la furface du vafe où l'on plonge le tuyau.

Cette hypothéfe eft ingénieufe ; elle fait agir un fluide dont on ne peut guéres contefter l'exiftence ; mais elle lui accorde des fonctions qu'on ne peut admettre fans peine. Un milieu dont les parties font plus fubtiles que celles de l'air commun , & qui le font affez pour pénétrer les pores du verre , laiffe-t-il tant de vuide dans le tube , & s'applique-t-il fi mal aux parois du verre , que fa preffion différe fenfiblement de celle qu'il exerce en-dehors , fur la fuperficie du réfervoir? D'ailleurs , pourquoi la preffion plus libre & plus entiére fur la furface du vafe , n'éléve-t-elle pas les liqueurs à des hauteurs qui foient proportionnelles à leurs denfités ? Et enfin , pour citer encore l'expérience , il paroît que l'effet dont il s'agit, ne dépend point d'une preffion qui foit plus ou moins libre , felon la largeur de la bafe ; car au lieu de plonger le tube dans un vafe , fi l'on fait couler une goute de liqueur en-dehors , & felon fa longueur, dès qu'elle eft parvenue à l'orifice inférieur , elle remonte dans le tube comme en tout autre cas.

Voilà pourtant ce que l'on a dit de plus vraifemblable pour expliquer l'afcenfion des liqueurs dans les tubes capillaires, par la preffion inégale d'un fluide environnant. Voyons fi les opinions de la feconde claffe font plus heureufes.

Celles-ci quoique partagées par différentes vûes, fe réuniffent en un point : elles prétendent que, lorfqu'on a plongé le bout d'un tube capillaire, la petite colomne de liqueur qu'il renferme, perd fon poids par fon adhérence au verre, & que ceffant de péfer fur le fond du vafe où fe fait l'immerfion, les colomnes extérieures au tube, & qui exercent librement leur péfanteur, en pouffent une femblable fous la premiére, une autre fous la feconde, & que toutes ces parties s'accumulent en une colomne totale, dont la hauteur eft proportionnelle au frottement qui augmente comme le diamétre du tuyau diminue.

On conçoit bien comment une petite colomne d'eau, une fois placée
dans

dans un tube capillaire, y est soutenue par le frottement, ou par l'adhérence aux parois du verre ; mais
je ne comprens pas de même comment l'eau du vase, par son poids, la
déplace & la souléve, pour lui subs-
tituer une colomne semblable : car
cette eau environnante n'a de force
qu'autant qu'il lui en faut, pour pousser dans le tube une colomne qui remplisse sa partie plongée, ou (ce qui
est la même chose) elle ne peut porter cette colomne que jusqu'à son niveau ; mais comment l'y portera-t-
elle, s'il faut qu'elle souléve en même tems une colomne semblable qui
occupe la place ? Dira-t-on que celle-ci ne pése point sur le fond, parce qu'elle est retenue par le frottement du verre ? Cela est vrai, tant
qu'elle est en repos ; mais s'il faut la
faire monter, il faut vaincre son poids,
ou, ce qui est équivalent, l'adhérence ou le frottement qui ont anéanti
son poids.

Mais pour faire connoître combien ce système s'accorde peu avec
l'expérience, il suffira de dire que les
tubes capillaires ont leurs effets aussi

promptement, & d'une maniére auffi complette, quand on ne fait que toucher, le plus légérement qu'il eft poffible, les liqueurs, comme lorfqu'on les y plonge fort avant; ce qui dénote inconteftablement, que la preffion des colomnes qui entourent la partie plongée du tuyau, n'entre pour rien dans cet effet.

Auffi voyons-nous que quelquesuns de ceux qui ont affigné cette caufe, en ont fenti eux-mêmes l'infuffifance. » L'eau, difent-ils, demeu-» re fufpendue dans les tubes capillai-» res, par fon adhérence naturelle au » verre; mais elle y eft élevée par une » autre caufe. « Quelle eft donc cette caufe qu'on affocie à l'adhérence, & qui doit nous expliquer les effets des tubes capillaires ? c'eft, dit-on, la même force qui fait que deux goutes d'eau fe joignent enfemble, lorfqu'on les approche de fort près. Paffons à la troifiéme claffe.

Ici l'on fuppofe que le verre attire la liqueur; mais fur quoi cette fuppofition eft-elle fondée ? Comment faut-il entendre cette attraction ? & quelle régle fuit-elle dans fes effets ?

Car fi l'on n'en avoit d'autres preuves
que le fait en queſtion, & fi l'on faiſoit de cette cauſe une qualité abſtrai-
te qui ne fût aſſervie à aucune meſure, cela reſſembleroit beaucoup aux
ſympathies & aux qualités occultes
des Péripatéticiens, fi juſtement & fi
généralement bannies de la Phyſique
moderne, c'eſt-à-dire, de la Phyſique raiſonnable.

Les Phyſiciens qui admettent l'attraction, (car il y en a un aſſez grand
nombre qui tiennent cette opinion,
& nous ne diſſimulerons pas que parmi ceux qui l'ont ſuivie, il s'en trouve quelques-uns, dont le nom ſeul
pourroit prévenir en faveur de ce ſentiment, fi l'autorité devoit être la régle de nos connoiſſances phyſiques ;)
ces Phyſiciens, dis-je, ſe partagent
en deux claſſes. Les uns, conformément à l'eſprit de M. Newton, regardent l'attraction comme un fait
qui a lieu dans toute la nature, & qui
pourroit avoir, comme tous les autres, une cauſe méchanique qu'il eſt
louable de chercher, mais qu'ils dé-
ſeſpérent, en quelque façon, de pouvoir trouver. Les autres tranchent le

mot ; plus hardis en cela que leur chef, ils prétendent que la vertu attractive est un principe qui n'a d'autre cause immédiate que la volonté du Créateur. Selon les premiers, quand deux corps s'approchent, ou se tiennent unis l'un à l'autre, sans qu'on apperçoive ce qui cause leur réunion ou leur adhérence, c'est un effet dont il y a beaucoup d'exemples, & à qui l'on donne le nom particulier d'*attraction*, seulement pour le distinguer d'un grand nombre d'autres faits semblables dont la cause est connue. Selon les derniers, tout cela se fait en vertu d'une force innée, d'un penchant naturel, par lequel, de lui-même, & sans aucune impulsion étrangére, un corps se porte vers un autre, & agit sur lui avant que de le toucher, ni par lui-même, ni par d'autres corps intermédiaires.

Ceux qui n'admettent les attractions que comme des faits, me paroissent être dans la route ordinaire. Les Cartésiens les plus fidélement attachés aux causes méchaniques, s'appuyent tous les jours sur des phénoménes, dont la cause est encore obſcure , & leur donnent tels noms qu'il leur plaît : l'*adhérence*, la *viſcoſi-té* , la *flexibilité* , le *reſſort* de certaines matiéres, ſervent ſouvent à expliquer leurs proprietés , & l'on n'en eſt pas choqué. On ne doit point l'être non plus du mot d'*attraction* , s'il n'exprime qu'un fait qu'on ſe diſpenſe d'expliquer.

Mais doit-on penſer de même de la vertu attractive , conſidérée comme principe de la nature ? Je paſſe qu'elle ne ſoit point métaphyſiquement impoſſible , (& c'eſt une grace que tout le monde ne lui fait pas ;) je ſuppoſe avec ceux qui ont le mieux défendu cette cauſe , que le Créateur en établiſſant l'impulſion , comme la cauſe la plus ordinaire des mouvemens des corps , ait été libre d'établir auſſi l'attraction , & que ces deux principes ne ſoient point incompatibles ; qu'en peut-on conclure , ſinon que Dieu a été le maître d'employer deux moyens au lieu d'un ? Mais de ce qu'une choſe pourroit être , s'enſuit-il qu'elle eſt en effet ? Si certains mouvemens n'ont point encore été bien expliqués par les loix de l'im-

pulsion, sont-ils démontrés inexpli-
cables ? & faudroit-il moins qu'une
telle démonstration, pour autoriser
l'introduction d'un nouveau principe, sur-tout quand on sçait que la nature affecte autant de simplicité dans
les causes, que de fécondité dans les
effets; que l'esprit humain borné dans
ses connoissances, ne peut jamais se
flatter d'avoir apperçû tout ce qu'il
y a à voir, & qu'il n'a jamais été
moins éclairé sur les effets naturels,
que quand il s'est permis des explications arbitraires. Je trouve fort sa-
ge & fort judicieuse cette pensée d'un
Sçavant *, qui avoit eu pendant sa
vie bien des occasions de sçavoir tout
ce qu'on peut dire de favorable pour
le système des attractions, & en même tems tout ce qu'on peut repro-
cher à l'emploi qu'on a fait des impulsions. « Il ne faut pas nous flatter,
» dit-il, que dans nos recherches de
» Physique nous puissions jamais nous
» mettre au-dessus de toutes les diffi-
» cultés : mais ne laissons pas de phi-
» losopher toujours sur des principes
» clairs de méchanique ; si nous les
» abandonnons, toute la lumiére que

* M. Sau-
vin. Mem.
de l'Acad.
1709.p.131.

» nous pouvons avoir eſt éteinte : &
» nous voilà replongés de nouveau
» dans les anciennes ténébres du Pé-
» ripatétiſme, dont le ciel nous veuil-
» le préſerver. »

M. Newton voyant dans les corps
qui nous environnent, quantités d'attractions, c'eſt-à-dire, des effets qu'on
peut nommer ainſi, ſoupçonna qu'il
y en avoit par - tout ; & s'arrêtant
moins à expliquer ces effets qu'à les
meſurer, il ſuppoſa que toutes les
parties de la matiére ſe portoient réciproquement les unes vers les autres, & que deux corps par conſéquent s'attiroient en raiſon directe
de leurs maſſes ; que ſi l'un des deux,
par exemple, contient une fois plus
de parties, ſon attraction eſt double
de celle de l'autre. Il lui parut encore que cette tendance réciproque des
corps ne devoit pas être également
forte de loin comme de près ; & quelques raiſons le déterminérent à croire, que cette action, ſemblable à toutes celles qui s'étendent en forme de
ſphére, pourroit bien être en raiſon
inverſe du quarré de la diſtance, c'eſt-
à-dire, qu'à deux degrés d'éloigne-

M m iiij

ment les corps s'attireroient 4 fois
moins, à trois degrés neuf fois moins,
à quatre degrés feize fois moins, &c.

Jufqu'ici ce n'eft que foupçon ; &
que pouvoit-ce être autre chofe,felon
l'idée même que M. Newton s'étoit
faite de l'attraction ? Cette force, felon lui,eft proportionnelle à la maffe
des corps ; tout ce qui eft en notre
difpofition eft fi petit, en comparaifon du globe fur lequel nous fommes,
que l'attraction de celui-ci rend in-
fenfibles toutes les autres petites attractions particuliéres, comme la lumiére du foleil empêche qu'on apperçoive celle d'une bougie. Il falloit
donc tranfporter cette hypothéfe à
des corps ifolés, & affez éloignés les
uns des autres, pour voir, fi l'on pouvoit fuppofer qu'ils s'attiraffent, & fi
leur attraction fe faifoit fuivant les
loix qu'on avoit imaginées ; car, encore une fois, ces loix ne pouvoient
fe vérifier dans les petites attractions,
& fi l'on pouvoit en douter, l'attraction en général étoit une hypothéfe
mal étayée. Le Philofophe Anglois
fentant mieux qu'un autre, combien
l'expérience a d'autorité dans les

queftions de Phyfique , & ne pouvant pas la faire parler, au moins d'u-
ne maniére affez décifive , fur la furface de la terre, chercha des preuves
dans un champ plus vafte , & qui lui
étoit affez connu. Il compara le mouvement des aftres aux conféquences
de fon principe , & il y trouva tant
de conformité , qu'on eft tenté de
croire que ce grand homme a deviné
le fecret de la nature.

Quelque avantage que puiffe avoir
l'hypothéfe Newtonienne fur toutes
celles qui l'ont précédé ; quoiqu'elle
explique d'une maniére plus complette les mouvemens des aftres , & qu'elle s'étende jufqu'à rendre raifon de
leurs irrégularités apparentes, le fond
de la chofe refte toujours à juger. Les
raifonnemens de M. Newton , (je
l'avoue ,) ménent à croire que les
planétes ont une tendance réciproque les unes vers les autres ; que cette force agit felon les loix qu'il lui attribue , mais tout cela peut être pri-
mitivement l'effet de quelque impulfion phyfique, & M. Newton n'a ofé
prétendre le contraire. De quel droit
fes difciples voudroient - ils donc

convertir l'attraction de fait, en vertu inhérente, en attribut primitif, en nouveau principe ? est-ce qu'en revenant fur les faits qui ont porté le maître à foupçonner l'attraction générale, ils y auroient vû autre chofe que lui ? Auroient-ils apperçû dans la chofe même, l'impoffibilité d'une explication méchanique ? ou bien prendroient-ils pour des preuves de l'attraction, toutes les applications infructueufes que l'on a faites jufqu'ici de l'impulfion, à certains phénomenes difficiles à expliquer ? Les deux premiéres raifons n'ont encore été alléguées par perfonne ; & ceux qui ont hazardé la troifiéme, ont manqué de logique : car ce n'eft pas raifonner en régle, que de dire, *Ceci n'eft point expliqué par les loix de l'impulfion, donc c'eft un effet de la vertu attractive* : il faudroit préalablement faire deux chofes, 1°. prouver que ces deux principes fubfiftent, 2°. que le premier ne peut point avoir lieu dans le fait en queftion.

Ces fortes de phénoménes après tout, qui, fuivant les nouveaux Newtoniens, indiquent l'attraction, font-

ils donc comme ils le prétendent ,
aussi fréquens que ceux qui prouvent
l'impulsion? & tiennent-ils à la nature
par autant d'endroits spécialement différens , qu'on pourroit se l'imaginer ?

Quand on y regarde de près , on
voit que tout ce qu'on a tant de peine à expliquer par la pression des fluides environnans , ou par toute autre
cause méchanique , à quelques exceptions près , se peut aisément rapporter aux tubes capillaires ; telle est
l'ascension des liqueurs dans les corps
spongieux , telles sont même les dissolutions , effervescences , & autres
opérations chymiques , où il se fait
une pénétration réciproque d'une
matiére dans les pores d'une autre :
que sçais-je même , si l'on ne pourroit point encore rappeller ici cette
union spontanée de deux goutes
d'eau qui se confondent en une, avant
qu'une cause externe & connue occa-
sionne le contact? car tous les corps,
& sur-tout les fluides , s'exhalent en
vapeurs ; ils sont environnés d'une
petite atmosphére plus rare , plus po-
reuse que la masse , & deux goutes
d'eau , par conséquent , se touchent

avant que nous nous en appercevions.

L'école d'Ariſtote croyoit à l'horreur du vuide, parce qu'il lui ſembloit en voir des marques dans toute la nature ; l'adhérence des corps polis, la difficulté d'écarter les panneaux d'un ſoufflet bouché de toutes parts, l'aſcenſion de l'eau dans les pompes aſpirantes, la réſiſtance du piſton d'une ſeringue dont le bout eſt fermé, &c. dès que le poids de l'air fut connu, tous ces phénoménes que l'on avoit regardés juſques-là ſéparément comme des preuves du principe obſcur, ſe ramenérent tous facilement à la vraie cauſe. Cet événement eſt une leçon pour ceux qui croyent voir partout des marques de la vertu attractive. Si toutes ces preuves prétendues, qui ſemblent dire la même choſe en tant de maniéres différentes, ſont cependant réductibles au même genre ; ſi tout ce que les partiſans des attractions ont de plus fort à citer, n'eſt que le phénoméne des tuyaux capillaires préſenté ſous différentes formes, il y a ſans doute un cercle vicieux dans leur raiſonnement : car ſi l'on ſe ſert de la vertu

attractive pour expliquer les tubes
capillaires , & que l'on appelle ces
mêmes tubes en preuves de l'attraction; de deux chofes l'une , ou l'on
manque à prouver , ou l'explication
porte à faux ; c'eft , comme l'on dit,
fuppofer ce qui eft en queftion. Quel
eft l'homme fenfé qui n'ayant nulle
connoiffance du vent & de fa force ,
voudroit croire de prime abord , que
c'eft l'impulfion de l'air qui fait tourner tous les moulins à vent, qui tranf-
porte les vaiffeaux d'un côté à l'autre
de l'océan, & qui opére tous les mouvemens de cette efpéce ? fur-tout s'il
avoit vû toute fa vie des moulins à
bras, & des bateaux traînés avec des
cordes.

Mais fuppofons pour un moment
que la vertu attractive eft prouvée
d'ailleurs , & voyons ce qu'elle vau-
dra entre les mains des plus habiles
Newtoniens , pour expliquer l'effet
des tubes capillaires.

« Le verre, dit-on, attire l'eau, plus
» que l'eau ne s'attire elle-même : dès
» que l'orifice du tube vient à la tou-
» cher, elle s'éléve jufqu'à ce que fon
» poids faffe équilibre à la vertu at-

» tractive qui réfide dans la furfacè
» intérieure du tuyau.

» L'eau s'éléve plus haut dans les
» petits tubes que dans les gros ; par-
» ce que leur furface eft plus grande
» relativement à la folidité de la co-
» lomne d'eau , & les parties du mi-
» lieu font moins éloignées du verre
» qui les attire.

» Le mercure fe tient plus bas que
» le niveau dans ces fortes de tubes,
» parce qu'étant plus denfe que le
» verre , il s'attire plus lui-même que
» le tuyau ne peut l'attirer.

A la première vûe l'attraction figure
affez bien ici ; mais examinons la chofe de plus près , & fuivons les conféquences du principe qui fert de fon-
dement à ces explications. Tous les
corps pénétrables à l'eau , & qu'on
doit regarder à cet égard comme des
tubes capillaires , n'admettent - ils
dans leurs pores , & n'élévent-ils au-
deffus du niveau que les fluides moins
denfes qu'eux-mêmes ? La hauteur
de la colomne élevée dans le tube,
eft-elle toujours réglée par l'excès
d'attraction du verre, & par la péfanteur fpécifique de la liqueur ? Ne

voit-on pas des liqueurs plus péſantes s'élever dans le même tube, plus
haut que d'autres qui ſont cependant
plus légéres ? On ſçait que l'expérience répond à ces queſtions, d'une
maniére peu favorable à l'explication
qu'on vient de voir. Mais laiſſons parler un des plus ingénieux * partiſans
de l'attraction ; voici ſon objection
à laquelle il eſt difficile de répondre.

* M. Jurin
Tranſ. Phil.
n. 255. art.
2. & n.
363. art. 2.

« C'eſt un fait conſtant que les li-
» queurs s'élévent dans les tubes capil-
» laires en raiſon inverſe de leur dia-
» métre : ainſi la colomne élevée au-
» deſſus du niveau, étant d'un pouce
» de hauteur dans un tube d'une demi-
» ligne de largeur, dans un tube une
» fois plus gros elle aura 6 lignes. Mais
» cette derniére colomne, quoique
» plus courte, comprend plus d'eau,
» comme l'on ſçait, que la premiére ;
» cependant la ſurface du verre qui
» touche la plus menue, eſt plus gran-
» de que celle qui contient l'autre co-
» lomne, eu égard à la quantité d'eau.

* Les diſſertations de M. Jurin ſe trouvent
à la fin des leçons de Phyſique expérimentale
de M. Côtes, traduites en François par M.
le Monnier. A Paris, 1740.

» La force attractive n'est donc pas
» proportionnelle à la surface inté-
» rieure du tuyau; ou bien, (ce qu'on
» ne peut admettre,) la même cause
» n'auroit point un effet constant.

M. Jurin après avoir fait connoître
par cette difficulté, & par des expériences décisives, l'insuffisance de
l'explication précédente, lui en subs-
titue une autre. Il prétend que l'attraction du tuyau n'agit que par la
partie annulaire de la surface intérieure, où se termine la colomne de
liqueur. Il établit son opinion sur des
expériences fort ingénieuses, & dont
les apparences sont séduisantes.

Il plonge le tube *AB*, *Fig. 15.* formé
de deux parties *AC*, *CB*, dont les diamétres sont fort différens. Quoiqu'un
tuyau de la grosseur de *C B*, ne pût
élever la liqueur qu'au point *E*, si cependant on l'emplit jusqu'en *D*, l'eau
y demeure suspendue, pourvû que
cette portion du tuyau soit d'un tel
diamétre, qu'un tube de sa grosseur
dût élever l'eau de la hauteur *B D*.

Et si l'on renverse ce tuyau comme
F G, l'eau ne s'éléve & ne demeure
suspendue qu'au point *F*, hauteur à
laquelle

laquelle elle s'éléveroit par un tube qui seroit, dans toute sa longueur, d'un diamétre égal à la partie *F*.

Il paroît donc par ces expérien-ces, comme l'a remarqué M. Jurin, que si la hauteur des colomnes d'eau soutenues dépendoit de l'attraction de toute la surface intérieure, la li-queur ne devroit pas se soutenir plus haut que le point *E* dans la premiére; & dans la seconde elle excéderoit la hauteur *F*, puisque la plus longue partie du tuyau qui la contient est, par supposition, d'un diamétre pro-pre à la faire monter d'une quantité égale à *B D*. Cette élévation, ou sus-pension de liqueur, dépend donc plutôt de la partie annulaire du verre où se termine la colomne ; puisque la hauteur de l'eau change avec le diamétre de cet anneau.

Le sçavant & judicieux auteur de ces expériences, agissant moins par prévention pour le systéme des at-tractions qu'il n'abandonne point, que par amour pour la verité qu'il préfére à tout, ne dissimule rien de ce qui peut infirmer son opinion ; sa premiére expérience peut être faite de façon qu'elle prouve trop, & qu'elle devient elle - même un nouveau phénoméne qui mérite d'être expliqué.

Au lieu du tube *A B*, *Fig.* 15. il employe un entonnoir qui peut avoir plusieurs pouces de largeur, & qui finit en tube capillaire, comme on le peut voir par la *Fig.* 16. Si cet entonnoir ainsi renversé, n'excéde point la hauteur à laquelle pourroit s'élever l'eau dans un tube gros comme la partie *H*, il pourra rester tout plein, comme *D B* de la précédente expérience. Si l'attraction annulaire soutient la colomne *H I*, comment la grande quantité d'eau, qui l'environne, se soutient-elle ?

On n'a pas manqué de répondre que cette masse d'eau étoit soutenue par l'attraction de la partie convexe, c'est-à-dire, que chaque point du verre *K*, *L*, &c. attiroit la colomne qui lui étoit soumise; mais une nouvelle expérience détruit encore cette réponse.

Quand on donne à l'entonnoir la forme qu'il a dans la *Fig.* 17. qu'on ne le remplisse qu'en partie, mais

plus cependant qu'il ne pourroit l'ê-
tre, si l'eau ne s'y élevoit, qu'en vertu de la propriété du tube capillaire ;
si l'on touche l'orifice supérieur avec
le doigt mouillé, de sorte qu'il y
entre une goute d'eau, la colomne
reste suspendue, comme s'il étoit entiérement plein : ce n'est plus alors
la partie convexe du verre qui l'attire.

C'est ainsi que M. Jurin combat
les explications où la vertu attractive
est infructueusement employée ; mais
ce principe qu'il ne croit pas devoir
encore abandonner, lui fournira-t-il
le véritable dénouement ? C'est toujours travailler utilement que de détruire les mauvaises raisons ; ce sont
des obstacles de moins sur les routes
de la vérité. Ne perdons point de
vûe, cette matiére, entre les mains
d'un Sçavant, qui paroît l'avoir trai-
tée avec plus d'intelligence & de sagacité qu'aucun autre avant lui.

M. Jurin convenant avec raison,
qu'on ne peut pas attribuer vraisem-
blablement la suspension de toute
la masse d'eau dans l'entonnoir, à
l'adhérence qu'elle a avec la petite

colomne du milieu , qui eſt immédiatement attirée par la partie capillaire *H* ; & voyant par des expériences répétées dans le vuide , que le
poids de l'air groſſier n'a point de part
à ces effets ; M. Jurin, dis-je, avec
les meilleures intentions du monde
pour la vertu attractive, & toute l'habileté d'un Phyſicien accoutumé depuis long-tems aux expériences , eſt
obligé d'avoir recours à la preſſion
d'un *milieu aſſez ſubtil , pour pénétrer le
récipient*, & qui agiſſant plus librement
ſur la ſurface du vaſe , que ſur la liqueur du tuyau qui y eſt plongé, peut
être la cauſe de cette ſuſpenſion au-
deſſus du niveau. C'eſt bien avouer
l'inſuffiſance de l'attraction , pour expliquer les propriétés des tubes capillaires ; mais il ſeroit à ſouhaiter
qu'on s'étendît davantage pour faire
connoître comment ce milieu ſubtil ,
que l'on admet , comprime plus librement l'eau du vaſe , que celle qui
eſt contenue dans le tuyau.

M. Clairaut dans un ſçavant ouvrage * qu'il vient de donner au pu-

* Théorie de la figure de la Terre , tirée
des principes de l'Hydroſtatique.

blic, fait une application fort heu‑
reufe des principes qu'il a établis pré‑
cédemment , aux phénoménes des
tuyaux capillaires. Il trouve que M.
Jurin n'employe pas , dans l'examen
de cette queftion , affez de principes,
pour en tirer une explication com‑
plette , & au lieu de s'arrêter com‑
me lui à la feule attraction du petit
anneau de verre qui termine la co‑
lomne de liqueur , il examine le fait
felon les loix générales de l'Hydrof‑
tatique , & il calcule enfuite combien
l'attraction peut altérer le niveau ,
lorfque le tube eft capillaire. Son
réfultat fe trouve parfaitement d'ac‑
cord avec l'expérience ; mais ce qu'il
y a de fingulier , c'eft que felon la
théorie de M. Clairaut , bien loin que
l'effet vienne de l'attraction de la par‑
tie fupérieure du tube , à laquelle il
femble qu'on doive l'attribuer , felon
les expériences de M. Jurin , c'eft au
contraire la partie inférieure qui agit,
celle d'en‑haut n'y a nulle part ; fon
attraction étant contrebalancée , par
une pareille attraction , dans la partie
moyenne du tuyau.

De tout ceci il réfulte que ces phé‑

noménes , ou ne font point encore bien expliqués , ou que les explications qu'on en donne , tiennent à des hypothéfes qui ne font pas généralement reçûes. Peut-être cela vient-il de ce qu'on s'eft obftiné à ne leur donner qu'une feule & unique caufe: combien y a-t-il d'effets naturels qui en ont plufieurs , & qu'on ne peut connoître par toutes les faces , qu'en les examinant fous différens points de vûe ? La preffion inégale de quelque fluide eft probablement le point fondamental de l'explication , mais l'adhérence ou la vifcofité naturelle des liqueurs , la grandeur & la figure de leurs parties , & peut-être un certain mouvement qui leur eft propre , &c. font autant de moyens que la nature peut employer pour ces fortes d'effets , & autant d'objets que nous devons confidérer dans nos recherches.

Applications.

Quoique nous ne voyions pas bien clairement, quelle eft la caufe immédiate de l'élévation & de la fufpenfion des liqueurs dans les tuyaux capillaires, ces phénoménes bien conf-

tatés ne laiffent pas d'être intéref-
fans, parce qu'ils paroiffent avoir
beaucoup de part aux opérations de
la nature, & que ce que nous en fçavons, peut nous conduire à beaucoup
d'autres découvertes. Souvent un fait
qu'on ne peut expliquer qu'imparfai-
tement, devient lui-même une explication claire & diftincte de plufieurs autres. Nous ne fçavons pas
bien quelle eft la vraie caufe de la
péfanteur des corps ; cependant par
la connoiffance que nous avons de
fes loix, nous fommes en état de rendre raifon d'une infinité de chofes,
qui fans cela feroient enfevelies dans
une profonde obfcurité. De même
quand je fçais que les liqueurs s'élévent, malgré leur gravité, dans des
canaux étroits, de quelque matiére
& de quelque figure qu'ils puiffent
être, je ne fuis plus furpris de trouver humides jufqu'en haut, un monceau de fable, une pierre tendre, une
buche placée debout, &c. quoique
ces corps ne foient qu'en partie plongés dans l'eau. Car, comme ils font
poreux, l'eau y trouve des petits canaux, par lefquels elle monte, com-

me elle feroit dans de petits tuyaux
de verre, & encore mieux ; parce
que dans un canal fort uni & fort
droit, la liqueur oppose toute sa pésanteur à la cause qui l'élève, au lieu
que dans les passages tortueux, que
lui offre l'intérieur d'un corps solide,
elle trouve des repos d'où il peut se
faire qu'elle parte à plusieurs reprises,
& peut-être avec de nouvelles forces.

Mais ce que nous voyons arriver
en petit, ne pourroit-il pas se faire en
grand ? Le monceau de sable mouillé jusqu'au sommet, n'expliqueroit-
il pas l'origine de certaines sources
qui ne tarissent jamais, qui fournissent toujours une égale quantité
d'eau, & qui ne paroissent redevables ni aux saisons, ni aux vapeurs &
autres influences de l'atmosphére, &
qui se trouvent dans la proximité
de la mer ? C'est une pensée assez
plausible, & qui a été adoptée par
plusieurs Auteurs * ; cependant elle
perd une partie de sa vraisemblance,
si l'on fait attention qu'un tube capillaire ne produit jamais d'écoule-

---

* Plot. *Tentamen philosophicum de origine
fontium.* Derham, *Theologie Physique. p.* 70.

ment

ment par fa partie fupérieure, & que
le fable, quoique mouillé beaucoup
au-deffus du niveau de l'eau, ne l'eft
prefque qu'intérieurement, ou s'il
l'eft en-dehors, cela ne fait point
fource.

La buche qui fe mouille jufques
dans la partie qui n'eft point plongée, peut faire naître quelques idées
fur le myftére de la végétation ; on
fçait que ce qui fait croître les plantes, c'eft la féve qui paffe des racines
à la tige, & de la tige aux branches ;
mais quelle eft la puiffance qui éléve
ainfi cette liqueur nourriciére, c'eft
ce qu'on ignore encore ; en attendant
qu'on le fçache, ne pourroit-on pas
regarder les routes qu'elle tient, comme autant de petits canaux capillaires, ou comme une continuité de
corps fpongieux, par lefquels elle
fe porte de bas en-haut, & plus ou
moins abondamment, felon l'état
actuel des fujets qui la reçoivent.

Mais ce qu'il y a en cela de plus
merveilleux, c'eft que chaque forte
de plantes paroît avoir fa féve particuliére ; car on fçait que la terre s'é-
puife à force de nourrir la même ef-

péce , & qu'on la foulage , pour ainfi dire , en variant la femence fur le mê- me fond. Comment donc dans un jardin chaque arbre reçoit-il la nour- riture qui lui eft propre ? comment le pommier ne prend-il pas ce qui convient à la vigne , le myrte ce qui doit appartenir au jafmin ou au che- vrefeuille ?

On ne peut répondre maintenant à ces queftions que très-imparfaite- ment , parce que nous fommes en- core bien peu inftruits de ce qui fe paffe à cet égard. Mais s'il eft vrai que les canaux qui portent la féve, faffent l'office de tuyaux capillaires , il s'offre un exemple de ce genre , qui pourroit être regardé comme une imitation groffiére de la nature, quant à l'objet préfent. Si l'on met dans un même vafe deux liqueurs fort diffé- rentes l'une de l'autre , comme de l'huile & du vin , & qu'on y plonge deux bouts de lifiére de drap , dont l'une ait été imbibée de vin & l'autre d'huile , l'une & l'autre agira comme une éponge , mais la premiére n'en- lévera que du vin , & la derniére de l'huile feulement. Tous les corps de

ce genre font propres à élever les liqueurs ; mais ils fe chargent de l'une
plutôt que de l'autre , fuivant l'analogie qu'elle a avec eux. Cette analogie confifte fans doute dans la figure,
la grandeur , la difpofition des parties, &c. chaque efpéce de plante fait
peut-être quelque chofe de femblable , & par les mêmes raifons.

Il eft vrai, je l'avoue , que l'afcenfion des liqueurs dans un petit tuyau
de verre , à quelques pouces de hauteur , comparée à l'élévation de la
féve dans un chêne , ou dans un fa-
pin, laiffe appercevoir une différence
qui effraye, & qui porte à croire que
ces deux effets n'ont point une feule
& unique caufe. Auffi n'indiquai-je
point cette comparaifon comme une
explication complette ; les canaux de
la féve ne font pas de fimples tuyaux,
ils font organifés ; & par cette raifon
leur fonction de tubes capillaires peut
avoir des effets , aufquels elle feroit
incapable de s'étendre fans cela. Une
buche , ou un arbre mort fur pied, ne
végéte plus ; ce n'eft pas que les canaux de la féve y manquent , mais
l'organifation eft détruite.

En examinant dans la sixiéme leçon, comment les vapeurs & les exhalaisons s'élévent, & se soutiennent
dans l'atmosphére, j'ai supposé que
cette masse d'air qui couvre la surface de notre globe, est une grande
éponge qui reçoit dans ses pores toutes les parties exhalées des matiéres
appartenantes à la terre ; voici ce qui
peut rendre cette opinion probable.

1°. L'air est compressible ; c'est un
fait qui n'est point douteux. Quelque
figure qu'on accorde à ses parties, il
faut toujours convenir qu'elles ne
sont pas aussi serrées les unes auprès
des autres qu'elles pourroient l'être,
& qu'il y a de petits intervalles qui
se suivent, qui se touchent, & qui
doivent former de petits canaux tortueux, plus ou moins capillaires dans
un tems que dans un autre, selon la
densité actuelle de l'air, & qui peuvent se remplir de toute autre matiére.

2°. Les vapeurs & les exhalaisons,
quand elles sont détachées des masses dont elles faisoient partie, sont
dans l'état de fluidité ; & par cette
raison elles sont susceptibles, comme

les liqueurs, de tous les effets qui font propres aux tuyaux capillaires.

3°. Comme les liqueurs s'élévent plus ou moins haut, felon l'état actuel des tubes capillaires, c'eft-à-dire, felon la grandeur de leur diamétre, & l'analogie de leur propre matiére avec celles qu'ils élévent ; on peut auffi regarder comme une chofe indubitable, que les vapeurs montent plus ou moins, felon la difpofition de l'atmofphére.

Il fe préfente ici une difficulté confidérable. On fçait par la troifiéme expérience, *Fig.* 14. que la liqueur s'éléve d'autant plus dans le tube capillaire, que ce tube eft plus étroit. Les pores de l'air font plus ferrés en hyver qu'en été ; il s'enfuit, felon mon hypothéfe, que les vapeurs doivent donc s'élever plus haut en hyver qu'en été, ce qui n'eft pas vraifemblable.

Pour plus haut, je ne le crois pas non plus : mais je pafferois volontiers qu'elles s'élévent à-peu-près à la même hauteur en toutes faifons ; car quelles preuves avons-nous du contraire ? & le baromètre étant or-

dinairement un peu plus haut l'hyver
que l'été, il faut bien que quelque chose entretienne, & même augmente le
poids de l'atmosphére ; la densité de
l'air augmentée dans les saisons froi-
des, compenseroit-elle seule la diminution des vapeurs ? Quand on voudroit le conclure, on ne le pourroit
pas, en faisant attention que les éva-
porations sont fort abondantes, même pendant la gelée ; si ce qui s'évapore alors est logé à l'étroit dans l'air,
il doit donc chercher place plus haut.
D'ailleurs c'est une supposition assez
généralement reçûe, que la température de l'atmosphére ne varie pas,
à beaucoup près, autant dans la
moyenne region où s'élévent les
vapeurs, qu'ici bas à la surface de
la terre ; la porosité de l'air y est
donc à-peu-près la même en tout
tems. Or l'expérience de M. Jurin,
Fig. 15. nous apprend que l'élévation des liqueurs dans les tubes ne
dépend pas de la largeur qu'ils ont
dans leur longueur, mais de celle où
se termine la colomne ; ainsi quelques changemens qui arrivent ici-
bas à la densité de l'air, si la moyen-

ne région ne change pas beaucoup,
comme on peut le fuppofer avec tous
les Phyficiens, la conféquence qui
fuit de mon hypothéfe, n'eft point
une objection qui doive la faire rejetter.

4°. Comme un tube capillaire qui
foutient une colomne de liqueur, ou
comme une éponge pleine d'eau n'en
puife point davantage, de même
auffi l'air trop chargé n'enléve plus
de vapeurs ; les eaux, & en général
tous les corps s'évaporent beaucoup
moins par un tems humide & calme, que lorfqu'il fait un vent fec.
Dans le premier cas, l'air eft une éponge chargée ; dans le fecond, c'eft une
éponge vuide, & qui fe renouvelle
continuellement fur les mêmes furfaces.

5°. Tous les Phyficiens conviennent que ce qui fait tomber les vapeurs en forme de pluie, c'eft quelque degré de froid qui condenfe la
partie de l'atmofphére où elles reg-
nent, & qui rapprochant les particules d'eau, les unit en goutes trop
péfantes, pour être foutenues par un
pareil volume d'air ; cette explication

O o iiij

qui eſt très-naturelle, ne détruit point du tout l'idée que je me fais de l'atmoſphére : l'air qui ſe condenſe eſt une éponge que l'on preſſe, & j'attribue cette compreſſion, non-ſeulement au refroidiſſement, qui peut être la cauſe la plus ordinaire, mais auſſi aux vents qui reſſerrent les nuages, c'eſt-à-dire, la partie de l'air la plus chargée d'eau; & en effet la pluie, (ſur-tout celle d'orage) tombe ſouvent par ſecouſſes, tout-à-fait ſemblables à l'expreſſion d'un corps ſpongieux rempli d'eau.

6°. Il y a certaines pluies qui viennent tout-à-coup, par un tems calme & chaud, de maniére qu'on a peine à les concilier avec les cauſes dont nous venons de parler ; il me paroît qu'elles s'expliquent aſſez bien dans mon hypothéſe. Quand un tube capillaire a élevé l'eau à deux pouces, en vertu d'un diamétre qui n'a qu'un quart de ligne, s'il devenoit plus large de moitié, par exemple, on conçoit bien que l'eau n'y demeureroit pas à la même hauteur ; une éponge qui contient des particules d'eau les laiſſeroit échapper, ſi par quelque

moyen que ce pût être , on la dila-
toit au-delà de fon état naturel. Qu'un
rayon de foleil direct, ou réfléchi ,
vienne à échauffer, & par conféquent
à raréfier, une partie de l'atmofphére
chargée de vapeurs en fuffifante quantité ; ces petites maffes abandon-
nées à leur propre poids, commen-
ceront à tomber, & s'uniront en forme de pluie pendant leur chûte. Cette explication paroît même confir-
mée par l'expérience ; car lorfqu'on
commence à raréfier, avec une machine pneumatique , l'air qui eft contenu dans le récipient , on ne manque pas d'y appercevoir une vapeur,
qui tombe comme une pluie fine fur
la platine. *

En attribuant à l'atmofphére les
propriétés des tubes capillaires , il
femble qu'on s'interdife , touchant
ces phénoménes, toute explication
fondée fur la preffion d'un fluide environnant , ce qui paroît être pourtant la principale fource des lumiéres
que nous avons à attendre fur cette
matiére encore obfcure : car fi la maffe de l'air agit comme les tuyaux capillaires, on ne peut plus fonger à

* Mémoires
de l'Acadé
des Science
1740. p.
243.

faire valoir fa preffion , pour rendre raifon de cet effet.

Cette confidération doit rendre circonfpeft, mais elle ne doit jamais empêcher de recevoir une vérité qui feroit bien prouvée : en fecond lieu , les expériences faites & répétées dans le vuide par un grand nombre de Phyficiens , leur ont fait avouer d'un commun accord , que l'air groffier , dont il s'agit ici , ne contribue en rien aux phénoménes en queftion : & en abandonnant le poids de ce fluide dans la queftion préfente , nous ne rejettons nullement un autre milieu plus fubtil, affez généralement avoué , & qui peut avoir fes fonctions à part.

II. Article.

Sur les caufes de la fluidité & de la dureté des Corps.

En définiffant les fluides dans la leçon précédente , je les ai repréfentés , comme des amas de petits corps folides , affez mobiles les uns à l'égard des autres , pour fe féparer au moindre choc. Beaucoup de Phyfi-

ciens prétendent que ce n'eſt point
aſſez d'attribuer une grande mobilité
aux parties des fluides & des liqueurs;
on veut, par des raiſons aſſez plau-
ſibles, qu'elles ſoient non-ſeulement
très-diſpoſées à ſe mouvoir, mais
qu'elles ſe meuvent en effet. Les uns
cependant plus retenùs que les autres
ſur ce prétendu mouvement, n'en
admettent qu'autant qu'il en faut pour
expliquer certains phénoménes, dont
ils croyent qu'on auroit peine à rendre compte ſans cette ſuppoſition : ils
donnent à ce mouvement inteſtin des
liqueurs toutes ſortes de directions
imaginables, & en même tems ſi peu
d'étendue, qu'il ne va point juſqu'à
déplacer ſenſiblement les parties. Ce
ſont les bornes où ſe contiennent la
plûpart de ceux à qui les obſerva-
tions & les expériences ſont plus familiéres que les ſyſtêmes. Alors cette
eſpéce d'agitation actuelle des fluides
ne différe guéres de celle que la chaleur naturelle entretient dans les ſolides ; & ſi ce mouvement eſt la cauſe immédiate de certains effets qui
ſont propres aux liqueurs, je ſuis bien
tenté de croire que ce n'eſt qu'en

conféquence de la grande mobilité des parties qu'il anime. Je m'explique par un exemple. Une motte de terre fe diffout plus aifément dans de l'eau, (fût-elle prête à geler,) que dans la neige, qui n'auroit de froid qu'autant qu'il lui en faut pour ne pas fondre. Eft-ce un excès de mouvement dans les parties de l'eau comme liquide, qui fait cette différence ? n'eft-ce pas plutôt trop peu de mobilité dans celles de la neige ? Tant que l'eau eft liqueur, le degré de chaleur qu'elle a, appartient à des parties libres, & qui par cette efpéce d'indépendance réciproque, fuivent leurs déterminations particuliéres, & pénétrent les pores du corps diffoluble : ce n'eft point la même chofe dans la neige, dont les molécules font liées fous la forme de petits glaçons ; elles font déterminées, comme celles de l'eau, vers les pores qui leur font ouverts ; mais pour y entrer il faudroit qu'elles fe partageaffent en volumes proportionnés aux ouvertures, & fi le mouvement qu'on leur fuppofe, ne va pas jufqu'à caufer & entretenir leur divifion, il ne doit pas avoir le mê-

me effet que dans l'eau ; mais toute
la différence, comme l'on voit, ne
vient que d'un défaut de mobilité
suffisante dans les parties.

Je croirois donc volontiers, que
les liqueurs n'ont point en elles-mêmes un mouvement particulier qui
les rende telles ; mais qu'elles sont
dans cet état seulement parce que
leurs parties sont extrêmement mobiles entr'elles. L'objet de cet article
est donc de faire connoître, autant
que nous le pourrons, ce qui peut
entretenir cette mobilité respective ;
& comme être dur est l'état opposé
à celui de liqueur, les causes de l'un
doivent nous indiquer celles de l'autre. Voyons d'abord pourquoi certains corps sont durs, par quelles
raisons d'autres le sont moins, & enfin comment il se peut faire qu'ils ne
le soient pas sensiblement. Par cette
division, nous embrassons tous les
différens dégrés de consistance qui
conviennent à la matiere, *dureté,*
mollesse, fluidité, liquidité.

Il ne s'agit point ici d'une dureté
parfaite, telle qu'elle conviendroit,
par exemple, aux parties insécables

& élémentaires, aux atômes. Ce qui fait préfentement l'objet de nos recherches, c'eſt cette cohérence qui conſtitue une maſſe ſolide qui s'oppoſe à ſa diviſion, mais qui peut toujours céder à une force finie ; telle eſt celle du bois, des pierres, des métaux, &c.

Si les corps n'étoient durs qu'à l'extérieur ; ſi les piéces qui compoſent leur ſolidité, étoient aſſez grandes pour nous laiſſer appercevoir leurs figures, & le rapport qu'elles ont entr'elles ; ſi rien de tout ce qui eſt matériel ne pouvoit échapper à nos ſens, nous pourrions peut-être nous flatter de donner une explication directe des phénoménes en queſtion. Mais les corps ſont ſolides intérieurement comme à l'extérieur, & leurs molécules les plus ſubtiles ne le ſont pas moins que la maſſe totale ; ainſi la cauſe de cette cohérence agit ſur des ſujets qui échappent à nos yeux, & dans des endroits où nous ne pouvons la ſuivre. Ce n'eſt donc que par analogie & par conjecture que nous en pouvons juger : cette voie n'eſt pas la plus ſûre pour arriver au vrai : mais on peut se la permettre lorsqu'on n'en a pas de meilleure ; & quand on en use avec retenue, elle peut conduire à des découvertes.

PROPOSITION.

Plusieurs corps peuvent s'attacher ensemble par la pression d'un fluide qui les couvre, ou qui les environne de toutes parts.

PREMIERE EXPERIENCE.

PREPARATION.

La piece *A*, *Fig.* 18. est un morceau de liége cylindrique, dont la base est garnie d'une virole, & d'une platine de cuivre mince & bien droite, de maniere que le tout ensemble pése moins que de l'eau. *B* est une piece semblable pour la forme, mais qui est entiérement de métal. On enduit les deux plans d'une légere couche d'huile d'olives, & après les avoir appliqués exactement l'un sur l'autre, on les place comme *a*, *b*, au fond d'un grand vase que l'on remplit d'eau.

Effets.

Quoique la piece *a* soit plus légére qu'un pareil volume d'eau, & que
cette légéreté respective la follicite
à se séparer de la piece *b*, qui est retenue par l'excès de son poids au
fond du vaisseau, cependant elle y
demeure constamment attachée.

Explication.

Cet effet vient de ce que la colomne d'eau qui repose perpendiculairement dessus, n'est point contrebalancée par aucune autre qui agisse
dessous, à cause de l'union étroite
des deux surfaces. Ce qui prouve que
cette raison est la véritable, c'est que
si l'on enduit d'eau ces deux pieces,
au lieu d'huile, pour les joindre,
lorsqu'on les remet en expérience,
la masse d'eau dont on les couvre,
ne manque pas de les désunir, parce
qu'elle s'introduit entre les deux, n'y
trouvant plus qu'une matiere semblable qui ne lui fait point obstacle, comme une liqueur grasse.

I I,

II. EXPERIENCE.

PREPARATION.

C, D, Fig. 19. ſont deux boëtes de cuivre dans leſquelles on a maſtiqué deux plaques de marbre bien dreſſées, ou deux glaces de miroir bien épaiſ-ſes. Sur la virole de la boëte *C,* on a pratiqué quatre petits canons à éga-les diſtances l'un de l'autre, pour re-cevoir autant de petites broches de bois, que l'on fait excéder le plan de marbre, quand il en eſt beſoin.

EFFETS.

1°. Lorſqu'on a mouillé les deux marbres, & qu'on les a appliqués l'un contre l'autre, en les frottant un peu, pour rendre l'application plus exacte, & pour en chaſſer toutes les particules d'air qui pourroient y être, ces deux plaques ſe ſéparent facile-ment ſi l'effort ſe fait parallelement à leurs plans.

2°. Mais ſi lorſqu'ils ſont joints l'on enfonce les petites broches de bois pour empêcher qu'ils ne gliſſent, ou qu'on les tire perpendiculairement à leurs faces, il faut employer une force très - confidérable pour les féparer.

EXPLICATION.

Cette expérience qui eft fort ancienne, étoit autrefois une des preuves fur lefquelles on appuyoit l'horreur du vuide ; mais depuis qu'on a reconnu l'abus de ces mots qui ne fignifioient rien, on l'a expliqué méchaniquement, par la preffion de l'air qui environne les deux plans appliqués. On fçait que les fluides péfent en tous fens ; cette péfanteur eft une force qui doit avoir fon effet, fi quelque action ou puiffance contraire ne la tient en équilibre ; ces deux plans unis enfemble, & foumis au poids de l'atmofphere, ne doivent fe porter ni d'un côté ni d'un autre, parce qu'ils font également preffés de toutes parts. Mais chacun d'eux eft pouffé contre fon pareil, & doit y refter attaché, parce qu'il n'y a point entre les deux plans de réaction qui s'oppofe au poids de l'air extérieur. C'eft par une femblable raifon, que les enfans enlévent des

pierres avec une rondelle de cuir
mouillé qu'ils appliquent & qu'ils tirent avec une corde. Un parapluye
étendu & renverſé contre un terrain
uni, fait encore une réſiſtance très-
ſenſible quand on le tire bruſquement ; & l'on court riſque de rompre
une glace qu'on enléve perpendiculairement au plan ſur lequel elle re-
poſe, s'il eſt fort uni.

Il n'y auroit rien à objecter à cette
explication, ſi nos deux marbres,
après avoir été joints dans l'air, ſe
ſéparoient d'eux-mêmes dans le vuide, comme on le dit communément ; mais il faut avouer que quand
on procéde avec exactitude, &
qu'on évite tous les mouvemens é-
trangers qui peuvent aider la ſéparation, il arrive très-ſouvent que l'u-
nion ſubſiſte encore, après qu'on a
raréfié l'air, autant qu'il eſt poſſible de
le faire, avec la machine pneumatique la plus exacte. L'adhérence des
deux marbres ne fait que diminuer
pour l'ordinaire, elle ne ceſſe pas entiérement, & le dégré de force qui
lui reſte, & que j'ai tâché de meſurer par des poids, m'a parû dépen-

dre beaucoup de la nature des plans ; de leurs dimensions, & des matieres interposées pour les unir. Voyez la *Figure* 20.

Cet effet mérite d'autant plus d'attention, qu'il a lieu non-seulement pour les corps solides, mais aussi pour les liqueurs, M. Hughens * remarqua le premier, que l'eau demeuroit dans le vuide beaucoup plus haut que son niveau, & que ce qu'il s'en falloit ne pouvoit être attribué à la petite quantité d'air qu'une bonne pompe laisse nécessairement dans le récipient. Boyle après lui, reconnut la même chose, & poussa l'expérience jusqu'à soutenir 75 pouces de mercure dans le tube de Toricelli, c'est-à-dire, 47 pouces de plus que le poids de l'atmosphere ne peut soutenir. Une circonstance qu'il est essentiel de remarquer, c'est que les liqueurs ne demeurent ainsi suspendues, que quand elles touchent immédiatement le haut du vaisseau dans lequel elles sont ; car le moindre petit vuide, ou la plus petite bulle d'air qui s'y rencontre ne manque jamais d'empêcher ou de faire cesser

* *Recueil de l'Acad. des Scienc. tom.* 10. *p.* 529.

cet effet ; de forte qu'il ne faut point s'attendre de voir une colomne de mercure de 75 pouces, élevée au-deſſus de ſon niveau dans un tube plus long que cette meſure.

M. Hughens cherchant une explication à ces ſortes de phénomenes, je veux dire l'adhérence des deux marbres, & la ſuſpenſion des liqueurs dans le vuide, ſuppoſe qu'outre l'air groſſier qui environne tous les corps, & qui agit par ſon poids ſur leurs ſurfaces, il y en a encore un autre plus ſubtil qui paſſe où le premier ne peut pénétrer, & à qui les pores mêmes du verre fourniſſent des paſſages aſſez libres, & que c'eſt à la preſſion de ce milieu qu'il faut attribuer une infinité d'effets que nous avons continuellement ſous les yeux, & qu'il eſt impoſſible d'expliquer par l'action de cet air plus connu, dont l'abſence ou l'extrême raréfaction ſe nomme improprement le *vuide*.

Quant à l'exiſtence d'un tel fluide, il y a bien peu de Phyſiciens qui ne l'admettent ; & dans le petit nombre de ceux qui s'obſtinent à la nier, on doit être ſurpris quand il s'en ren-

contre quelques-uns, à qui l'on ne
peut contester le génie d'observation
& l'habitude des expériences. Car
alors on ne peut pas supposer qu'ils
ignorent les faits qu'on peut citer en
faveur de cette opinion. Celui de
tous les Philosophes modernes aux
opinions duquel il semble que le vuide convînt le mieux, M. Newton
Traité de n'a point refusé de reconnoître *un*
l'Opt. liv. 3. *milieu beaucoup plus subtil que l'air, le-*
quest. 18. *quel milieu,* dit-il, *reste dans le vuide*
& suiv. *après qu'on en a pompé l'air.* On voit
par l'usage qu'il en fait, par l'étendue qu'il lui donne, par les fonctions
qu'il lui attribue, combien il croyoit
que cette matiere pouvoit avoir de
part dans les opérations les plus se-
cretes de la nature. M. Jurin, plus
exactement Newtonien que la plûpart des partisans de la vertu attractive, ne fait nulle difficulté, comme
nous l'avons vû ci-dessus, d'adopter
cet air subtil, lorsqu'il trouve l'attraction en défaut; & pour s'épar-
gner la peine d'en prouver l'existence, il s'appuye sur les citations que
je viens de rapporter.

Si ce milieu résistant est reconnu

par ceux-mêmes à qui il convenoit le mieux de combattre le syftême du plein, il feroit fuperflu de s'arrêter à prouver combien il eft digne d'être reçû par tout Phyficien qui n'admet que des caufes méchaniques ; il fuffira de dire que depuis Defcartes, la régle la plus généralement obfervée, a été de chercher à expliquer par le choc ou l'impulfion des fluides invifibles, tout ce qui ne peut l'être par l'action de l'air fenfible, ou des autres corps dont nous pouvons voir les opérations.

Ce qui révolte ordinairement ceux qui prennent un autre parti, c'eft la fécondité des effets, & le grand nombre de propriétés qu'on fuppofe dans le détail des phénoménes, à une matiere dont l'exiftence fent encore l'hypothéfe.

Il eft vrai que quelques Philofophes ont donné carriére à leur imagination, pour expliquer les diverfes fonctions de ces fluides fubtils ; mais quand Defcartes fe feroit trompé fur le nombre, & qu'il y en auroit plus ou moins que trois fortes ; quand les mouvemens particu-

liers de leurs parties feroient toute
autre chofe que les petits tourbillons
imaginés par le P. Malbranche ; en
un mot, quand on pourroit regarder
comme des fyftêmes hazardés , tout
ce qu'on a dit , touchant la maniére
d'être & d'agir de cette matiere qui
peut être par tout où les autres fluides plus groffiers n'ont plus d'accès ,
s'enfuivroit-il que fon exiftence fût
auffi douteufe ? On eft parfaitement
d'accord à préfent qu'il y a une matiere qui nous éclaire , & qui nous fait
voir les objets. Seroit-on en droit
de la contefter , parce qu'il y a différentes opinions fur la nature de fes
parties , & fur fa propagation ?

Au refte retenons notre imagination , comme il convient , dans un
ouvrage où nous nous fommes pro-
pofés de n'inftruire que par des faits ;
en admettant l'air fubtil avec prefque
tous les Phyficiens , ne lui attribuons
que ce que les phénoménes paroîtront indiquer d'une maniere diftincte ; & ne fuppofons que ce que l'a-
nalogie la plus fimple & la plus
conféquente pourra nous permettre.

L'air fubtil fe fait fentir dans le
vuide

vuide de Boyle ; il paffe donc à travers les pores du verre ; on peut préfumer qu'il pénétre de même tous les corps folides.

Mais cette premiere propriété ne le rend-elle pas incapable des effets qu'on lui attribue ? Peut-il contenir un marbre contre un autre , s'il paffe librement à travers des deux corps ? Peut-il foutenir de l'eau ou du mercure , s'il pénétre le haut du vafe ou du tuyau qui contient l'un ou l'autre de ces deux liquides ?

Cette objection eft grande , fans doute ; mais on y répond & d'une maniere fatisfaifante , en difant que l'air fubtil appliqué à la furface d'un corps , n'eft admis qu'en partie dans les vuides qu'il y trouve , & qu'il agit du refte fur les parties folides qui s'oppofent à fon paffage , & qui deviennent autant de points d'appui. Tout ce qui peut en arriver , c'eft que les corps les plus poreux échappent davantage à fon action , & qu'il en réfulte une moindre adhéfion , ce qui eft affez conforme à l'expérience. Car de deux plaques de métal que j'avois préparées pour être jointes enfemble, comme les deux marbres de l'expérience précédente, j'en ai percé une de plufieurs trous & à plufieurs fois, & j'ai remarqué que l'adhéfion diminuoit, à mefure que j'interrompois davantage la continui-té de la furface,

Si l'on demande maintenant com-ment l'air fubtil foutient dans le vui-de une liqueur au-deffus de fon ni-veau, nonobftant la porofité du ver-re qui lui permet de paffer par le haut du tube : je répondrai que l'ac-tion de ce fluide eft parfaitement libre fur la furface du vafe *A B*, *fig.* 21, mais qu'elle eft interrompue en-haut, par les parties folides du verre, ce qui donne de l'avantage à la preffion d'en-bas.

Il eft vrai que les colomnes inter-médiaires *ef*, *ef*, *ef*, qui répondent à chacun des pores du verre, font fou-mifes à l'action du fluide, & qu'étant ainfi entre deux preffions à peu près égales, leur propre poids les folli-cite à tomber. Mais elles font rete-nues par le frottement & l'adhéren-ce des colomnes qui les entourent & qui les preffent, comme elles le font elles-mêmes par l'air fubtil; car cet air, en vertu de fa fluidité, péfe en toutes fortes de directions, & le tuyau eft poreux dans toute fa longueur, comme il l'eft en la partie convexe de fon extrémité.

APPLICATIONS.

Les explications que nous venons de donner de l'adhérence des deux marbres, & de la fufpenfion des liqueurs au-deffus de leur niveau dans le vuide de Boyle, nous indiquent d'une maniere affez vraifemblable les caufes immédiates de la dureté & de la fluidité des corps. S'il y a un air fubtil qui les pénétre, & qui porte fon action au-dedans comme au-dehors; fi cette action a prife fur des parties folides auffi minces, auffi peu étendues que le font celles des liqueurs, n'a-t-on pas tout lieu de croire que ce même fluide retient l'une contre l'autre les piéces affemblées fous le même volume, & que l'adhérence qui réfulte de fa preffion, devient plus ou moins forte, felon la figure des parties qui fe touchent, la grandeur des furfaces, le plus ou le moins d'exactitude du contact, &c.

On doit concevoir que s'il y avoit une matiére dont les parties les plus simples fussent taillées de maniere à se joindre immédiatement, sans laisser entr'elles aucun intervalle, toute la pression de l'air subtil agiroit en-dehors de cet assemblage ; il faudroit pour le désunir employer une force supérieure au poids de ce fluide environnant ; & qui sçait quelle devroit être cette force ?

Mais un tel assemblage est un être de raison : tous les corps sont poreux ; il n'y a que du plus ou du moins : les pieces qui les composent ne sont jointes qu'en partie, & les vuides qui restent entr'elles sont remplis, sans doute, de ces fluides dans lesquels les corps ont été formés : car pourquoi seroient-ils absolument vuides ? Les concrétions qui se font dans l'eau, ne sont-elles pas toujours humides intérieurement ? Et ne voyons-nous pas sortir de toutes sortes de matieres une très-grande quantité d'air, lorsqu'on fait cesser les causes qui l'y retiennent ? Il y a donc de l'air subtil dans tous les corps, &

il y en a d'autant plus, que leur porofité est mieux proportionnée à la subtilité de ce fluide; car il pourroit se faire qu'un corps plus compacte contînt autant ou plus d'air subtil qu'un autre corps plus poreux, si celui-ci admettoit avec ce fluide; quelque chose de plus grossier, comme l'air ou l'humidité de l'atmosphere.

Plus il y a d'air subtil dans l'intérieur d'un corps, moins ce corps est dur; parce qu'alors les parties solides qui le composent, se touchent par moins de surface, & que la pression du dehors est plus soutenue par celle que le fluide transmet au-dedans. Quand la cire, par exemple, s'amolit sensiblement, c'est que l'air subtil dont elle est pénétrée, dilaté par la chaleur, dilate de même les espaces qu'il occupe; & comme ces espaces ne peuvent s'augmenter que par l'écartement des parties solides qui les entourent; le contact de celles-ci devient plus rare, leur jonction moins exacte, leur cohérence moins forte.

La dilatation des pores non-feule-

ment fait augmenter la preſſion que
l'air ſubtil tranſmet au-dedans des
corps, en lui fourniſſant une baſe plus
large, mais elle fait naître des communications d'interſtices à interſtices ; tel pore iſolé entre des parties
ſolides, s'ouvre & laiſſe un accès libre au fluide qui les ſépare ; de-là il
arrive des diviſions & des ſubdivi-
ſions, qui font paroître la maſſe totale, ſous différens dégrés de molleſ-
ſe, juſqu'à ce qu'enfin les parties diviſées, autant qu'elles peuvent l'ê-
tre par l'état actuel du fluide, & ne
ſe touchant preſque plus, ſont diſpoſées à ſe mouvoir indépendamment
les unes des autres, ce que l'on appelle *être liquide.*

Mais comme tous les corps ne ſont
point également poreux, que leurs
parties n'ont point la même figure,
& qu'elles ſe touchent & s'arrangent
d'une infinité de maniéres différentes, auſſi le degré de dureté n'eſt pas
le même dans tous, & ne ſe perd pas
avec la même facilité. La chaleur qui
regne ordinairement dans nos climats, ſuffit pour faire couler l'eau ;
il en faut davantage pour rendre la

cire liquide, & beaucoup plus encore pour mettre les métaux en fusion.

Quand les corps sont parvenus à
l'état de liquidité, leurs molécules
ou parties intégrantes conservent leur
dureté naturelle, parce qu'elles sont
comprimées de toutes parts, & qu'elles n'ont rien au-dedans d'elles-mêmes qui s'oppose à cette pression du
fluide environnant.

Je ne prétens point pour cela qu'elles soient indivisibles, ni même in-
flexibles absolument. Les élémens
qui les composent, comme les deux
marbres polis, peuvent peut - être
glisser parallélement à leurs plans,
changer de figure,& même se séparer.

Mais ce que je dis ici pour les parties, ne devient-il pas une objection
contre la dureté totale du volume ?
si plusieurs lames glissent aisément,
& se séparent de même, quand on
les tire parallélement à leurs plans,
ne semble-t-il pas que la pression de
l'air subtil ne devroit rendre les corps
durs que dans un sens, & relativement
à une force employée seulement, dans
une direction perpendiculaire au plan
de contact ?

Q iiij

Cette objection auroit toute fa force , s'il s'agiſſoit d'un corps qui n'eût
que deux ou trois parties ſolides ,
couchées parallélement les unes ſur
les autres ; mais cette ſuppoſition n'a
pas lieu , même dans les plus petits
volumes de matiére. Combien de piéces au contraire n'attribue-t-on pas
à ces petites portions de matiére ,
que l'art, & la nature même ne diviſe
plus ? & que de poſitions différentes
ne peut-on pas croire qu'elles affectent ? Prenons pour exemple cet aſſemblage groſſier qui eſt repréſenté
par la *Fig.* 22. Il eſt vrai que la piéce
a gliſſeroit avec facilité dans la direction *a d* , ſi elle ne tenoit qu'aux
deux autres piéces *b, c* ; mais ce mou-
vemeut eſt perpendiculaire aux ſurfaces d'*f* & d'*c* , & pour l'en ſéparer,
il faut vaincre la preſſion qui la retient. La piéce *g* pourroit de même
ſe mouvoir facilement vers *a* , ſi ſon
adhérence en *h* ne s'y oppoſoit. On
peut juger par-là de ce qui arrive dans
la compoſition naturelle des corps ,
où le grand nombre des parties , &
les différens ordres qu'elles prennent,
font naître la dureté en toutes ſortes
de directions.

De cette réponse même il naît une autre difficulté qu'il faut prévenir. Si les corps, dira-t-on, ne font durs de tous côtés, que parce qu'ils font compofés d'un grand nombre de parties différemment arrangées, il devroit s'enfuivre que la dureté en tous fens diminue, à mefure qu'on divife les corps, & que les plus petites maffes font plus faciles à divifer que les plus grandes ; ce qui eft bien contraire aux idées que l'on a de la divifibilité des corps, qui paroît être d'autant plus difficile, qu'elle eft portée plus loin.

1°. Il ne s'agit point ici du plus grand nombre, il ne faut qu'un nombre fuffifant de parties, & arrangées de façon qu'il y ait toujours quelqu'u-ne de leurs furfaces appliquées perpendiculairement à la direction d'u-ne force extérieure, employée pour les défunir ; & l'on ne peut citer au-cune divifion pratiquée, ou pratica-ble, qui nous interdife cette fuppo-fition ; l'idée que l'on a, & que l'on doit avoir en Phyfique, du nombre prodigieux de parties contenues fous le plus petit volume de matiére, qui puiſſe être ſoumis à nos épreuves, doit nous mettre à couvert de tout reproche à cet égard.

2°. Quand il ſeroit vrai que les corps infiniment petits fuſſent compoſés de parties plus diſpoſées à la diviſion, ſoit parce qu'elles préſentent moins de ſurface à la preſſion extérieure qui les contient, ſoit parce qu'un arrangement plus ſimple leur permet de gliſſer l'une ſur l'autre ; comment le ſçaurions-nous ? Nous jugeons de la dureté des corps par la difficulté que nous éprouvons à les diviſer : à meſure que les moyens nous manquent pour opérer cette diviſion, fût-elle plus facile en elle-même, c'eſt-à-dire, de la part du corps diviſible, nous en jugeons autrement, & ce corps nous paroît d'autant plus dur, que nos efforts ont moins de priſe ſur lui. Lorſque nous ſéparons deux marbres adhérens, en les faiſant gliſſer l'un ſur l'autre, la facilité avec laquelle ſe fait cette ſéparation, vient-elle de ce que ces deux corps, proportion gardée, ont moins d'adhérence enſemble, que d'autres corps très-petits & appliqués de même ?

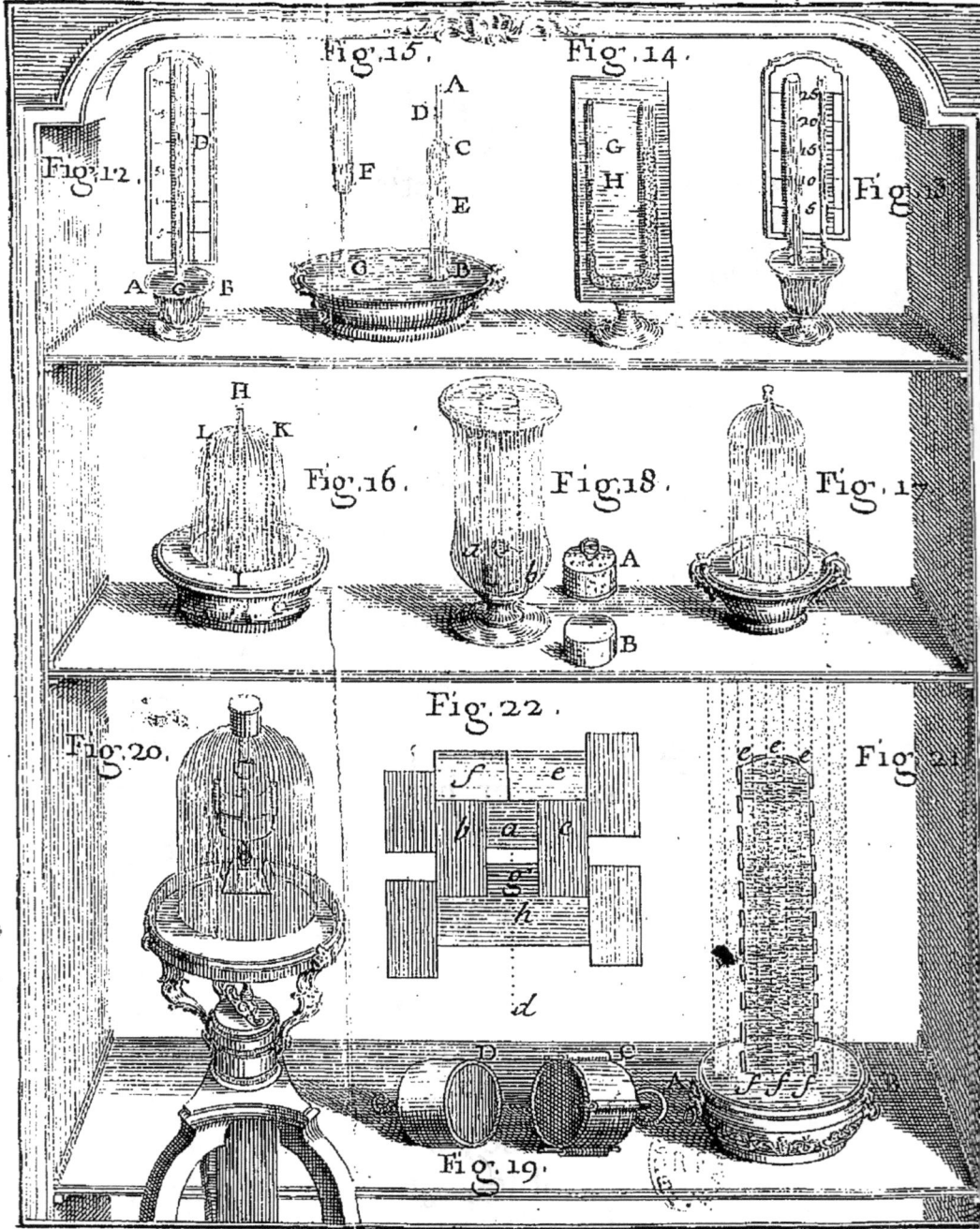

Fig. 12.

Fig. 13.

Fig. 14.

Fig. 13.

Fig. 16.

Fig. 18.

Fig. 17.

Fig. 20.

Fig. 22.

Fig. 21.

Fig. 19.

Moreau Sculp.

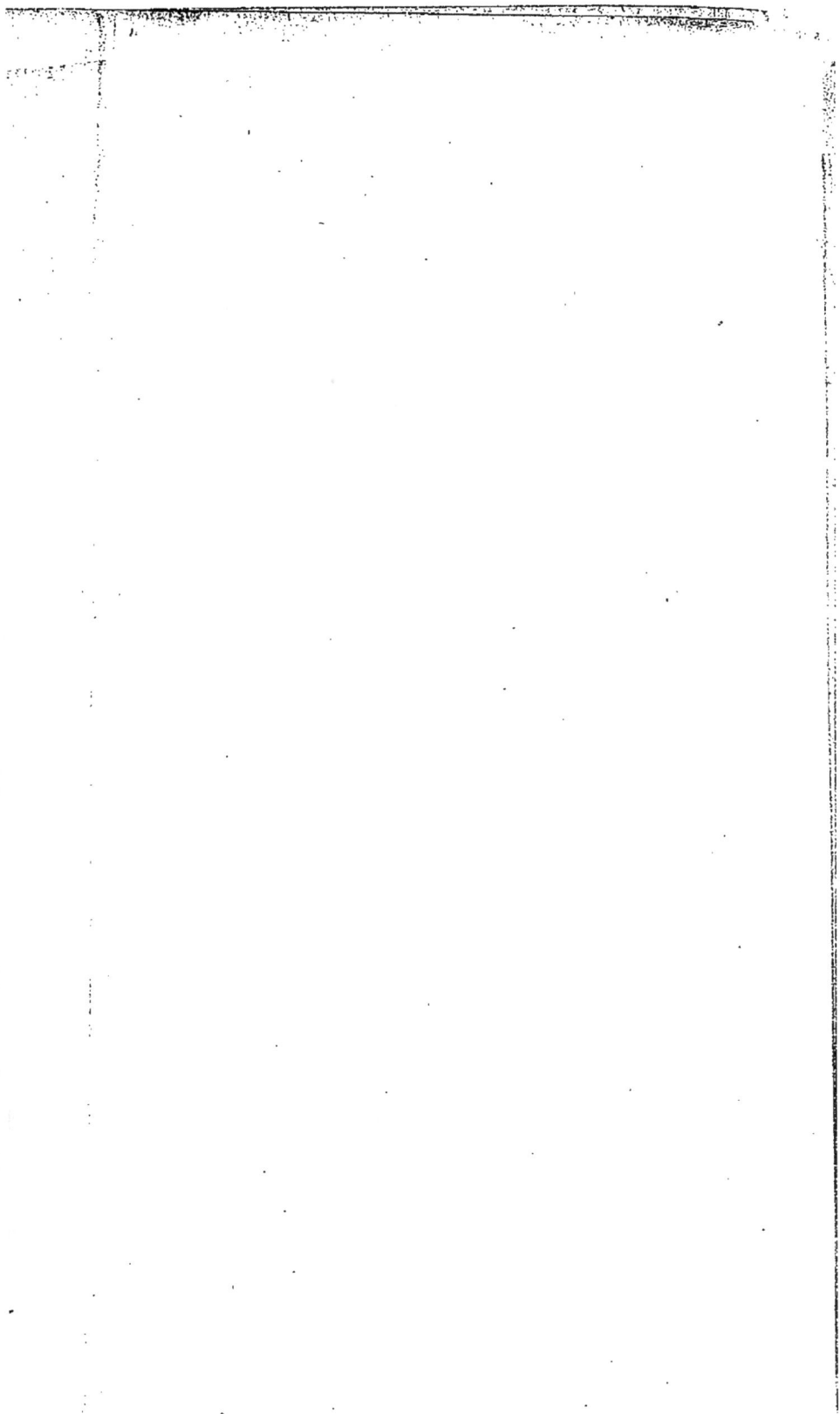

Ne vient-elle pas plutôt de ce que
nous pouvons facilement y appliquer
des forces qui les tirent en sens contraires ? Ainsi la dureté des corps, que
nous regardons comme actuellement
indivisibles, pourroit bien n'être qu'é-
gale, & peut-être inférieure à celle
d'une plus grande masse de la même
matiére, quoiqu'à notre égard elle
soit excessive, parce que nous ne
connoissons aucun agent qui puisse
l'entamer.

Les deux états opposés, je veux
dire la solidité & la fluidité, dépendent donc de la même cause ; c'est
l'air subtil qui fixe les parties d'une
matiére, lorsque sa pression extérieure excéde la réaction qu'il fait en-dedans ; & c'est ce même fluide qui rend
& entretient les parties mobiles, en
s'introduisant entr'elles en suffisante
quantité. C'est pour cela sans doute
que toutes les matiéres, qui passent
d'un état à l'autre, changent de grandeur ; car puisqu'un corps solide devient fluide, par l'introduction d'une
matiére étrangére qui le pénétre en
plus grande quantité, & qu'il ne revient à sa premiére consistance, que

quand cette matiére ceffe de le dilater ; il eft bien naturel qu'il occupe
plus de place étant liquide , que lorfqu'il eft folide. C'eft auffi ce qui arrive ordinairement , & j'en ferai connoître des exemples très-curieux en
traitant du Feu. C'eft-là la régle générale , elle a pourtant quelques exceptions remarquables , dont je par-
lerai ailleurs.

Des matiéres qui tiennent leur liquidité de l'air fubtil, la communiquent par elles-mêmes à des corps
folides. L'eau , par exemple , amol-
lit la terre, & la convertit en boue :
elle défunit les parties du fel, du fucre , &c. L'efprit de vin & les huiles
diffolvent les gommes & les bitumes;
le mercure s'amalgame avec le plomb,
l'étain , l'or & l'argent : mais comme
la fluidité n'eft qu'une maniére d'ê-
tre , auffi-tôt que la caufe ceffe , que
le diffolvant s'évapore, ce qu'il avoit
rendu fluide revient ordinairement
à fa premiére confiftance.

Tous ces effets font autant de
moyens que les arts ont fçû tourner
à leur profit ; je n'en veux citer que
deux exemples.

La dorure qu'on nomme d'*or mou-lu*, eft certainement la plus belle & la plus durable de toutes celles qui font en ufage. C'eft de l'or extrémement divifé, dont les parties font comme enchaffées dans les pores mêmes du métal, fur lequel on l'a appliqué ; & voici comment cela s'exécute. On met une certaine quantité d'or fin dans du mercure ; ces deux métaux s'uniffent de maniére que l'un communiquant une partie de fa fluidité à l'autre, ce mélange devient comme une pâte qu'on nomme *amalgame* : on applique & l'on étend cette préparation fur la piéce qu'on veut dorer, & enfuite par l'action du feu on fait évaporer le mercure, l'or qui eft fixe demeure ; & les pores du métal doré, qui fe font dilatés par la chaleur, & qui fe refferrent en fe refroidiffant, retiennent, comme autant de petits chatons, les parcelles d'or qui s'y font placées.

La gomme lacque, le fandarac, le maftic en larmes, &c. fe diffolvent, & s'étendent dans l'efprit de vin ; le karabé ou fuccin, & la gomme copal s'amolliffent & fe fondent dans l'huile de lin , & s'étendent ensuite dans l'huile grasse & l'esprit de térében-thine. Toutes ces dissolutions qu'on nomme *vernis* , s'appliquent sur le bois, ou ailleurs ; & lorsque le dissol-vant est évaporé , les gommes qu'il avoit rendues liquides, reprennent leur dureté & leur brillant.

On voit donc par ces exemples, que la liquidité ne change rien par elle-même à la nature des corps. Si leur cohérence est telle , qu'elle ne puisse céder qu'à une action violente de la part du dissolvant, il peut se faire qu'il leur enléve quelque partie de leur substance , mais c'est un acci-dent, & non pas une suite nécessaire de la liquidité en général.

Il y a des cas où l'on voit cesser ou diminuer la liquidité , sans que la cause, qui l'avoit fait naître , paroisse cesser d'agir. Deux liqueurs mêlées ensemble, prennent tout d'un coup une consistance plus ou moins gran-de , quoiqu'on n'y remarque aucun degré de refroidissement sensible ; cet effet , qu'on appelle communément *coagulum* , peut s'expliquer, en suppo-sant que les parties sont de telles figures, qu'elles s'embarraffent réciproquement, & qu'elles font ceffer entr'elles cette mobilité, en quoi confifte principalement l'état de liqueur. Le plus beau *coagulum* que je connoiffe, c'eft celui qui fe fait avec l'huile de chaux & l'huile de tartre par défaillance ; quand on remue un peu ce mélange avec une petite fpatule, il fe convertit en une maffe blanche, à qui l'on fait prendre la forme que l'on veut, & qui fe durcit comme de la cire. On coagule auffi un efprit volatil urineux fort fubtil, avec de l'efprit de vin bien rectifié ; le blanc d'œuf, avec l'efprit de fel ; le fang, avec de l'eau de vie. Cette derniére expérience apprend de quelle importance il eft d'ufer fobrement des liqueurs fpiritueufes, puifqu'elles font capables d'altérer la fluidité du fang,

Quelque vraifemblable que puiffe paroître l'explication de la dureté & de la fluidité des corps, établie fur l'action d'un fluide prefque généralement reconnu, quoique fous différens noms ; je ne dois pas diffimuler cependant que plufieurs Phyficiens refufent de l'admettre, & lui en

fubftituent une autre. « L'attraction
» réciproque des particules de ma-
» tiére, difent-ils, eft très-grande,
» lorfqu'elles fe touchent ; mais hors
» du point de contact elle décroît tel-
» lement, qu'à la plus petite diftan-
» ce fenfible, elle fe convertit en for-
» ce répulfive, * Les corps font foli-
» des, tant que la vertu attractive
» de leurs parties eft plus forte que
» la vertu répulfive que la chaleur
» leur donne ordinairement : mais ils
» s'amolliffent à mefure que la vertu
» répulfive devient plus forte, de for-
» te que quand cette force l'emporte
» fur l'attraction, non-feulement la
» maffe devient liqueur, mais elle fe
» convertit fouvent en un fluide qui
» s'évapore *. »

* s'Gravef.
Phyf. Elem.
mathem. p.
18. édit.
1742.

* Ib. p. 662.

M. s'Gravefande, & ceux qui comme lui fuivent exactement l'efprit de
M. Newton, ne donnent ces loix
que comme des phénoménes, *Hoc*
nomine phenomenon, non caufam defigna-
mus *. Ils ne font nulle difficulté d'a-
vouer que ces fortes d'effets peuvent
venir de quelque impulfion ; *& fi*
fortè hoc per impulfum fiat *. Et nous
ne devons pas douter qu'ils ne reçoivent

* Ib. p. 18.

* Ibid.

çoivent la preſſion de l'air ſubtil &
ſes effets, au moins comme une hypothéſe très-probable. Les préten-
tions des Cartéſiens ne vont guéres
au-delà; ainſi l'on peut dire qu'ils ſont
à peu près d'accord avec ces premiers
défenſeurs des attractions.

Quant à ceux qui regardent les
vertus attractives & répulſives comme des principes, qui n'ont point de
cauſe phyſique, ils ne prétendent
point ſans doute que ce ſoit une choſe démontrée, ce n'eſt qu'une ſuppoſition qu'ils établiſſent ſur des vrai-
ſemblances & des probabilités. S'il
étoit vrai que l'on n'eût pas des raiſons plus fortes pour admettre l'air
ſubtil, j'aurois encore à dire, hypothéſe pour hypothéſe, je crois qu'il
eſt plus ſûr de raiſonner ſur des principes méchaniques & bien intelligibles, que de s'appuyer ſur des nou-
veautés qui ne ſe préſentent pas ſous
des idées familiéres à l'eſprit.

Au reſte le principe des attractions,
dans le détail des phénoménes, a-t-il
donc des applications auſſi heureuſes
qu'on pourroit ſe l'imaginer ? Il a

beaucoup perdu de fa fimplicité, en paffant des mains de M. Newton dans celles de fes difciples. Dans les mouvemens céleftes cette force agiffant en raifon directe des maffes, & en raifon inverfe du quarré de la diftance, fuffit à tout, & fournit des raifons pour expliquer toutes ces grandes révolutions qui animent l'univers, rien n'eft fi beau. Mais quand il s'agit des phénoménes fublunaires, de ces effets que nous voyons de plus près, & dont l'examen nous eft plus facile, la vertu attractive eft un Prothée qui change fouvent de forme. Les rochers & les montagnes ne donnent aucun figne fenfible d'attraction. « C'eft, » dit-on, que ces petites attractions » particuliéres font comme abforbées par celle du globe terreftre qui » eft infiniment plus grande. » Cependant on nous donne comme un effet de la vertu attractive, la mouffe qui flotte fur une taffe de caffé, & qui fe porte avec une précipitation très-fenfible vers les bords du vafe. « Plus les parties d'un corps fe touchent, plus elles s'attirent. » Pourquoi donc, lorfqu'on les approche davantage en les comprimant, tendent-elles pour la plûpart à fe remettre comme elles étoient avant la compreſſion, (j'entends une compreſſion égale de toute part, qui ne change que la grandeur, & non la figure). « C'eſt qu'après s'être attirées autant qu'elles le peuvent, elles fe repouſſent mutuellement. » Pourquoi les vapeurs dilatées ont-elles tant de force ? « C'eſt que les parties qui s'attiroient, fous l'état de liqueur, fe repouſſent avec violence fous celui de vapeurs ». Puiſque la vertu attractive eſt une force répartie à tout ce qui eſt matiére, pourquoi certains corps, comme l'eau & l'huile, ne peuvent-ils point s'unir enſemble ? » C'eſt qu'il y a des matiéres qui fe repouſſent naturellement, &c.

Ce langage eſt-il bien celui d'une bonne Phyſique, & ne devons-nous pas craindre qu'en nous y accoutumant, & qu'en mettant ainſi les attractions & répulſions à toutes fortes d'uſage, on ne fe diſpenſe trop légérement des recherches ſi néceſſaires aux progrès de nos connoiſſances, & qu'on ne s'interdiſe de cette maniére pluſieurs découvertes qui en ſeroient le fruit.

Fin du ſecond Tome.

TABLE
DES MATIERES

Contenues dans le second Volume.

V. LEÇON.

Sur le Mouvement compofé, & fur les Forces centrales.

VI. LEÇON.

Sur la gravité, ou pésanteur des Corps.

PREMIERE SECT. Des Phénoménes où la

VIII. LEÇON.

Suite de l'Hydroſtatique.

Fin de la Table des Matiéres.

Extrait des Regiftres de l'Académie Royale des Sciences , du 28. Juin 1743.

MEffieurs DE REAUMUR & DE FOUCHY ayant examiné par ordre de l'Académie , les huit premieres Leçons de Phyfique expérimentale de M. l'Abbé Nollet, & en ayant fait leur rapport , l'Académie a jugé cet Ouvrage digne de l'impreffion. En foi de quoi j'ai figné le préfent Certificat. A Paris le 22. Juillet 1743.

DORTOUS DE MAIRAN , Sec. perp. de l'Acad. Royale des Sciences.

PRIVILEGE DU ROI.

LOUIS, par la grace de Dieu, Roi de France & de Navarre: A nos amés & féaux Confeillers, les Gens tenans nos Cours de Parlement, Maîtres des Requêtes ordinaires de notre Hôtel, grand Confeil, Prevôts de Paris, Baillifs , Sénéchaux, leurs Lieutenans Civils, & autres nos Jufticiers, qu'il appartiendra, SALUT. Notre ACADEMIE ROYALE DES SCIENCES Nous a très-humblement fait expofer, que depuis qu'il Nous a plû lui donner par un Réglement nouveau de nouvelles marques de notre affection, Elle s'eft appliquée avec plus de foin à cultiver les Sciences, qui font l'objet de fes exercices ; enforte qu'ou- tre les Ouvrages qu'elle a déja donnés au Public, Elle feroit en état d'en produire en- core d'autres, s'il Nous plaifoit lui accor- der de nouvelles Lettres de Privilége, at- tendu que celles que Nous lui avons accor- dées en date du fix Avril 1693. n'ayant point eû de tems limité, ont été déclarées nulles par un Arrêt de notre Confeil d'E- tat du 13. Août 1704. celles de 1713. & celles de 1717. étant aussi expirées; & défi- rant donner à notredite Académie en corps & en particulier, & à chacun de ceux qui la compofent, toutes les facilités & les moyens qui peuvent contribuer à rendre leurs travaux utiles au Public, Nous avons permis & permettons par ces Préfentes à notredite Académie, de faire vendre ou dé- biter dans tous les lieux de notre obéiffan- ce, par tel Imprimeur ou Libraire qu'elle voudra choifir, *Toutes les Recherches ou Ob- fervations journalieres, ou Relations annuelles de tout ce qui aura été fait dans les affemblées de notredite Académie Royale des Sciences ; comme aussi les Ouvrages, Mémoires, ou Traités de chacun des Particuliers qui la com- pofent, & généralement tout ce que ladite Académie voudra faire paroître, après avoir fait examiner lefdits Ouvrages, & jugé qu'ils font dignes de l'impression;* & ce pendant le tems & efpace de quinze années confécuti- ves, à compter du jour de la date defdites Préfentes. Faifons défenfes à toutes fortes de perfonnes de quelque qualité & condi- tion qu'elles foient, d'en introduire d'im- preffion étrangére dans aucun lieu de notre obéissance : comme aussi à tous Imprimeurs-Libraires, & autres, d'imprimer, faire imprimer, vendre, faire vendre, débiter ni contrefaire aucun desdits Ouvrages ci-dessus spécifiés, en tout ni en partie, ni d'en faire aucuns extraits, sous quelque prétexte que ce soit, d'augmentation, correction, changement de titre, feuilles même séparées, ou autrement, sans la permission expresse & par écrit de notredite Académie, ou de ceux qui auront droit d'Elle, & ses ayans cause, à peine de confiscation des Exemplaires contrefaits, de dix mille livres d'amende contre chacun des Contrevenans, dont un tiers à Nous, un tiers à l'Hôtel-Dieu de Paris, l'autre tiers au Dénonciateur, & de tous dépens, dommages & intérêts : à la charge que ces Présentes seront enregistrées tout au long sur le Registre de la Communauté des Imprimeurs & Libraires de Paris, dans trois mois de la date d'icelles ; que l'impression desdits Ouvrages sera faite dans notre Royaume & non ailleurs, & que notredite Académie, se conformera en tout aux Réglemens de la Librairie, & notamment à celui du 10. Avril 1725. & qu'avant que de les exposer en vente, les Manuscrits ou Imprimés qui auront servi de copie à l'impression desdits Ouvrages, seront remis dans le même état, avec les Approbations & Certificats qui en auront été donnés, ès mains de notre trés-cher & féal Chevalier Garde des Sceaux de France, le sieur Chauvelin : & qu'il en sera ensuite remis deux Exemplaires de chacun dans notre Bibliothéque publique, un dans celle de notre

Château du Louvre, & un dans celle de notre très-cher & féal Chevalier Garde des Sceaux de France le sieur Chauvelin : le tout à peine de nullité des Présentes : du contenu desquelles vous mandons & enjoignons de faire jouir notredite Académie, ou ceux qui auront droit d'Elle & ses ayans cause, pleinement & paisiblement, sans souffrir qu'il leur soit fait aucun trouble ou empêchement : Voulons que la Copie desdites Présentes qui sera imprimée tout au long au commencement ou à la fin desdits Ouvrages, soit tenue pour dûement signifiée, & qu'aux Copies collationnées par l'un de nos amés & féaux Conseillers & Sécrétaires foi soit ajoutée comme à l'Original : Commandons au premier notre Huissier ou Sergent de faire pour l'exécution d'icelles tous actes requis & nécessaires, sans demander autre permission, & nonobstant clameur de Haro, Charte Normande & Lettres à ce contraires : Car tel est notre plaisir. Donné à Fontainebleau le douziéme jour du mois de Novembre, l'an de grace mil sept cent trente-quatre, & de notre regne le vingtiéme. Par le Roi en son Conseil. *Signé*, SAINSON.

Registré sur le Registre VIII. de la Chambre Royale & Syndicale des Libraires & Imprimeurs de Paris, num. 792. fol. 775. conformément aux Réglemens de 1723. qui font défenses, art. IV. à toutes personnes de quelque qualité & condition qu'elles soient, autres que les Libraires & Imprimeurs, de vendre, débiter & faire distribuer aucuns Livres pour les vendre en leur nom, soit qu'ils s'en disent les Auteurs ou autrement, & à la charge de fournir les exemplaires prescrits par l'art. CVIII. du même Réglement. A Paris le 15. Novembre 1734. G. MARTIN, Syndic.

www.ingramcontent.com/pod-product-compliance
Lightning Source LLC
Chambersburg PA
CBHW060909220326
41599CB00020B/2904